通信网络前沿技术丛书

Nuclio 实战及源码分析

基于Kubernetes的Serverless FaaS平台

李彬 詹煜卓 任胜寒 张晨 编著

NUCLIO PRACTICE
AND SOURCE CODE ANALYSIS

Serverless FaaS Platform Based on Kubernetes

图书在版编目（CIP）数据

Nuclio 实战及源码分析：基于 Kubernetes 的 Serverless FaaS 平台 / 李彬等编著 . —北京：机械工业出版社，2024.6

（通信网络前沿技术丛书）

ISBN 978-7-111-75383-4

Ⅰ.①N… Ⅱ. ①李… Ⅲ. ①移动终端 – 应用程序 – 程序设计 Ⅳ. ① TN929.53

中国国家版本馆 CIP 数据核字（2024）第 060445 号

机械工业出版社（北京市百万庄大街22号 邮政编码100037）

策划编辑：王 颖 责任编辑：王 颖 侯 颖

责任校对：孙明慧 李 杉 责任印制：常天培

北京机工印刷厂有限公司印刷

2024 年 6 月第 1 版第 1 次印刷

186mm × 240mm · 16.5印张 · 363千字

标准书号：ISBN 978-7-111-75383-4

定价：99.00元

电话服务 网络服务

客服电话：010-88361066 机 工 官 网：www.cmpbook.com

010-88379833 机 工 官 博：weibo.com/cmp1952

010-68326294 金 书 网：www.golden-book.com

 机工教育服务网：www.cmpedu.com

Preface 前 言

Serverless 因具有按需付费且不需要开发人员配置和管理基础设施等优点，受到人们的极大关注。随着云计算容器化的发展，Serverless 也得到了快速普及和发展。最近几年，各大云厂商和开源界都努力将 Serverless 变得更加通用。例如：通过预留资源完全消除冷启动对延迟的影响，这样延时敏感的在线应用也能够使用 Serverless；针对预留资源空闲的场景，有的云厂商采取冻结 CPU 的方式，让开发者的费用降低；开源界通过共享内存、函数公共包共享、容器池共享等举措来解决冷启动问题，使 Serverless 变得更加通用。同时，随着 Serverless 的生态变得越来越成熟，安全、监控告警、函数构建等领域涌现了很多开源项目。用户对 Serverless 的满意度越来越高，每个人都想使用这项技术并从中获益。Serverless 将进一步释放开发人员的潜力，加速应用创新，使开源解决方案越来越完善，开发工具更快速地发展。

目前大家普遍接受的 Serverless 的定义包含 FaaS（函数即服务）和 BaaS（后端即服务）两部分。BaaS 是一种云厂商托管、高度可扩展的数据和逻辑组件，可以处理开发人员对数据库、消息平台、用户管理、推送通知等的需求。FaaS 是一种新的云计算模式，它由用户编写的一段特定函数源码组成，并通过事件进行触发。在相当长的时间里，人们把 FaaS 当作 Serverless，开源软件大部分也是 FaaS 平台，如 Nuclio、Kubeless、OpenWhisk、OpenFaaS 等。

Nuclio 是 Serverless FaaS 平台的先行者，经过近六年的发展，它已经变得越来越成熟和完善，并且拥有强大的社区支持。这使得人们能够以极小的代价体验到完整的 Serverless FaaS 服务。

基于以上原因，我们编写了本书。本书是一本系统学习 Nuclio 的工具书，从 Serverless 的概念到 Nuclio 实战，并结合 Nuclio 源码分析，以及翻译和人脸识别两个应用示例，将 Nuclio 的全貌呈现给读者。希望读者通过对本书的学习，掌握 Nuclio 的使用，使 Nuclio 能够为企业提升效率、降低服务计算成本。

全书分为三篇，具体内容如下。

- 准备篇（第 1、2 章）：介绍了 Serverless 与 Nuclio 的相关背景、技术优缺点、架构设计，以及相关云运维平台基础设施，帮助读者了解 Serverless 技术。通过学习 Nuclio

的快速搭建及生产版本搭建流程，读者能更直观地感受 Nuclio 是如何运行和管理函数的。

- 基础篇（第 3～10 章）：详细介绍了 Nuclio 的六大核心组件及其源码，使读者对 Nuclio 有更深刻的认识；随后对 Nuclio 事件源、触发器、网关、配置和管理等知识进行了详细说明。
- 实战篇（第 11、12 章）：通过翻译和人脸识别两个应用示例，详细介绍了 Nuclio 的使用方式。通过学习这两个示例，读者可进一步掌握 Nuclio 的应用。

此外，附录中介绍了使用 Nuclio 的其他注意事项和代码调试方法。

在本书写作过程中，得到了许多同事及朋友的支持和帮助，他们为书中很多关键技术内容提供了宝贵的资料素材，以及中肯的意见和建议，推动我们不断地完善书稿，以更好的形式与广大读者分享我们对 Serverless 的认识与理解。同时，感谢 Nuclio 开源社区的贡献者们，正是因为他们的耕耘，我们才有机会近距离地接触和体验到 Serverless 带来的优质服务。最后，感谢大家的包容，由于表达能力和水平有限，书中对于 Serverless 的描述可能存在不当之处，欢迎大家批评指正！

Contents 目 录

实战篇

附录

准备篇

从本篇开始，我们将踏入学习 Nuclio 之旅。本篇将会介绍 Serverless（无服务器）的基本概念、历史起源、发展现状及 Nuclio 出现的原因。Nuclio 是建立在 Kubernetes 生态基础之上的 Serverless 解决方案，因此本篇也会介绍 Kubernetes 生态的相关内容，包含 Docker、Kaniko、Kubernetes、Prometheus、Ingress 和 Traefik 等，使读者对云原生平台有一个整体的了解，同时更有助于读者深入了解 Nuclio 的优势和发展前景。在这些基础之上，再学习使用 Nuclio 会变得更加方便和容易。另外，本篇还针对初学者详细介绍了如何快速搭建 Nuclio 的运行环境，以及如何在 Nuclio 平台上编程和测试。

第 1 章 |Chapter 1|

全面认识 Nuclio

本章将介绍 Nuclio 的相关知识，包括 Serverless 的发展背景、定义、优缺点、现状和适用场景，Nuclio 的产生背景、架构设计，以及 Nuclio 的一些基本知识。

1.1 Serverless 简介

1.1.1 Serverless 的发展背景

软件部署使开发商和开发人员常常需要花费大量的时间来管理和维护服务器基础设施，并且还需要关注应用程序所需的操作系统和配置信息等。软件部署的发展可以划分为四个时期：裸金属时期、虚拟机时期、容器化时期、Serverless 时期（无服务器时期）。

1）裸金属时期。此时期的系统管理员要为部署的软件准备物理服务器，这涉及安装操作系统和相关的设备驱动程序、确保有足够的内存 / 磁盘 / 处理器可用，还要负责硬件升级等。物理硬件和部署的软件之间存在强烈耦合，相互依赖性很强。在这里，部署单元是一个实际的服务器。

2）虚拟机时期。此时期的物理服务器上托管多个虚拟机，开发人员无须直接部署到给定的硬件，而是提供给一个虚拟机（Virtual Machine，VM）。这给升级和迁移带来了很大的灵活性，使得部署更加可重复和灵活，而此时软件与硬件开始分离。如果出现硬件故障，系统管理员可以将虚拟机迁移到其他硬件并避免出现问题。在这里，部署单元是虚拟机。

3）容器化时期。这个时期诞生了许多容器化技术，如 Docker、OpenVZ、LXC、FreeBSD Jail 和 Solaris zones 等。这些技术使系统管理员能够“分割”操作系统，在同一系统上运行不同的应用程序，而不会相互干扰。它们还可以让开发人员拥有与生产环境紧密匹配的轻量级环境，从而使不同环境之间的操作更加一致。此外，此时期还开发了许多工具来简化容器的创建和维护，许多公司使用它们来加快开发和部署的节奏。在这里，部署单元是一个容器。

4）Serverless 时期。开发人员不需要考虑服务器，只需要专注自己的业务逻辑。一切服务器的配置均交给平台执行。业务执行是按需收费的，这让计算资源从固定成本变为了可变成本。这对于那些流量波动大的业务来说很有吸引力。

从软件部署层面看，在这几个时期，都有软件在“他处”执行的概念，无论是在本地物理服务器上，还是在云主机的虚拟机上或者是容器上。此外，无服务器从另一个方面给出了一个抽象层次：代码本身。有了这种新的抽象层次，就不必担心代码托管在“哪里”。图 1-1 所示是软件部署发展历史的一个缩略图。

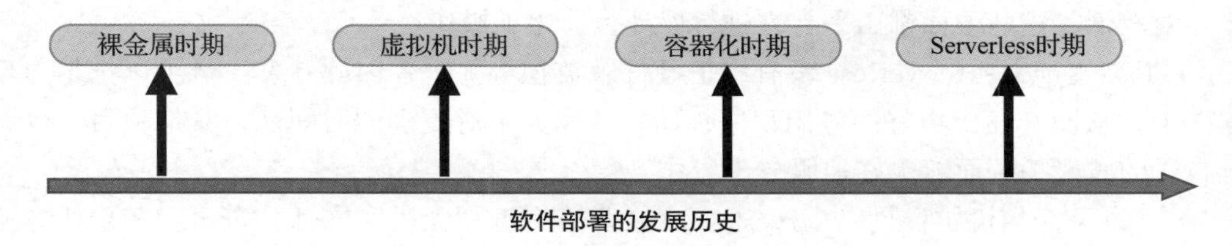

图 1-1　软件部署发展历史

1.1.2　Serverless 的定义

Serverless 又称无服务器计算，它允许开发人员构建应用程序，而无须管理基础设施，描述了一个更细粒度的部署模型，当应用程序被上传到平台后，系统会根据所需要的资源进行执行、扩展和计费。无服务器计算并不意味着不需要服务器来托管和运行代码，也不意味着不再需要运维工程师，而是指不需要花费时间去维护服务器的配置、更新、扩展及下线等相关操作。这样，开发人员就可以专注于编写应用逻辑，运维工程师可以专注于提升关键业务。这种方式解放了团队，使他们能够集中精力加速创新。Serverless 因简单性和成本效应，已经从前沿技术发展成为主流技术。

Serverless 平台包含 FaaS 和 BaaS 的一部分或两部分。

1）功能即服务（FaaS）：通常提供事件驱动计算。开发人员使用函数运行和管理应用程序代码，由事件或 HTTP 请求触发。开发人员编写并部署 FaaS 函数代码。FaaS 函数代码的执行和伸缩由无服务器平台管理，开发人员无须管理服务器或任何其他底层基础架构。

2）后端即服务（BaaS）：一种云服务模型。在该模型中，开发人员将 Web 或移动应用程序的所有幕后工作外包，只需要编写和维护前端即可。BaaS 供应商为发生在服务器上的活动提供预先编写的软件，例如用户身份验证、数据库管理、远程更新和推送通知（用于移动应用程序），以及云存储和托管。

BaaS 和 Serverless 有一些重叠也有一些区别，这就是上面说 Serverless 平台包含 FaaS、BaaS 的一部分或两部分的真正含义。

Serverless 有两个主要角色。

1）开发人员：为 Serverless 平台编写代码并从中获益。Serverless 平台提供了没有服务器而代码始终在运行的视角。

2）平台提供商：为外部或内部客户部署 Serverless 平台。

1.1.3 Serverless 的优缺点

1. Serverless 的优点

1）降低服务器成本：Serverless 改变了原来固定服务器成本的计费方式，它采取按需收费模式，只有在真正使用服务器时才进行收费。没有服务器硬件，不需要监控，维护和人工成本相对较低，这些方面都由平台方进行保证，简化了操作。

2）提高生产力：Serverless 没有维护硬件及监控等要求，因此开发人员可以把精力聚焦在编码上，从而开发出更好的应用程序；而且开发人员有更多的时间从事其他项目，以锻炼提升自己的技能，从而能更好地服务于工作。

3）具有灵活的可扩展性：Serverless 平台具有资源“无限”属性，资源会随着业务流量扩大或缩减而进行相应的扩缩容。

2. Serverless 的缺点

1）冷启动：在 Serverless 中，函数不会一直持续运行，在设置规定的事件内没有请求或资源消耗时，函数关闭。所以当请求再次或首次到达时，需要启动休眠的函数代码再进行处理，这可能会导致延时。尤其对于时延敏感的业务，这会成为一个致命缺点。再有就是第三方供应商会限制资源，这意味着 Serverless 不太适合高性能计算的操作。

2）安全问题：计费安全问题。开发人员为使用方便，经常将一些函数的 API（应用程序接口）公开，这样会导致一些 API 非正常调用从而获取用户数据。一些黑客会利用 DDoS 攻击恶意调用函数，引发巨大经济损失。如果开发人员引入的第三方依赖库存在安全漏洞，黑客有可能会利用漏洞攻击系统。

3）配套工具不成熟：用于测试、调试和部署的可用工具不成熟，这是进入无服务器领域的一大障碍。工具短缺是 Serverless 的一个核心问题，尤其是测试工具和开发人员用于本地调试的 IDE（集成开发环境）工具短缺。

对于上面的这些问题，业界在积极探索相关的解决方案，如对于冷启动问题可以采取温启动或者 WebAssembly，甚至常驻函数的方式解决。

1.1.4 Serverless 的现状

2021 年，云原生计算基金会（Cloud Native Computing Foundation，CNCF）发布的调查报告表明，39% 的受访者正在使用 Serverless，其中 75% 的用户采用托管平台，比 2020 年增长了 24%。2021 年，DataDog 发布的 Serverless 研究报告表明，从云原生初创公司到大型企业都在关注 Serverless，Serverless 生态已经超越了 FaaS，包含数十种服务，可以帮助开发人员构建更快、更动态的应用程序。

亚马逊 Serverless 服务平台 Lambda 是目前较成熟和使用较广泛的 Serverless 产品，50% 以上的亚马逊用户使用了 Lambda。微软 Serverless 解决方案 Azure Functions 的使用率增长到 36%。而谷歌 Serverless 解决方案 Google Cloud Functions 也有近 25% 的用户在使用。

各大厂商（如亚马逊、微软、谷歌、阿里、华为、腾讯）和开源社区都部署了自己的 Serverless 解决方案，但是目前 Serverless 还没有一个统一的标准，因此应用之间会比较难迁移。阿里云函数计算（Aliyun Function Compute）、腾讯 Serverless 云函数（Tencent Serverless Cloud Function，SCF）、华为云函数工作流（Huawei Cloud FunctionGraph）是国内几个商用的 Serverless 产品。

在开源 Serverless 解决方案中，Nuclio 算是使用比较早的，它于 2017 年就开始使用了，后来陆续产生了很多优秀的开源解决方案，例如 Openfass、Knative、OpenWhisk、Kubeless、Fn、Fission 等。

1.1.5　Serverless 的适用场景

虽然目前 Serverless 已经被广泛应用，但它仍然是一个比较新的技术，也有其局限性。一般来说 Serverless 比较适用于以下场景。

1）异步并发，服务组件可独立部署和扩展，尤其是无状态服务应用。

2）需要应对突发或服务器的使用量不可预测的业务。主要是为了节约成本，因为 Serverless 应用在不运行时不收费。

3）短暂、批处理、周期等服务应用，且对冷启动时间不敏感的业务。

4）需要快速开发迭代的业务。因为无须提前申请资源，因此可以加快业务上线速度。

CNCF Serverless 白皮书提出以下 Serverless 适用场景如下：

1）Web 应用程序后端。

2）移动应用程序后端。

3）物联网（IoT）后端。

4）实时文件数据处理。

5）实时流式处理。

6）计划定时任务的自动化。

7）扩展 SaaS 应用程序。

8）持续集成管道。

9）业务逻辑，如支付、订单、股票交易等。

10）聊天机器人。

1.2　Nuclio 简介

Nuclio 是一个高性能的 Serverless 框架，专注于数据、I/O 和计算密集型的工作负载，它与流行的数据处理工具（如 Jupyter 和 Kubeflow）可很好地集成在一起，支持多种类型的数据和流式数据源，并且支持在 CPU 和 GPU 上执行任务。

Nuclio 的运行速度非常快，每秒钟可将单个函数实例处理成十万个 HTTP 请求或数据记录。

Nuclio 也很安全，Nuclio 与 Kaniko 集成，在运行时以一种安全且生产可用的方式构建 Docker 镜像。

1.2.1 Nuclio 的产生背景及发展历程

目前云厂商和开源 Serverless 解决方案都没有真正解决 Serverless 框架所必需的以下能力：

1）以最小的 CPU/GPU 和 I/O 负载以及最大的并行度进行实时处理。

2）支持与各种数据源、触发器、处理模型和机器学习（ML）框架的集成。

3）能够提供数据路径加速的有状态函数。

4）具有跨设备的可移植性，包括低功耗设备、笔记本计算机、边缘节点、本地集群及公有云。

5）开源的同时专注于企业级应用场景，包括日志记录、监控、安全性和可用性。

Nuclio 项目就是为满足这些需求而启动的。它的设计思想就是作为一个可扩展的开源框架，基于模块化和分层的理念，可以不断地添加各类触发器和函数运行时（即不同语言的运行时框架），希望越来越多的人能够参与到 Nuclio 项目，为 Nuclio 生态开发新的模块、工具和平台。

Nuclio 自 2017 年发布第一版以来，已经历经上百个版本。截至 2023 年 8 日，Nuclio 在 GitHub 上吸引了约 4900 名开发人员，参与软件开发人员有 496 人。现如今，许多企业已将 Nuclio 应用于生产。

1.2.2 Nuclio 的架构设计

Nuclio 试图描述并抽象出所有事件信息，当事件发生时（例如，将消息记录写入 Kafka 时、发起一个 HTTP 请求时、计时器到期时等）能够将事件信息发送给一段代码逻辑来处理。为了实现这个目标，Nuclio 希望用户可以（至少）提供关于什么可以触发一个事件并且在发生此类事件时应该由哪一段代码逻辑来进行处理的详细信息。用户可以通过命令行工具（nuctl）、REST API 或者一个可视化的 Web 端应用程序来描述。Nuclio 的架构如图 1-2 所示。

Nuclio 获取信息（通常称为函数处理程序（Handler）和函数配置（Configuration））并发送给构建器（包含在用户仪表盘（DashBoard）中）。构建器将制作函数的容器镜像，其中包含用户提供的函数处理程序及一个可以在接收到事件后执行该函数处理程序的函数处理器（Processor）。然后，构建器将该容器镜像发布到容器镜像仓库中，容器镜像仓库可以是 DockerHub 等开源仓库也可以是私有镜像仓库。在开发、生产中建议使用私有仓库，这样函数构建运行速度会加快（私有镜像仓库的镜像上传和下载速度会比公网快很多）。一旦发布完成，这个函数的容器镜像就可以被部署了。

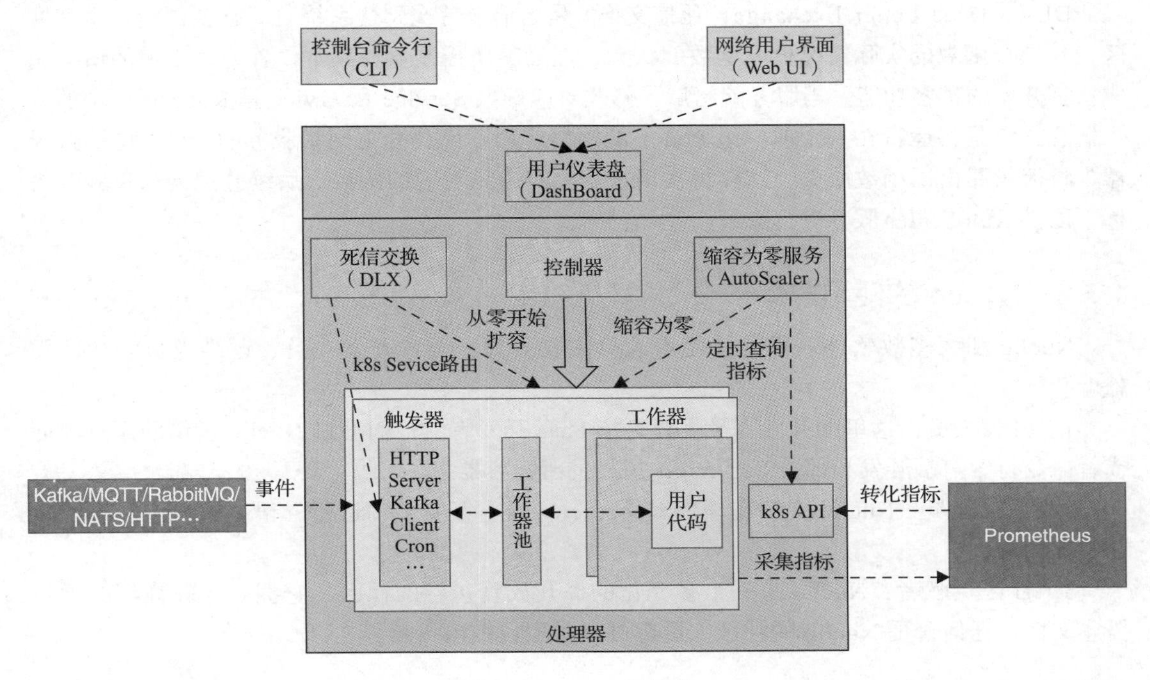

图 1-2　Nuclio 的架构

控制器将从函数的配置中生成编排平台所需的特定配置文件。例如，如果是部署在 Kubernetes 集群中，控制器将会读取配置文件中的副本数量、自动缩容时间、函数需要的 CPU 和 GPU 数量等参数，并将它们转化为 Kubernetes 的资源配置（例如，Deployment、Service、Ingress 等）。

Kubernetes 将会从已经发布的容器镜像中启动容器并执行它们，并将函数的配置文件传递到容器中。这些容器的入口点（Entrypoint）就是“处理器”，它负责读取配置文件、监听事件触发器（例如，连接到 Kafka、监听 HTTP 端口等），当事件发生时，读取事件并调用用户的函数处理程序。处理器还负责很多其他的事情，包括处理指标、编码响应及崩溃等。

一旦构建并部署到 Kubernetes 这样的编排平台中，Nuclio 函数（即处理器）就可以处理事件，并根据性能指标、发送日志等进行扩缩容，所有这些都不需要任何外部实体的帮助。部署完成后就可以关闭 Nuclio 的仪表盘和控制器了，Nuclio 函数依然可以完成运行和伸缩容。

但是，缩容为零的能力单单依靠函数自身是无法完成的。相反地，一旦缩容为零，当一个新的事件到达时，Nuclio 函数无法完成自己的扩容操作。为此，Nuclio 有一个扩缩容服务，它解决了将函数缩容为零，以及从零开始扩容的问题。

缩容为零（AutoScaler）服务定时从 Kubernetes 中查询指标数据，以决定服务是否进行缩放。决定的依据来源于用户事先的配置，如在 10min 中没有请求到达，服务就会缩容为零。查询的间隔时间也是由用户指定的。

DLX（Dead Letter Exchange，死信交换）是当请求首次到达系统时，它会创建一个缓冲区，并结合函数的实际情况更改函数的状态，然后交由控制器将副本设置为大于零的值，完成从零开始的扩容功能。当服务就绪后，修改对应函数 Service（Service 是 Kubernets 中的一个概念，它是将运行在一个或一组 Pod 上的网络应用程序公开为网络服务的方法）中的选择器，将流量路由回函数服务，这样再次请求就会路由到对应的函数。后续监控会采集服务指标，以供 AutoScaler 服务进行决策。

1.2.3 Nuclio 的使用群体

Nuclio 和大多数软件一样，其使用人员主要分为三类：开发人员、运维人员和社区贡献者。

1）开发人员：这里的开发人员主要是指 Faas 开发者，他们通过 Nuclio 提供的用户界面或者命令行客户端开发和部署 Serverless 风格的函数容器。

2）运维人员：Nuclio 支持在任何 Kubernetes 版本上安装和运行，很多云厂商和企业也在内部使用。

3）社区贡献者：Nuclio 是一个多元化的、开放且包容的社区。它拥有比较详细的项目描述文档。任何喜爱 Nuclio 的社区人员都可以对项目做出贡献。

1.3 Nuclio 开发运维的基础知识

Nuclio 是构建在容器、Kubernetes 基础之上的 Serverless 解决方案。为了更好地理解 Nuclio，有必要先对其涉及的技术进行整体的了解。

1.3.1 应用容器引擎——Docker

Docker 最初是 DotCloud 公司创始人 Solomon Hykes 发起的一个公司内部项目。它是基于 DotCloud 公司多年云服务技术的一次革新，于 2013 年 3 月以 Apache 2.0 授权协议开源，主要项目代码在 GitHub 上进行维护。

Docker 是一个用于开发、发布和运行应用程序的开放平台。Docker 将应用程序与基础架构分离，可以快速交付软件。使用 Docker 可以像管理应用程序一样管理基础设施。通过利用 Docker 快速交付、测试和部署代码的方法，可以缩短开发、测试和生产的周期。

（1）Docker 平台

Docker 提供了在容器的松散隔离环境中打包和运行应用程序的能力。隔离和安全性允许在给定的主机上同时运行多个容器。容器是轻量级的，包含运行应用程序所需的所有内容，因此不需要依赖于当前安装在主机上的内容。可以轻松地在工作时共享容器，并确保与共享的每个人都获得以相同方式工作的相同容器。

Docker 提供了管理容器生命周期的工具和平台。

1）使用容器开发应用程序及其支持组件。

2）容器成为分发和测试应用程序的单元。

准备好后，将应用程序作为容器或编排好的服务部署到生产环境中。无论生产环境是本地数据中心、云提供商还是这两者的混合体，其工作原理都是一样的。

（2）Docker 的优势

1）快速、一致地交付应用程序。Docker 通过提供应用程序和服务的本地容器在标准化环境中工作，从而缩短了开发生命周期。容器非常适合于持续集成和持续交付（CI/CD）工作流。

考虑下面的场景：

开发人员在本地编写代码，并使用 Docker 与同事共享这些代码。

使用 Docker 将应用程序部署到测试环境，并执行自动或手动测试。

当开发人员发现错误时，他们可以在开发环境中修复它们，并将它们重新部署到测试环境中进行测试和验证。

当测试完成后，向客户提供修复就像将更新后的镜像部署到生产环境一样简单。

2）响应性部署和扩展。Docker 支持高度可移植的工作负载。Docker 可以运行在开发人员的本地笔记本计算机、数据中心的物理机或虚拟机、云提供商等多种环境中。

Docker 的可移植性和轻量级特性也使得它能够很容易地实时动态管理工作负载，根据业务需要扩展或拆分应用程序和服务。

3）在同一硬件上运行更多的工作负载。Docker 的体积小、速度快。它为基于虚拟机管理程序的平台提供了一个可行的、具有成本效益的替代方案，可以使用更多的计算能力来实现业务目标。Docker 非常适用于高密度环境和中小型部署业务，在这些环境中，需要使用更少的资源来完成更多的任务。

（3）Docker 的架构

Docker 使用客户端 - 服务器架构。Docker 客户端（Client）与 Docker 守护进程（Docker daemon）进行对话，后者负责构建、运行和分发 Docker 容器（Container）的繁重工作。Docker 客户端和守护进程可以在同一个系统上运行，或者可以将 Docker 客户端连接到远程 Docker 守护进程。Docker 客户端和守护进程使用 REST API、UNIX 套接字或网络接口进行通信。Docker 架构如图 1-3 所示。

1）Docker 守护进程。Docker 守护进程监听 Docker API 请求并管理 Docker 对象，例如镜像、容器、网络和卷。守护进程还可以与其他守护进程通信以管理 Docker 服务。

2）Docker 客户端。Docker 客户端是 Docker 用户与 Docker 交互的主要方式。当用户使用 docker 命令时，客户端会将这些命令发送给守护进程，守护进程会执行这些命令。docker

命令可以通过调用 Docker API 与多个守护进程通信。Docker 客户端也可以与多个守护进程通信。

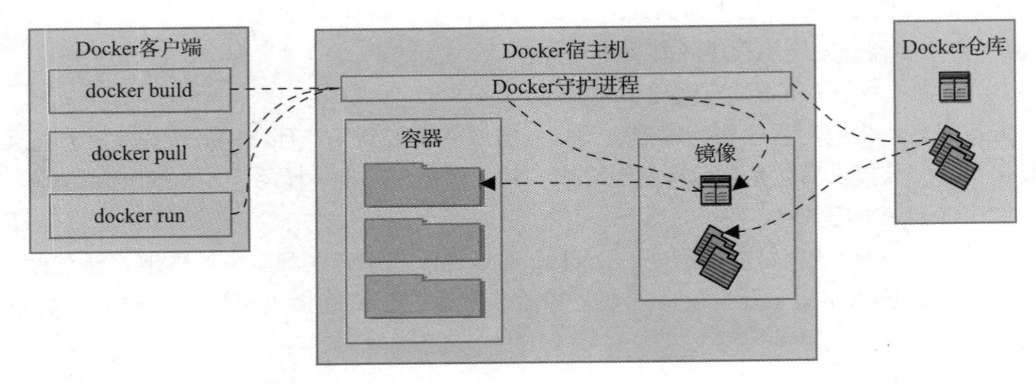

图 1-3 Docker 的架构

3）Docker 仓库。Docker 仓库存储 Docker 镜像。Docker Hub 是一个任何人都可以使用的公共仓库，并且 Docker 的默认配置为在 Docker Hub 中查找镜像。可以搭建和运行自己的私有仓库。

当使用 docker pull（拉取镜像）或 docker run（运行镜像）命令时，将从配置的仓库中提取所需的镜像。当使用 docker push（推送镜像）命令时，镜像会被推送到配置的仓库中。

1.3.2 容器镜像构建工具——Kaniko

Kaniko 是 Google 开发的、从 Dockerfile（一个文本文档，其中包含了用户创建镜像的所有命令和说明）中构建容器镜像的工具，是开源的。

传统的 Docker 构建是一个 Docker 守护进程，它使用根用户（Root）在主机上顺序执行，并根据 Dockerfile 生成镜像的每一层。当 Docker 后台进程无法暴露时，构建镜像就会变得困难。Kaniko 就很好地解决了这个问题。它不依赖于 Docker 守护进程，而是完全在用户空间中执行 Dockerfile 中的每个命令。

Kaniko 是以容器方式运行的，运行时需要三个参数：Dockerfile、上下文、远端仓库。Kaniko 执行构建镜像的过程如下：

1）从 Dockerfile 提取基础镜像到文件系统。

2）根据 Dockerfile 的命令逐条执行。

3）每条命令执行后会在用户空间生成文件系统的快照，并与存储在内存中的状态进行比对。

4）如果有变化，就将生成一个镜像层并添加在原来的基础镜像层之上。

5）所有命令执行完毕后，Kaniko 会将最终镜像推送到指定的远程仓库。

Kaniko 的工作流程如图 1-4 所示。

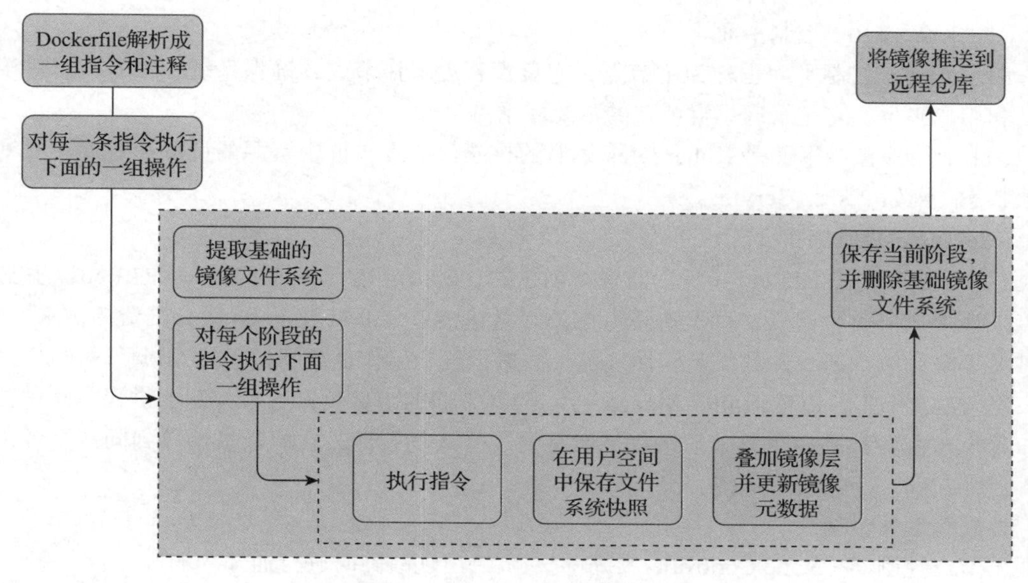

图 1-4　Kaniko 的工作流程

1.3.3　容器集群管理系统——Kubernetes

Kubernetes 又称 k8s，是一个用于自动化部署、扩展和管理容器化应用程序的开源系统。它将构成应用程序的容器分组为最小的可部署计算单元，即 Pod（一组容器，这些容器共享存储、网络，以及怎样运行这些容器的声明），以便于管理。Kubernetes 建立在 Google 15 年生产工作负载运行经验的基础上，并结合了来自社区的最佳创意和实践。Kubernetes 是开源系统，可以自由地部署在企业内部的私有云、混合云或公有云。

Kubernetes 的结构如图 1-5 所示。

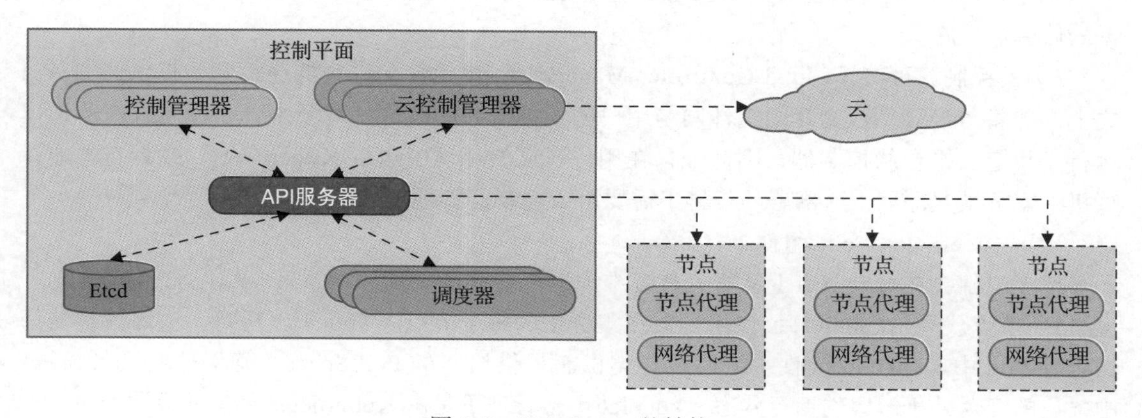

图 1-5　Kubernetes 的结构

（1）Kubernetes 控制平面

Kubernetes 控制平面也称为主节点，它负责管理工作节点，确保系统正常运行。对于管理员和用户来说，它是管理集群节点的主要联系点。

Kubernetes 控制平面是 Kubernetes 集群的核心，负责集群中资源的调度和管理，并维护对象状态（例如 Pods、Services）。

Kubernetes 控制平面包括：

1）调度器（Scheduler）：负责监视新创建的、未指定运行节点（Node）的 Pods，并选择节点来让 Pod 在上面运行。调度决策考虑的因素包括单个 Pod 及 Pods 集合的资源需求、软/硬件及策略约束、亲和性及反亲和性规范、数据位置、工作负载间的干扰及最后时限。

2）控制管理器（Controller Manager）：控制平面的组件负责运行控制器进程。从逻辑上讲，每个控制器都是一个单独的进程，但是为了降低复杂性，它们都被编译到同一个可执行文件，并在同一个进程中运行。

控制管理器包括：

①节点控制器（Node Controller），负责在节点出现故障时进行通知和响应；

②任务控制器（Job Controller）：监测代表一次性任务的 Job 对象，然后创建 Pods 来运行这些任务直至完成；

③端点控制器（Endpoints Controller）：填充端点（Endpoints）对象，即加入 Services 与 Pods；

④服务账户和令牌控制器（Service Account & Token Controller）：为新的命名空间创建默认账户和 API 访问令牌。

3）API 服务器（API Server）：该组件负责公开 Kubernetes API，以及处理接收请求的工作；设计上考虑了水平扩缩，也就是说，它可通过部署多个实例来进行扩缩，并在这些实例之间平衡流量。

4）Etcd：具有一致性与高可用性的键值数据库，可以作为保存 Kubernetes 所有集群数据的后台数据库。

5）云控制管理器（Cloud Controller Manager）：该组件允许集群连接到云提供商的 API 之上，并将与该云平台交互的组件同与用户的集群交互的组件分离开来。云控制管理器是仅运行于特定云平台的控制器，因此如果在用户自己的环境中运行 Kubernetes，或者在本地计算机中运行学习环境，所部署的集群不需要由云控制器管理器。

（2）Kubernetes Node 组件

节点组件会在每个节点上运行，负责维护运行的 Pods 并提供 Kubernetes 运行环境。

1）节点代理（kubelet）：该组件会在集群中的每个节点（Node）上运行。它保证容器都运行在 Pod 中。kubelet 接收一组通过各类机制提供给它的 Pod Specs，确保这些 Pod Specs 中描述的容器处于健康的运行状态。kubelet 不会管理不是由 Kubernetes 创建的容器。

2）网络代理（kube-proxy）：该组件是集群中每个节点上所运行的网络代理，是实现

Kubernetes 服务概念的一部分。kube-proxy 维护节点上的一些网络规则，这些网络规则会允许集群内部或外部的网络会话与 Pod 进行网络通信。

（3）Kubernetes 的特点和优势

1）自动化部署：Kubernetes 可在应用程序的整个生命周期内实现一致的声明式自动化。它允许自动化部署、扩展和管理容器化应用程序。这有助于提高运营和开发团队的效率。

2）负载均衡：Kubernetes 常见的应用之一就是将传入的流量负载均匀分配给所有容器和服务。这有助于减轻单个容器的压力，可实现同时轻松处理大量流量。

3）简化的 DevOps：Kubernetes 包含 GitOps 的概念，其中 Git 存储库作为应用程序部署的主要事实来源。如果当前部署和 Git 历史不同，Kubernetes 将立即更新部署以反映当前 Git 的状态。只需要使用所需的修改来更新 Git 历史记录，Kubernetes 就会自动更新应用程序。使用 Kubernetes，分配和释放资源实现自动化，无须手动设置；添加或删除节点也是非常的简单，只需要部署 Node 部件，执行一条 kubectl join 命令即可加入新的节点。

4）简化部署：Kubernetes 显著简化了开发、发布和部署流程，它允许容器集成并简化对来自多个提供商的存储资源访问的管理。

5）提高生产力：使用 Kubernetes 的好处之一是能够更快地构建应用程序。Kubernetes 能够快速构建包含硬件抽象层的服务应用程序。开发人员能够快速推出和发布新的版本，并通过 Kubernetes master 服务将所有节点作为一个实体进行管理。

6）降低成本：Kubernetes 可以降低基础设施成本。自动扩展逻辑（HPA、VPA）及允许动态配置资源的云供应商集成，Kubernetes 使基础设施上的手动操作减少了，这可以帮助企业节省时间和金钱。

7）可扩展性：Kubernetes 天生具有可扩展性，它可以轻松处理数十个节点上的数百万个请求和数十万个容器。

8）安全性：Kubernetes 在构建时考虑了安全性，并具有内置的安全功能，例如日志记录、访问控制和审计。

9）持续交付：持续交付涉及交付 7×24h 的应用程序，可以实现不停机升级应用。通过持续交付，可以部署新版本的应用程序，几乎不需要人工干预，然后在需要时自动扩展这些应用程序。Kubernetes 可以快速托管现代分布式云托管的应用程序并解决许多 CI/CD 问题。

1.3.4 监控和告警系统——Prometheus

Prometheus 是一个开源系统监控和告警工具包，最初在 SoundCloud 构建。自 2012 年发布以来，许多公司和组织都采用了 Prometheus，该项目拥有非常活跃的开发者和社区用户。它现在是一个独立的开源项目，独立于任何公司维护。为了强调这一点，并明确项目的开源价值，Prometheus 于 2016 年加入云原生计算基金会，成为继 Kubernetes 之后的第二个托管项目。

Prometheus 将其指标收集并存储为时间序列数据，即将指标信息与记录它的时间戳一起存储。

（1）Prometheus 的优势

1）具有由度量指标和键 - 值对标识的时间序列数据多维数据模型。

2）具有一种强大的灵活查询语言 PromQL。

3）不依赖分布式存储，单个服务器节点是自治的。

4）时间序列数据指标收集是通过 HTTP 从服务端拉取的。

5）通过中间网关支持推送时间序列监控数据。

6）通过服务发现或静态配置来获取监控目标。

7）支持多种类型图表和仪表盘。

（2）指标的含义

对普通大众来说度量是数字度量。时间序列意味着记录随着时间的推移变化。用户想要测量的内容因应用程序而异。对于 Web 服务器来说，它可能是请求时间；对于数据库来说，它可能是活动连接数或活动查询数等。

指标在理解为什么应用程序以某种方式工作方面起着重要作用。假设正在运行的一个 Web 应用程序很慢，就需要收集一些信息来了解应用程序发生了什么。例如，当请求数量很高时，应用程序可能会变慢。如果此时有请求计数指标，便可以方便地找出原因并通过增加服务器数量来处理负载。

（3）Prometheus 生态系统

Prometheus 生态系统由多个组件组成，其中许多是可选的。

1）最主要的是 Prometheus Server 服务器，用于抓取和存储时间序列数据。

2）用于检测应用程序代码的客户端程序库。

3）Push Gateway，支持数据推送。

4）监控特殊指标的 Exporter 服务，例如 HAProxy、StatsD、Graphite 等。

5）告警处理器 alartmanager。

6）其他周边工具。

上述大多数 Prometheus 组件都是用 Go 语言编写的，这使得它们易于构建和部署为静态二进制文件。

图 1-6 所示为 Prometheus 的架构及其一些生态系统组件。

Prometheus 从监控目标中直接或通过中间网关推送来抓取指标。它在本地存储所有抓取的指标数据，并对这些数据运行一系列规则过滤，以从现有数据聚合和记录新的时间序列或生成告警。对于监控后的数据可以通过 Grafana 或其他工具实现可视化。

（4）Prometheus 的适用场景

Prometheus 可以很好地记录任何纯文本时间序列。它既适合以机器为中心的监控，也适合监控面向服务的高度动态架构。在微服务世界中，它在多维数据收集和查询方面有特殊的优势。

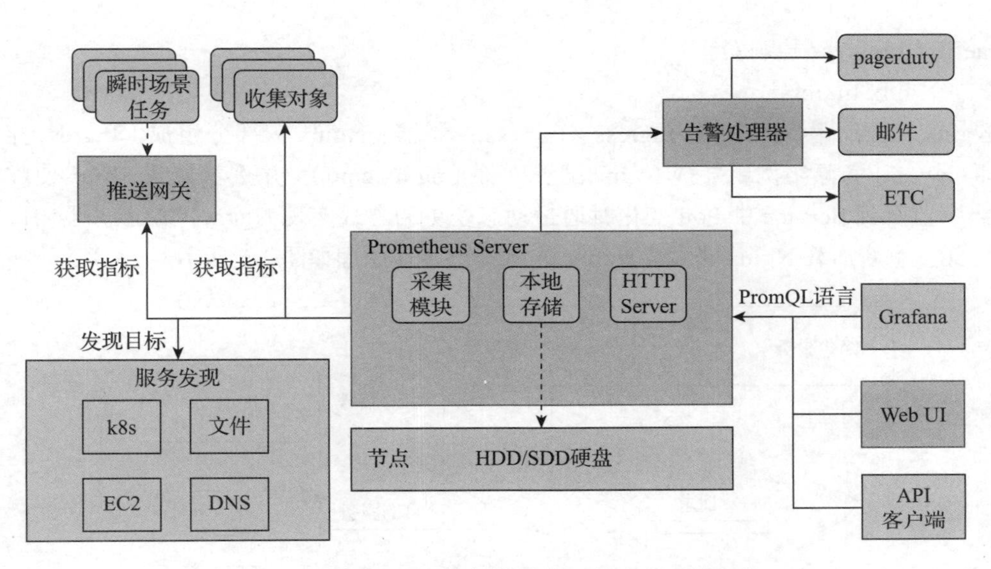

图 1-6 Prometheus 的架构及其一些生态系统组件

Prometheus 专为可靠性而设计，可以在断电期间快速诊断问题。每个 Prometheus 服务器都是相互独立的，不依赖于网络存储或其他远程服务。当基础设施的其他部分损坏时，可以使用它，因为它不需要消耗大量的基础资源。

（5）Prometheus 的不适用场景

Prometheus 重视可靠性，即使在故障情况下，也可以随时查看有关系统的可用统计信息。如果需要 100% 的准确性，例如按请求计费，那么 Prometheus 不是一个好的选择，因为收集的数据可能不够详细和完整。在这种情况下，最好使用其他系统来收集和分析数据以进行计费，而使用 Prometheus 进行其余的监控。

1.3.5 路由基础——Ingress

Kubernetes 基于传输层通过 kube-proxy 服务实现了 Service 的对外发布及负载均衡。在实际的互联网应用场景中，不仅要实现单纯的转发，还有更加细致的策略需求，使用真正的负载均衡器会增加操作的灵活性和转发性能。

基于以上需求，Kubernetes 引入了资源对象 Ingress，它为 Service 提供了可直接被集群外部访问的虚拟主机、负载均衡、SSL 代理、HTTP 路由等应用层转发功能。

Ingress 服务由两部分组成。

1）Ingress 控制器：将新加入的 Ingress 转化成 Nginx/Traefik 的配置文件并使之生效。

2）Ingress 服务：将 Nginx/Traefik 的配置抽象成一个 Ingress 对象，每添加一个新的服务只需写一个新的 Ingress 的 YAML 文件即可。

Ingress 控制器目前主要有两种：一种是基于 Nginx 服务的 Ingress 控制器，另一种是基于 Traefik 的 Ingress 控制器。

（1）Nginx Ingress

Nginx Ingress 由资源对象 Ingress、Ingress 控制器、Nginx 三部分组成。Ingress 控制器用以将 Ingress 资源实例组装成 Nginx 配置文件（nginx.conf），并重新加载 Nginx 使配置生效。当它监听到 Service 中 Pod 变化时通过动态变更的方式实现 Nginx 上游服务器组配置的变更，无须重新加载 Nginx 进程。Nginx Ingress 的工作原理如图 1-7 所示。

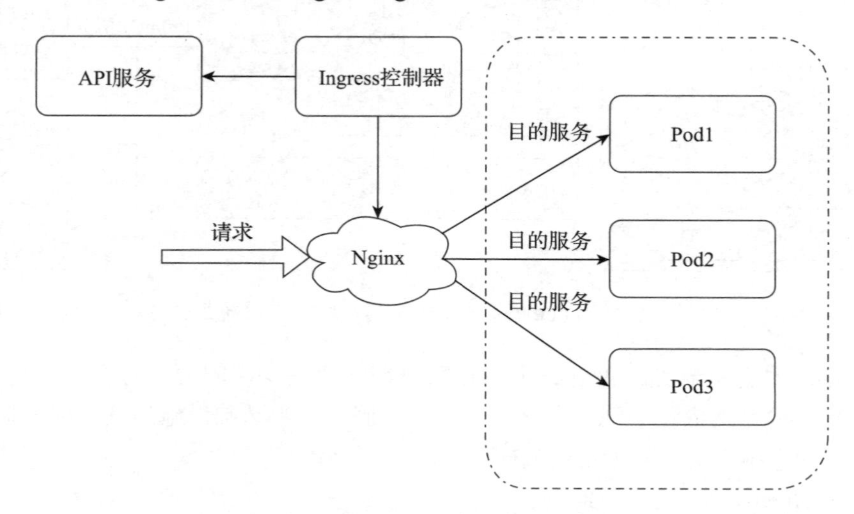

图 1-7　Nginx Ingress 的工作原理

Ingress 控制器通过同步循环机制实时监控 API 服务等资源对象的变化，当相关 Service 对应的端点列表有变化时，会通过 HTTP POST 请求将变化信息发送到 Nginx 内部运行的 Lua 程序进行处理，实现对 Nginx upstream 中后端 Pod IP 变化的动态修改。

每个后端 Pod 的 IP 及 targetPort 信息都存储在 Nginx 的共享内存区域，Nginx 对每个获取的请求使用配置的负载均衡算法进行转发，Nginx 的配置中应用 Lua 模块的 balancer_by_lua 功能实现 upstream 指令域的动态操作，Pod IP 变化及资源对象 Ingress 对 upstream 指令域相关注解（annotation）的变化无须执行 Nginx 的 reload 操作。

当 Ingress 控制器监控的其他资源对象变化时，会对当前变化的内容创建 Nginx 配置模型。如果新的配置模型与当前运行的 Nginx 配置模型不一致，则将新的配置模型按照模板生成新的 Nginx 配置，并对 Nginx 执行 reload 操作。

Nginx 配置模型避免了 Nginx 的无效 reload 操作。为避免因 Nginx 配置语法错误导致意外中断，Ingress 控制器为 Nginx 的配置内容提供了冲突检测及合并机制。Ingress 控制器使用了准入控制插件（Validating Admission Webhook）做验证 Ingress 配置语法的准入控制，验证通过的资源对象 Ingress 才会被保存在存储服务 Etcd 中，并被 Ingress 控制器生成确保没有语法错误的 Nginx 配置文件。

（2）Traefik

Traefik 是一个开源的边缘路由器。Traefik 自动为服务发现正确的位置，将接收到的请求转发到对应的服务。

Traefik 兼容所有主要的集群技术，例如 Kubernetes、Docker、Docker Swarm、AWS、Mesos、Marathon 等。Traefik 还可以在裸机上运行，为遗留软件提供路由服务。Traefik 兼容系统环境如图 1-8 所示。

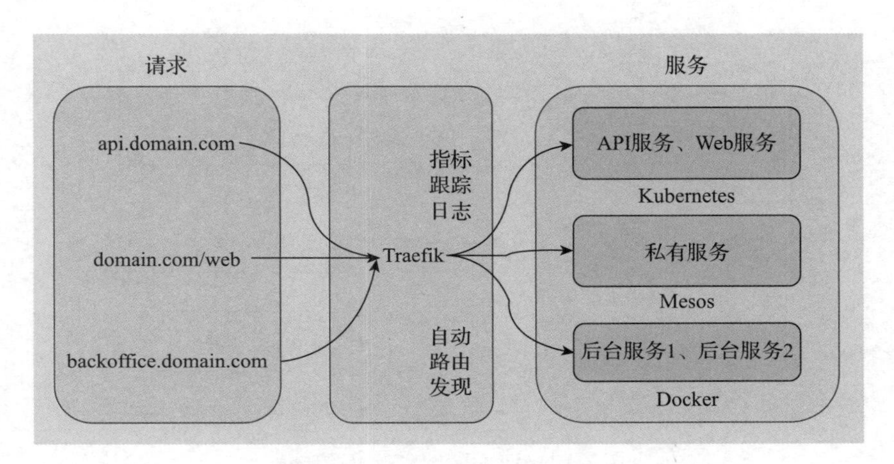

图 1-8　Traefik 兼容系统环境

Traefik 主要包含以下两部分：

1）边缘路由。

Traefik 是一个边缘路由器，这意味着它是平台的大门，将拦截并路由每个传入的请求。Traefik 边缘路由器逻辑功能结构如图 1-9 所示。

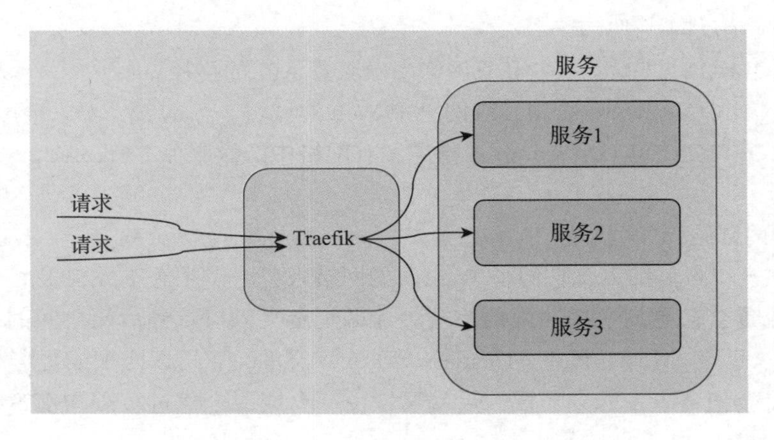

图 1-9　Traefik 边缘路由器逻辑功能结构

Traefik 管理所有的逻辑和规则，并确定哪些服务处理哪些请求（基于路径、主机、请求头部信息等）

2）服务自动发现。

传统的边缘路由器（或反向代理）需要一个包含所有可能路由到服务的配置文件，Traefik 不需要手动维护而是从服务本身获取这些配置文件。Traefik 的服务自动发现如图 1-10 所示。

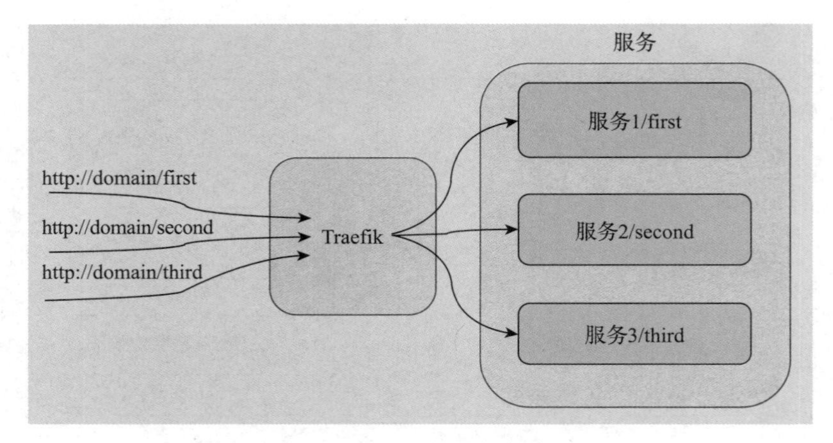

图 1-10 Traefik 的服务自动发现

这意味着当一个服务被部署时，Traefik 会立即检测到它并实时更新路由规则。类似地，当服务从基础结构中删除时，相应的路由也会被删除。

下面举例详细说明 Traefik 是如何工作的。

假设已经在 Kuberbetes 集群上部署了一堆服务。这时需要一个服务发现系统来管理这些服务（如 k8s 的 Etcd）。如果服务需要外部资源访问，这时还需要配置一个虚拟的域名或者前缀路径来配置一个反向代理。

1）API.DOMAIN.COM：指向私有网络中微服务 API 的路径。

2）DOMAIN.COM/web：指向私有网络中 Web 的域名。

3）BACKOFFICE.DOMAIN.com：指向私有网络中的微服务 Backoffice，并在多实例间负载均衡。

Traefik 的内部结构如图 1-11 所示。

1）请求在入口点处结束，它们是 Traefik 的网络入口（监听端口、SSL、流量重定向等）。

2）之后流量会被导向一个匹配的前端。前端是定义入口点到后端之间的路由的地方。路由是通过请求字段（Host、Path、Headers 等）来定义的，它可以匹配或否定一个请求。

3）前端将会把请求发送到后端。后端可以由一台或一个通过负载均衡策略配置后的多台服务器组成。

4）服务器转发请求到对应私有网络的微服务当中。

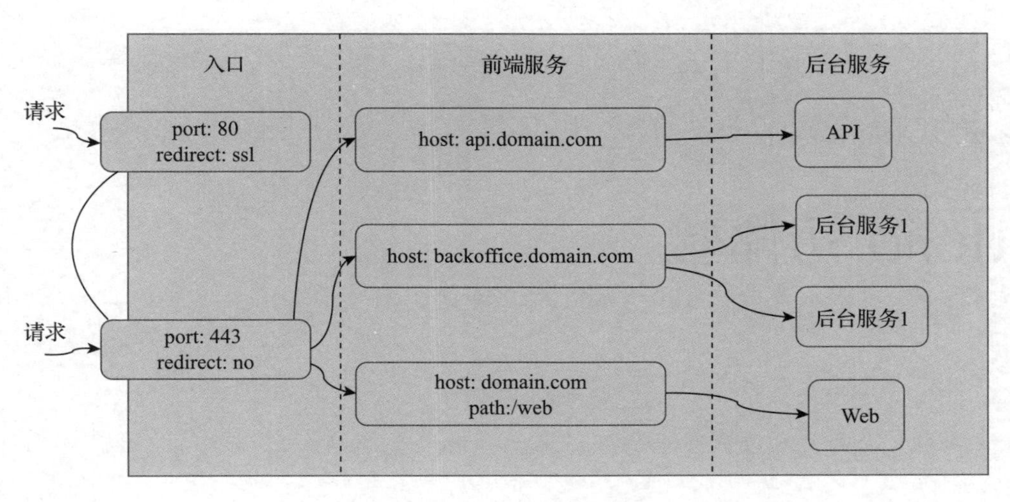

图 1-11　Traefik 内部结构

本章小结

本章探讨了 Serverless 的发展背景、定义、优缺点、现状及适用场景，在此基础上，引出了本书的主题——Nuclio。之后介绍了 Nuclio 的产生背景及发展历程、架构设计、使用群体。在正式学习 Nuclio 之前，还简要介绍了 Nuclio 开发运维的基础知识，包含 Docker、Kaniko、Kubernetes、Prometheus 和 Ingress。了解这些基础知识，对于学习 Nuclio 很有帮助。

第 2 章 |Chapter 2|

Nuclio 初体验

本章将介绍 Nuclio 在不同环境下的安装过程，并对生产环境中的 Prometheus 和 Ingress 等配置进行了详细说明。Nuclio 的文档比较详细，部署过程中建议选择 1.9.0 以后的版本进行部署。对于 Kubernetes 建议选择 1.20 以后的版本。

2.1 本地 Docker 环境

体验 Nuclio 最简单的方法就是运行 Nuclio 仪表板的图形用户界面，它支持 Docker 运行。下面介绍在本地计算机上安装 Nuclio DashBoard。

2.1.1 准备环境

可以通过下载 Docker Desktop 安装 Docker，也可以通过命令行安装 Docker。读者可以参考 Docker 的官网，选择与本地计算机操作系统相适应的安装方式进行安装。

（1）Docker 的安装

在 Mac 环境中已安装好的 Docker 如图 2-1 所示。

在 Linux 环境中已安装好的 Docker 如图 2-2 所示。

（2）nuctl 的安装

nuctl 是 Nuclio 的命令行界面（CLI）。可以到 https://github.com/nuclio/nuclio/releases 上下载对应的操作系统的 nuctl 版本，将其名称改为 nuctl，然后放到环境变量 path 路径下，如 /usr/local/bin/。如果没有对应的版本，则需要下载代码，自行进行编译。

在 Mac 环境中已安装好的 nuctl 如图 2-3 所示。

在 Linux 环境中已安装好的 nuctl 如图 2-4 所示。

```
(base) williamlee@MacBook-Pro ~ % docker version
Client:
 Cloud integration: v1.0.24
 Version:           20.10.14
 API version:       1.41
 Go version:        go1.16.15
 Git commit:        a224086
 Built:             Thu Mar 24 01:49:20 2022
 OS/Arch:           darwin/arm64
 Context:           default
 Experimental:      true

Server: Docker Desktop 4.8.0 (78933)
 Engine:
  Version:          20.10.14
  API version:      1.41 (minimum version 1.12)
  Go version:       go1.16.15
  Git commit:       87a90dc
  Built:            Thu Mar 24 01:45:44 2022
  OS/Arch:          linux/arm64
  Experimental:     false
 containerd:
  Version:          1.5.11
  GitCommit:        3df54a852345ae127d1fa3092b95168e4a88e2f8
 runc:
  Version:          1.0.3
  GitCommit:        v1.0.3-0-gf46b6ba
 docker-init:
  Version:          0.19.0
  GitCommit:        de40ad0
```

图 2-1　Mac Docker 版本

```
root@cluster1-1:~# docker version
Client: Docker Engine - Community
 Version:           20.10.18
 API version:       1.41
 Go version:        go1.18.6
 Git commit:        b40c2f6
 Built:             Thu Sep  8 23:11:34 2022
 OS/Arch:           linux/amd64
 Context:           default
 Experimental:      true

Server: Docker Engine - Community
 Engine:
  Version:          20.10.18
  API version:      1.41 (minimum version 1.12)
  Go version:       go1.18.6
  Git commit:       e42327a
  Built:            Thu Sep  8 23:09:28 2022
  OS/Arch:          linux/amd64
  Experimental:     false
 containerd:
  Version:          1.6.8
  GitCommit:        9cd3357b7fd7218e4aec3eae239db1f68a5a6ec6
 runc:
  Version:          1.1.4
  GitCommit:        v1.1.4-0-g5fd4c4d
 docker-init:
  Version:          0.19.0
  GitCommit:        de40ad0
```

图 2-2　Linux Docker 版本

```
(base) williamlee@MacBook-Pro ~ % nuctl version
Client version:
"Label: latest, Git commit: 3b7d663072bedc38518ce6c824f452f2ad1eff17, OS: darwin, Arch: arm64, Go version
: go1.17.7"%
```

图 2-3　Mac nuctl 版本

```
root@cluster1-1:~# nuctl version
Client version:
"Label: 1.10.8, Git_commit: 596149f7644fbbb590fa600bdf5699851db7d9c8, OS: linux, Arch: amd64, Go version: go1.17.10"
```

图 2-4　Linux nuctl 版本

2.1.2　快速开始

（1）运行 DashBoard

在 Docker 上运行 Nuclio DashBoard 的命令如下：

```
docker run -p 8070:8070 -v /var/run/docker.sock:/var/run/docker.sock -v /tmp:/tmp --name
    nuclio-dashboard
quay.io/nuclio/dashboard:stable-amd64
```

如果一切顺利，命令行终端会显示启动成功的日志。图 2-5 所示是在 Docker 上运行 DashBoard 的部分启动日志。

```
(base) williamlee@MacBook-Pro ~ % docker run -p 8070:8070 -v /var/run/docker.sock:/var/run/docker.sock -v
 /tmp:/tmp --name Nuclio-dashboard quay.io/nuclio/dashboard:stable-amd64
WARNING: The requested image's platform (linux/amd64) does not match the detected host platform (linux/ar
m64/v8) and no specific platform was requested
Running in parallel
Starting nginx
Starting dashboard
23.01.30 09:52:05.120 hboard.healthcheck.server (I) Listening {"listenAddress": ":8082"}
23.01.30 09:52:05.131 rd.platform.docker.runner (D) Executing {"command": "docker version --format \"{{js
on .}}\""}
23.01.30 09:52:05.731 rd.platform.docker.runner (D) Command executed successfully {"output": "{\"Client\"
:{\"Platform\":{\"Name\":\"Docker Engine - Community\"},\"Version\":\"19.03.14\",\"ApiVersion\":\"1.40\",
\"DefaultAPIVersion\":\"1.40\",\"GitCommit\":\"5eb3275\",\"GoVersion\":\"go1.13.15\",\"Os\":\"linux\",\"A
rch\":\"amd64\",\"BuildTime\":\"Tue Dec  1 19:14:24 2020\",\"Experimental\":false},\"Server\":{\"Platform
\":{\"Name\":\"Docker Desktop 4.8.0 (78933)\"},\"Components\":[{\"Name\":\"Engine\",\"Version\":\"20.10.1
4\",\"Details\":{\"ApiVersion\":\"1.41\",\"Arch\":\"arm64\",\"BuildTime\":\"Thu Mar 24 01:45:44 2022\",\"
Experimental\":\"false\",\"GitCommit\":\"87a90dc\",\"GoVersion\":\"go1.16.15\",\"KernelVersion\":\"5.10.1
04-linuxkit\",\"MinAPIVersion\":\"1.12\",\"Os\":\"linux\"}},{\"Name\":\"containerd\",\"Version\":\"1.5.11
\",\"Details\":{\"GitCommit\":\"3df54a852345ae127d1fa3092b95168e4a88e2f8\"}},{\"Name\":\"runc\",\"Version
\":\"1.0.3\",\"Details\":{\"GitCommit\":\"v1.0.3-0-gf46b6ba\"}},{\"Name\":\"docker-init\",\"Version\":\"0
.19.0\",\"Details\":{\"GitCommit\":\"de40ad0\"}}],\"Version\":\"20.10.14\",\"ApiVersion\":\"1.41\",\"MinA
PIVersion\":\"1.12\",\"GitCommit\":\"87a90dc\",\"GoVersion\":\"go1.16.15\",\"Os\":\"linux\",\"Arch\":\"ar
m64\",\"KernelVersion\":\"5.10.104-linuxkit\",\"BuildTime\":\"2022-03-24T01:45:44.000000000+00:00\"}}\n",
 "stderr": "", "exitCode": 0}
23.01.30 09:52:05.732 rd.platform.docker.runner (D) Executing {"command": "docker version --format \"{{js
on .}}\""}
23.01.30 09:52:06.137 rd.platform.docker.runner (D) Command executed successfully {"output": "{\"Client\"
:{\"Platform\":{\"Name\":\"Docker Engine - Community\"},\"Version\":\"19.03.14\",\"ApiVersion\":\"1.40\",
\"DefaultAPIVersion\":\"1.40\",\"GitCommit\":\"5eb3275\",\"GoVersion\":\"go1.13.15\",\"Os\":\"linux\",\"A
rch\":\"amd64\",\"BuildTime\":\"Tue Dec  1 19:14:24 2020\",\"Experimental\":false},\"Server\":{\"Platform
\":{\"Name\":\"Docker Desktop 4.8.0 (78933)\"},\"Components\":[{\"Name\":\"Engine\",\"Version\":\"20.10.1
4\",\"Details\":{\"ApiVersion\":\"1.41\",\"Arch\":\"arm64\",\"BuildTime\":\"Thu Mar 24 01:45:44 2022\",\"
Experimental\":\"false\",\"GitCommit\":\"87a90dc\",\"GoVersion\":\"go1.16.15\",\"KernelVersion\":\"5.10.1
04-linuxkit\",\"MinAPIVersion\":\"1.12\",\"Os\":\"linux\"}},{\"Name\":\"containerd\",\"Version\":\"1.5.11
\",\"Details\":{\"GitCommit\":\"3df54a852345ae127d1fa3092b95168e4a88e2f8\"}},{\"Name\":\"runc\",\"Version
```

图 2-5　在 Docker 上运行 DashBoard 的部分启动日志

```
\":\"1.0.3\",\"Details\":{\"GitCommit\":\"v1.0.3-0-gf46b6ba\"}},{\"Name\":\"docker-init\",\"Version\":\"0
.19.0\",\"Details\":{\"GitCommit\":\"de40ad0\"}}],\"Version\":\"20.10.14\",\"ApiVersion\":\"1.41\",\"MinA
PIVersion\":\"1.12\",\"GitCommit\":\"87a90dc\",\"GoVersion\":\"go1.16.15\",\"Os\":\"linux\",\"Arch\":\"ar
m64\",\"KernelVersion\":\"5.10.104-linuxkit\",\"BuildTime\":\"2022-03-24T01:45:44.000000000+00:00\"}}\n",
 "stderr": "", "exitCode": 0}
23.01.30 09:52:06.139                    dashboard (D) Initializing platform {"platformType": "local"}
23.01.30 09:52:06.140 dashboard.platform.docker (D) Executing in container {"containerID": "nuclio-local-
storage-reader", "execOptions": {"Command":"/bin/sh -c \"/bin/cat /etc/nuclio/store/projects/nuclio/defau
lt.json\"","Stdout":"","Stderr":"","Env":null}}
```

图 2-5　在 Docker 上运行 DashBoard 的部分启动日志（续）

（2）访问 DashBoard

在浏览器的地址中输入 http://127.0.0.1:8070，运行后就可以看到 DashBoard 的界面，如图 2-6 所示。

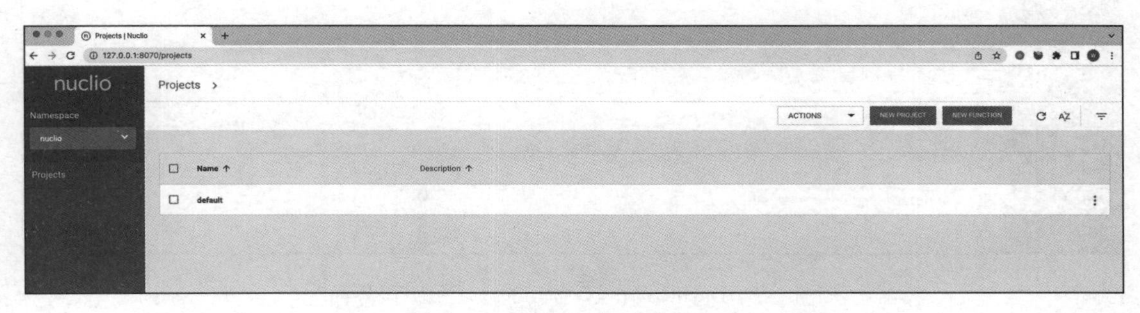

图 2-6　DashBoard 的界面

尝试进入 default 项目，如图 2-7 所示。单击 Start from scratch 图标按钮创建一个 nodejs.hello.world NodeJS 函数进行体验，如图 2-8 所示。

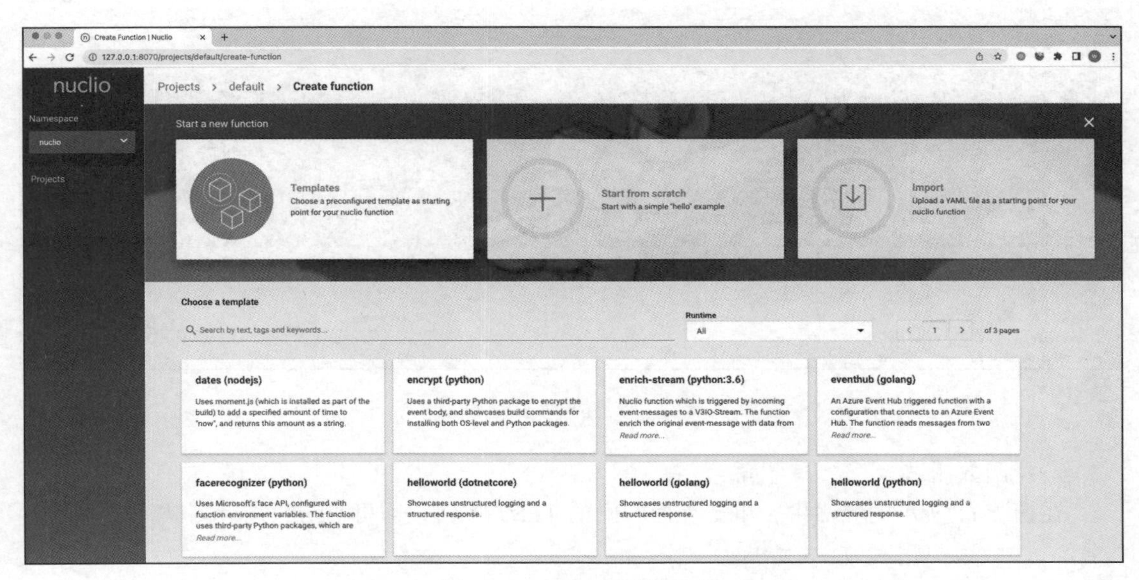

图 2-7　default 项目界面

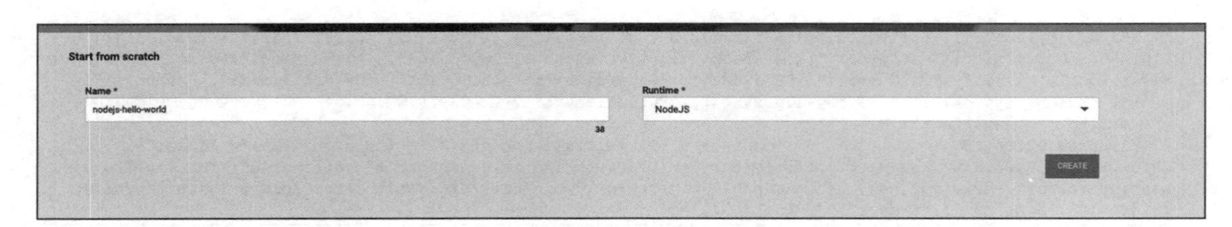

图 2-8　创建 NodeJS 函数界面

在图 2-9 所示的界面中，单击右上角的 DEPLOY，函数就可以进行自动化打包部署，非常简单。

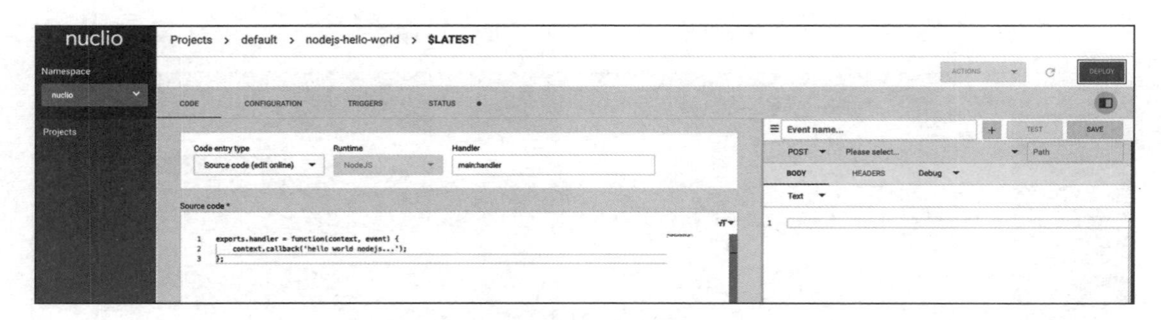

图 2-9　DashBoard 创建 NodeJs 函数编码界面

等待一段时间后，界面会显示 Successfully deployed（见图 2-10）成功字样，单击其右后方的展开按钮，即可看到相应的部署日志。

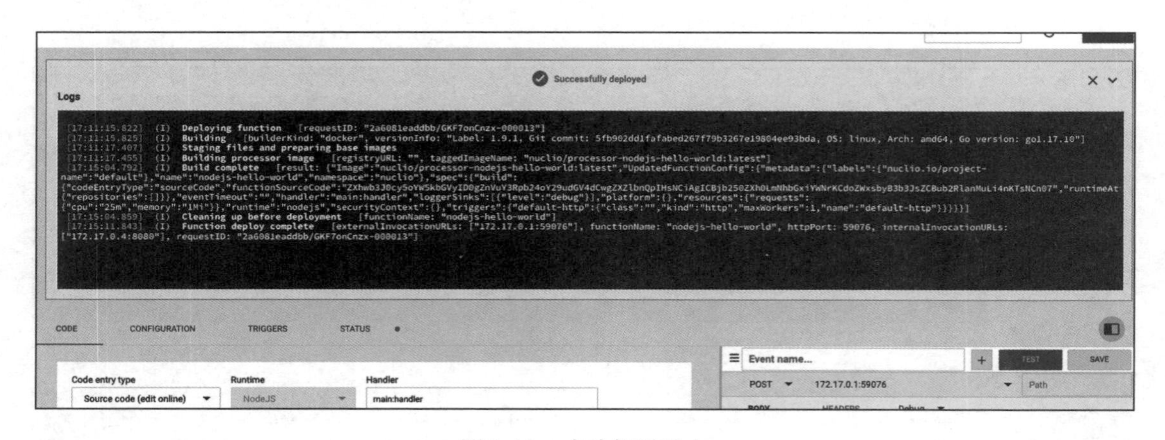

图 2-10　成功部署日志

（3）函数测试

在图 2-11 所示的界面中，单击界面右侧的 TEST 按钮，即可对函数进行测试。

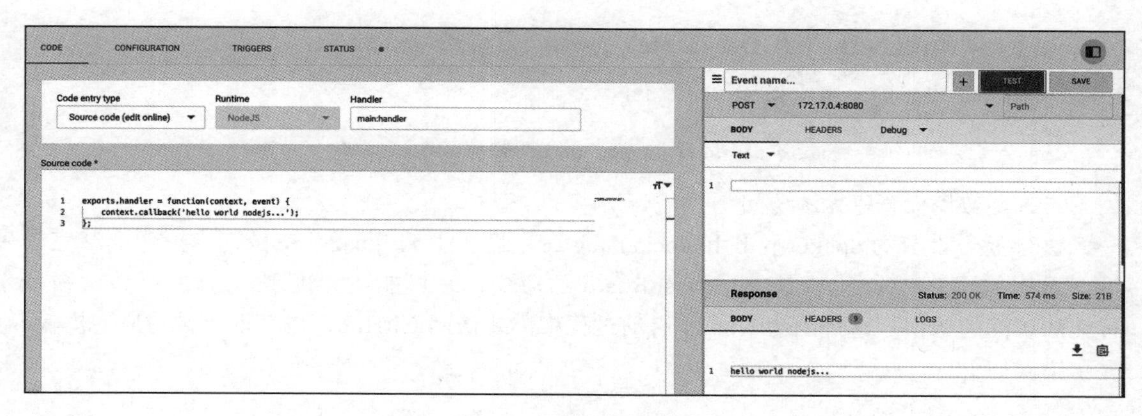

图 2-11　函数测试

2.1.3　问题排查

（1）Google 镜像无法下载

执行 Docker 运行 Nuclio DashBoard 的命令：

```
docker run -p 8070:8070 -v /var/run/docker.sock:/var/run/docker.sock -v /tmp:/tmp --name nuclio-
    dashboard quay.io/nuclio/dashboard:stable-amd64
```

首先会下载 dashboard:stable-amd64 这个镜像，下载完毕后启动镜像进程，但因为启动相关程序时需要使用 Google 的 gcr.io/iguazio/alpine:3.15 镜像，所以如果无法连接 Google 的镜像很可能会失败。显示错误如下：

```
Error - exit status 125
/nuclio/pkg/cmdrunner/shellrunner.go:96
Call stack:
stdout:
Unable to find image 'gcr.io/iguazio/alpine:3.15' locally
docker: Error response from daemon: Head https://gcr.io/v2/iguazio/alpine/manifests/3.15: Get
    https://gcr.io/v2/token?scope=repository%3Aiguazio%2Falpine%3Apull&service=gcr.io: net/
    http: TLS handshake timeout.
See 'docker run --help'.
stderr:
/nuclio/pkg/cmdrunner/shellrunner.go:96
Failed to run container with storage volume
...//nuclio/pkg/platform/local/client/store.go:430
Failed to run cat command
...//nuclio/pkg/platform/local/client/store.go:340
Failed to get projects
...//nuclio/pkg/platform/local/client/store.go:99
Failed getting projects
/nuclio/pkg/platform/local/platform.go:504
```

无法上网的读者可以下载 Docker Hub 的镜像，执行下面的命令：

```
docker pull cnbooks/iguazio-alpine:3.15

docker tag cnbooks/iguazio-alpine:3.15 gcr.io/iguazio/alpine:3.15
```

（2）函数模板仓库无法访问

执行上一小节的 docker pull 和 docker tag 命令后会下载 iguazio 镜像，当镜像下载完毕后，再次执行 Dcoker 运行 Nuclio DashBoard 的命令，有可能还会出现 GitHub 函数模板地址无法访问的错误。这是因为 Nuclio 启动过程中需要访问 GitHub，以获取函数对应的模板。显示错误如下：

```
parallel: This job failed:
/runners/dashboard.sh
Error - Get "https://github.com/nuclio/nuclio-templates.git/info/refs?service=git-upload-pack":
    dial tcp 20.205.243.166:443: i/o timeout
.../gitfunctiontemplatefetcher.go:109
Call stack:
Failed to initialize git repository
.../gitfunctiontemplatefetcher.go:109
Failed to clone repository
.../gitfunctiontemplatefetcher.go:67
Failed to fetch one of given templateFetchers
.../dashboard/functiontemplates/repository.go:35
Failed to create repository out of given fetchers
/nuclio/cmd/dashboard/app/run.go:286
Failed to create new dashboard
/nuclio/cmd/dashboard/app/run.go:137
```

首先需要保证主机能够上网访问 GitHub；其次，在执行 docker run 命令时，可以尝试添加 --net = host 语句来使用主机网络。

（3）Golang 函数语言无法编译

采用开源版的 Nuclio 编译 Golang 函数语言，执行 go mod 命令下载第三方包时，会出现下载第三方包失败的情况，这是因为镜像采用的是官方的代理地址，速度比较慢。如果要加快 Golang 下载第三方包，需要设置国内的 Golang 代理地址。阿里配置和七牛云配置如下：

```
https://mirrors.aliyun.com/goproxy/
https://goproxy.cn
```

下载 Nuclio 最新代码，修改 Makefile 中官方 proxy 的地址，然后执行 make handler-builder-golang-onbuild 命令编译新的构建镜像。编译结束后，将新镜像上传到自己的镜像仓库。

编译 Golang 语言时，需要将基础镜像和构建镜像指定为自己构建过的 Golang 镜像，这样就能够顺利编译出 Golang 函数包，如图 2-12 所示。

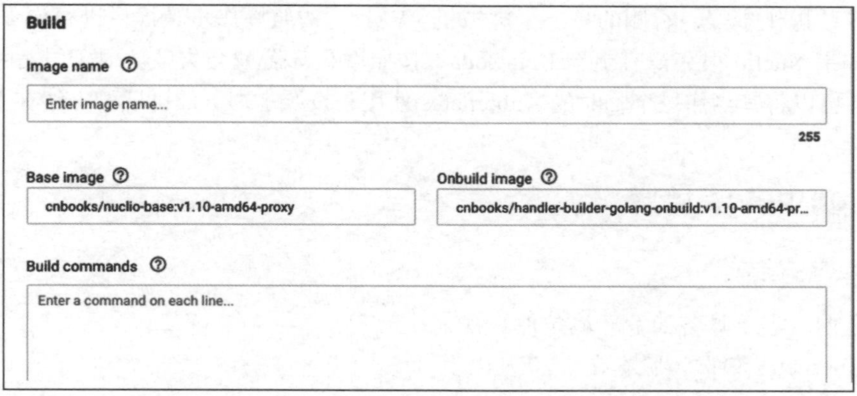

图 2-12 指定构建过的 Golang 镜像

2.2 KataCoda 交互式环境

KataCoda 使用真实环境以交互的方式提供免费技术课程（Docker、机器学习、网络、CI/CD、无服务器等）。其官方地址为 https://www.katacoda.com/。

Nuclio 的体验环境网址为 https://www.katacoda.com/javajon/courses/kubernetes-Serverless/nuclio，如图 2-13 所示。

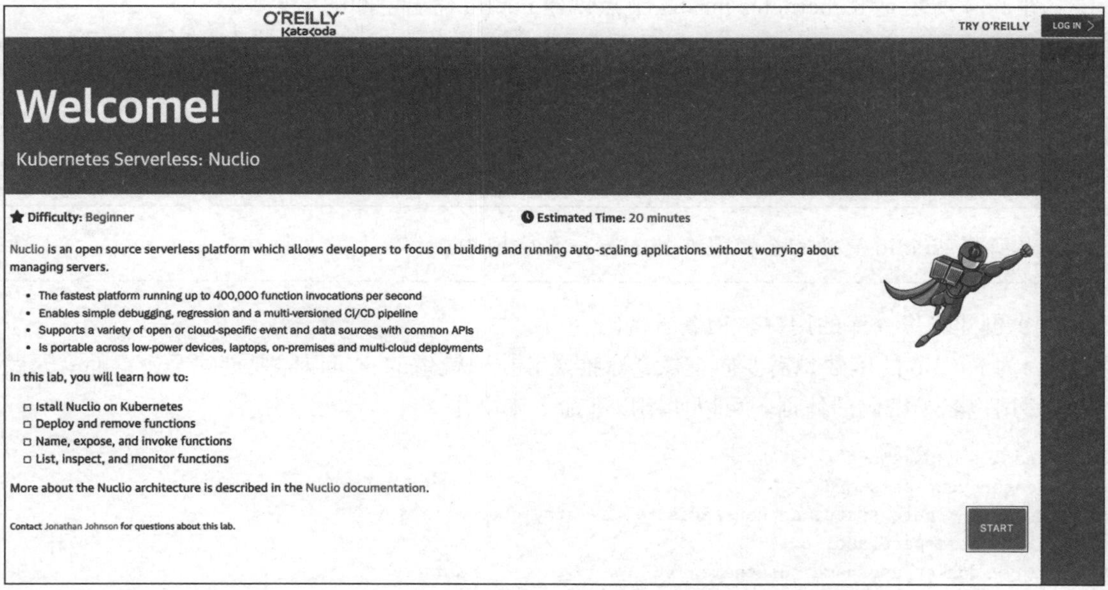

图 2-13 Nuclio 的体验界面

单击图 2-13 右下方的 START 按钮，等待几分钟，KataCoda 会准备好对应的环境。环境的左侧是安装操作步骤，右侧的是一个虚拟机（VM）。按照操作步骤提供进行操作即可。

但是如果 Nuclio 很久没有更新 KataCoda，按照教程部署就会失败。对于没有系统环境的用户来说，可以将其当作一个临时的 Kubernetes 使用，按照本书下面讲述的方法在上面搭建。

2.3　Kubernetes 环境

2.3.1　准备环境

开始之前，需要具备如下环境条件：

1）Kubernetes 集群，版本在 1.20 及以上。

2）DockerHub 账号，可以 push、pull、store 镜像。

3）Helm。

4）nuctl 命令行客户端。

2.3.2　安装 Nuclio

（1）Docker 的构建

1）使用下面的命令在 Kubernetess 上创建 nuclio 命名空间。

```
kubectl create namespace nuclio
```

图 2-14 所示是 Kubernetes master 节点创建 nuclio 命名空间的结果。

```
root@cluster1-1:~# kubectl create namespace nuclio
namespace/nuclio created
```

图 2-14　Kubernetes master 节点创建 nuclio 命名空间

注意　所有 Nuclio 资源都会部署在 nuclio 命名空间中。

2）创建镜像仓库的用户名和登录密码。

因为 Nuclio 的函数是需要向镜像仓库推送和拉取镜像的，所以需要创建一个存储登录镜像仓库用户名和密码的凭据。可以使用以下命令来操作。

```
read -s mypassword
<enter your password>
kubectl create secret docker-registry registry-credentials \
    --namespace nuclio \
    --docker-username <username> \
    --docker-password $mypassword \
    --docker-server <URL> \
    --docker-email ignored@nuclio.io
unset mypassword
```

注意　如果使用 Docker Hub，URL 是 https://index.docker.io/v1/。此处官网出现错误，无论指定 registry.hub.docker.com 还是指定 docker.io 都会出现推送镜像权限不足的问题。E-mail 可以填写自己的邮件地址。

图 2-15 所示是在 Kubernetes 上创建 Docker 镜像仓库秘钥的结果。

```
root@cluster1-1:~# read -s mypassword
root@cluster1-1:~# kubectl create secret docker-registry registry-credentials \
> --namespace nuclio \
> --docker-username                \
> --docker-password $mypassword \
> --docker-server https://index.docker.io/v1/ \
> --docker-email
secret/registry-credentials created
root@cluster1-1:~# unset mypassword
```

图 2-15　在 Kubernetes 上创建 Docker 镜像仓库秘钥的结果

3）添加并使用 Helm 来安装 Nuclio。

```
helm repo add nuclio https://nuclio.github.io/nuclio/charts
helm install nuclio --namespace nuclio \
    --set registry.secretName=registry-credentials \
    --set registry.pushPullUrl=<your registry URL> \
    nuclio/nuclio
```

注意　pushPullUrl地址填写docker.io/你的DockerHub用户名。

4）执行安装。

```
helm install  nuclio --namespace nuclio \
    --set registry.secretName=registry-credentials \
    --set registry.pushPullUrl=docker.io/dockerhub用户名 \
    nuclio/nuclio
```

图 2-16 所示为使用 Helm 安装 Nuclio 的结果。

```
root@cluster1-1:~# helm repo add nuclio https://nuclio.github.io/nuclio/charts
"nuclio" has been added to your repositories
root@cluster1-1:~# helm install nuclio --namespace nuclio \
> --set registry.secretName=registry-credentials \
> --set registry.pushPullUrl=docker.io/
> nuclio/nuclio
NAME: nuclio
LAST DEPLOYED: Tue Jan 31 17:37:25 2023
NAMESPACE: nuclio
STATUS: deployed
REVISION: 1
TEST SUITE: None
NOTES:
1. Get the application URL by running these commands:
  Port forward dashboard
  kubectl -n nuclio port-forward $(kubectl get pods -n nuclio -l nuclio.io/app=d
ashboard -o jsonpath='{.items[0].metadata.name}') 8070:8070
  and visit http://localhost:8070 to use nuclio
```

图 2-16　使用 Helm 安装 Nuclio 的结果

一段时间后，执行下面的命令可以查看 Nuclio 是否安装成功。

```
kubectl get pod -n nuclio
```

图 2-17 所示是 Nuclio 成功安装的显示界面。

```
root@cluster1-1:~# kubectl get pod -n nuclio
NAME                                 READY   STATUS    RESTARTS   AGE
nuclio-controller-64598b545f-v6jhx   1/1     Running   0          22s
nuclio-dashboard-67f57f9c78-lpzbz    1/1     Running   0          22s
```

图 2-17　Nuclio 安装成功

5）访问 DashBoard。

因为默认的安装并没有暴露端口，所以此处需要修改一下 Nuclio DashBoard Service。使用如下命令将 Service 的 type（类型）修改为 NodePort（见图 2-18）。操作结果如图 2-19 所示。

```
kubectl get svc  -n nuclio
kubectl edit  svc nuclio-dashboard -n nuclio
kubectl get svc  -n nuclio
```

```
  ports:
  - name: admin
    nodePort: 32427
    port: 8070
    protocol: TCP
    targetPort: 8070
  selector:
    nuclio.io/name: nuclio-dashboard
  sessionAffinity: None
  type: NodePort
status:
```

图 2-18　DashBoard Service YAML 文件部分内容

```
root@cluster1-1:~# kubectl get svc -n nuclio
NAME               TYPE        CLUSTER-IP      EXTERNAL-IP   PORT(S)    AGE
nuclio-dashboard   ClusterIP   10.100.244.71   <none>        8070/TCP   87s
root@cluster1-1:~# kubectl edit  svc nuclio-dashboard -n nuclio
service/nuclio-dashboard edited
root@cluster1-1:~# kubectl get svc  -n nuclio
NAME               TYPE       CLUSTER-IP      EXTERNAL-IP   PORT(S)          AGE
nuclio-dashboard   NodePort   10.100.244.71   <none>        8070:32427/TCP   3m3s
```

图 2-19　修改 Nuclio DashBoard Service 的结果

在浏览器的地址中输入 Node IP 地址加端口号 32427（端口号系统随机分配）即可对 DashBoard 进行访问，如图 2-20 所示。

此时，新建一个项目，再快速新建一个函数，并进行部署，测试一下 DashBoard 是否安装成功，如图 2-21 所示。

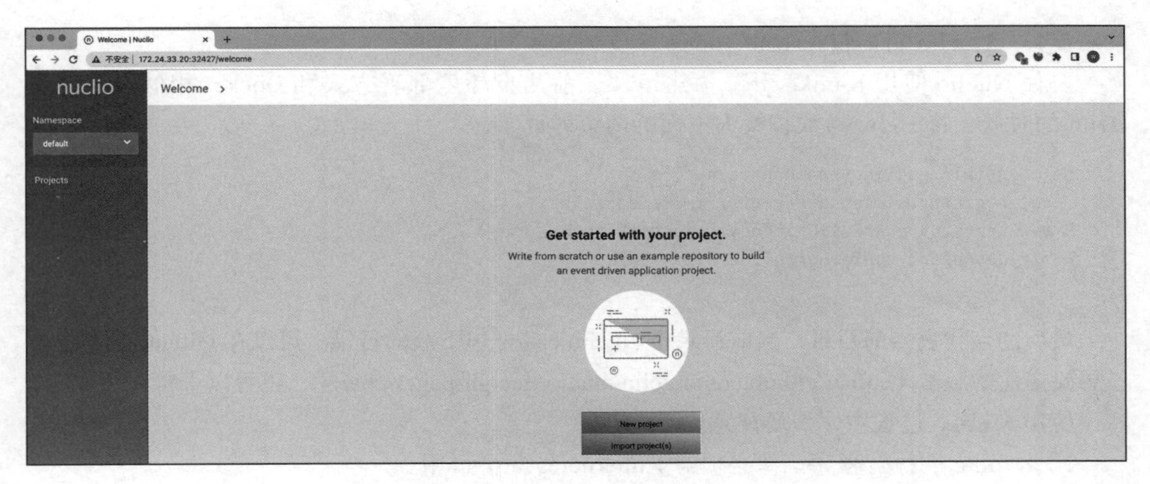

图 2-20　DashBoard 初始界面

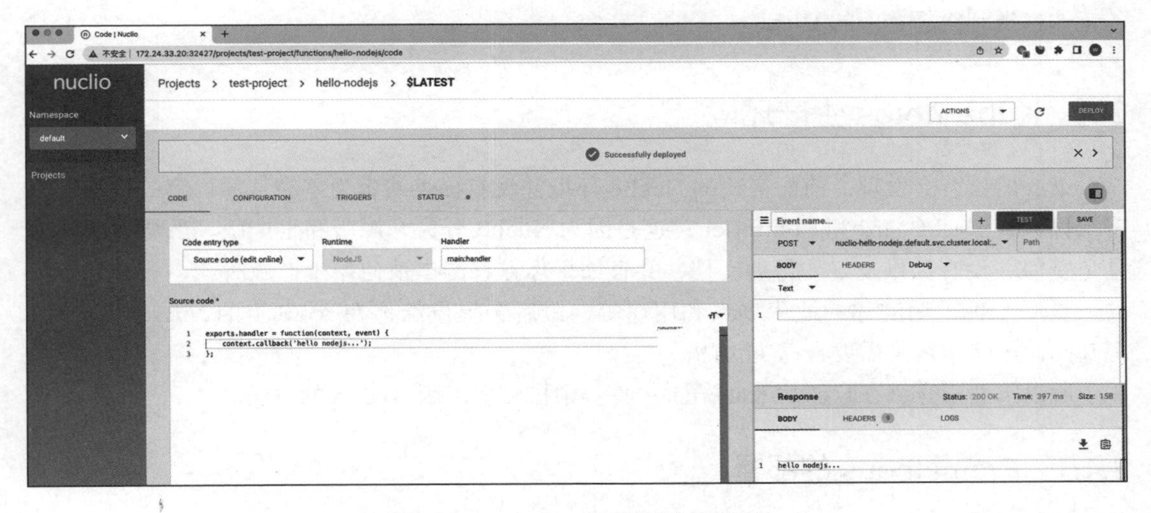

图 2-21　DashBoard 部署成功界面

（2）Kaniko 的构建

在处理生产环境中函数部署的问题时，应避免将 Docker 套接字绑定安装到 Nuclio 仪表盘的服务 Pod。如果将 Docker 套接字绑定安装到 Nuclio 仪表盘的服务 Pod，系统将允许仪表盘访问主机的 Docker 守护进程，这类似于授予它对机器的 root 访问权限。对于实际生产用例来说，这存在一定的安全隐患。

在理想情况下，任何 Pod 都不应该直接访问 Docker 守护进程，但由于 Nuclio 是一个基于容器的无服务器框架，它需要能够在运行时构建 OCI 镜像。虽然有多种方法可以绑定安装 Docker 套接字，但 Nuclio 从版本 1.3.15 开始，选择的解决方案是集成 Kaniko 作为一种以安全方式构建 OCI 镜像的生产部署方法。Kaniko 维护良好、稳定、易于使用，并提供了广泛的功能集。Nuclio 目前仅在 Kubernetes 上支持 Kaniko。

要使 Nuclio 使用 Kaniko 引擎构建镜像，前几步环境部署方式和 Docker 相似，在部署 Helm 的时候，将 Helm 参数替换为下面的内容即可。

```
helm install nuclio --namespace nuclio \
--set registry.secretName=registry-credentials \
--set registry.pushPullUrl=docker.io/dockerhub用户名 \
--set dashboard.containerBuilderKind=kaniko \
.
```

最后的点代表当前目录，当前目录是 Nuclio charts 包下载的目录。可以在 Github 上下载自己想要搭建的版本（https://github.com/nuclio/nuclio/tree/gh-pages/charts），也可以直接在线安装。

使用 Kaniko 过程中，需要注意以下两点。

1）Kaniko 的执行程序镜像必须对 Kubernetes 集群可用。

2）Kaniko 不支持访问主机 Docker 守护程序上的镜像。因此，需要设置 Kaniko 将生成的镜像推送到镜像仓库的 URL。

2.4 Kubernetes 生产环境

细心的读者会发现，前面搭建的 Nuclio 环境并没有提供缩容为零和从零扩容的功能，部署组件只有 DashBoard 和 Controller；这是因为 Nuclio 分为开源版和生产版。虽然生产版也是免费但并没有提供友好的帮助文档，并且如果你在官网申请使用生产版时，一般会有专门的人员联系你，询问你的使用场景和用途等，最后会提供给你在 AWS 上的 Nuclio 生产版，但基础设施费用还是需要自己支付的。

所以下面来介绍在自己的 Kubernetes 集群中搭建生产版 Nuclio 的方法。

2.4.1 Prometheus 的部署

（1）部署

Prometheus 的部署这里采用 Helm 方式。Helm 是查找、共享和使用为 Kubernetes 构建的软件的最佳方式。Helm 是一个二进制执行文件，安装简单，下载相应系统版本的二进制文件，将其放到环境变量 path 中即可使用（例如放到 /usr/local/bin/ 目录下）。

执行 helm version 命令，查看 Helm 是否安装成功，如图 2-22 所示。

```
root@cluster1-1:~# helm version
version.BuildInfo{Version:"v3.9.1", GitCommit:"a7c043acb5ff905c261cfdc923a35776ba5e66e4", GitTreeState:"clean"
, GoVersion:"go1.17.5"}
```

图 2-22 查看 Helm 是否安装成功

Prometheus 的安装包地址是 https://prometheus-community.github.io/helm-charts。

```
helm repo add prometheus-community https://prometheus-community.github.io/helm-charts
helm repo update
```

图 2-23 是 Helm 添加 Prometheus 安装源的操作结果。

```
root@cluster1-1:~# helm repo add prometheus-community https://prometheus-community.github.io/helm-charts
"prometheus-community" has been added to your repositories
root@cluster1-1:~# helm repo update
Hang tight while we grab the latest from your chart repositories...
...Successfully got an update from the "nuclio" chart repository
...Successfully got an update from the "prometheus-community" chart repository
Update Complete. *Happy Helming!*
```

图 2-23　Helm 添加安装源

执行 helm search repo 命令可以查看 Prometheus 安装源仓库中有哪些组件安装包，执行下面的命令可以查看 Prometheus 有哪些安装包。

```
helm search repo prometheus
```

图 2-24 显示了 Prometheus 有哪些安装包。

```
root@cluster1-1:~# helm search repo prometheus
NAME                                                CHART VERSION   APP VERSION   DESCRIPTION
prometheus-community/kube-prometheus-stack          44.3.0          v0.62.0       kube-prometheus-stack collects Kubernetes manif...
prometheus-community/prometheus                     19.3.3          v2.41.0       Prometheus is a monitoring system and time seri...
prometheus-community/prometheus-adapter             4.1.1           v0.10.0       A Helm chart for k8s prometheus adapter
prometheus-community/prometheus-blackbox-exporter   7.2.0           0.23.0        Prometheus Blackbox Exporter
prometheus-community/prometheus-cloudwatch-expo...  0.22.0          0.15.0        A Helm chart for prometheus cloudwatch-exporter
prometheus-community/prometheus-conntrack-stats...  0.5.5           v0.4.11       A Helm chart for conntrack-stats-exporter
prometheus-community/prometheus-consul-exporter     0.5.1           0.4.0         A Helm chart for the Prometheus Consul Exporter
prometheus-community/prometheus-couchdb-exporter    0.2.1           1.0           A Helm chart to export the metrics from couchdb...
prometheus-community/prometheus-druid-exporter      1.0.0           v0.11.0       Druid exporter to monitor druid metrics with Pr...
prometheus-community/prometheus-elasticsearch-e...  5.0.0           1.5.0         Elasticsearch stats exporter for Prometheus
prometheus-community/prometheus-fastly-exporter     0.1.1           7.2.4         A Helm chart for the Prometheus Fastly Exporter
prometheus-community/prometheus-json-exporter       0.6.1           v0.5.0        Install prometheus-json-exporter
prometheus-community/prometheus-kafka-exporter      1.8.0           v1.6.0        A Helm chart to export the metrics from Kafka i...
prometheus-community/prometheus-mongodb-exporter    3.1.2           0.31.0        A Prometheus exporter for MongoDB metrics
prometheus-community/prometheus-mysql-exporter      1.12.1          v0.14.0       A Helm chart for prometheus mysql exporter with...
prometheus-community/prometheus-nats-exporter       2.10.1          0.10.1        A Helm chart for prometheus-nats-exporter
prometheus-community/prometheus-nginx-exporter      0.1.0           0.11.0        A Helm chart for the Prometheus NGINX Exporter
prometheus-community/prometheus-node-exporter       4.13.0          1.5.0         A Helm chart for prometheus node-exporter
prometheus-community/prometheus-operator            9.3.2           0.38.1        DEPRECATED - This chart will be renamed. See ht...
prometheus-community/prometheus-operator-crds       1.1.0           0.62.0        A Helm chart that collects custom resource defi...
prometheus-community/prometheus-pingdom-exporter    2.4.1           20190610-1    A Helm chart for Prometheus Pingdom Exporter
prometheus-community/prometheus-postgres-exporter   4.2.1           0.11.1        A Helm chart for prometheus postgres-exporter
prometheus-community/prometheus-pushgateway         2.0.4           v1.5.1        A Helm chart for prometheus pushgateway
prometheus-community/prometheus-rabbitmq-exporter   1.4.0           v0.29.0       Rabbitmq metrics exporter for prometheus
prometheus-community/prometheus-redis-exporter      5.3.0           v1.44.0       Prometheus exporter for Redis metrics
prometheus-community/prometheus-smartctl-exporter   0.3.1           v0.8.0        A Helm chart for Kubernetes
prometheus-community/prometheus-snmp-exporter       1.2.1           0.19.0        Prometheus SNMP Exporter
prometheus-community/prometheus-stackdriver-exp...  4.1.0           0.12.0        Stackdriver exporter for Prometheus
prometheus-community/prometheus-statsd-exporter     0.7.0           v0.22.8       A Helm chart for prometheus stats-exporter
prometheus-community/prometheus-to-sd               0.4.2           0.5.2         Scrape metrics stored in prometheus format and ...
prometheus-community/alertmanager                   0.25.0          v0.25.0       The Alertmanager handles alerts sent by client ...
prometheus-community/jiralert                       1.0.1           1.2           A Helm chart for Kubernetes to install jiralert
prometheus-community/kube-state-metrics             4.29.0          2.7.0         Install kube-state-metrics to generate and expo...
prometheus-community/prom-label-proxy               0.1.0           v0.5.0        A proxy that enforces a given label in a given ...
```

图 2-24　查看 Prometheus 的安装包

执行以下命令创建 monitoring 命名空间，安装 Prometheus。

```
kubectl create ns monitoring
helm install prometheus prometheus-community/prometheus  --namespace monitoring
```

图 2-25 所示为 Prometheus 安装结果。

```
root@cluster1-1:~# kubectl create ns monitoring
namespace/monitoring created
root@cluster1-1:~# helm install prometheus prometheus-community/prometheus  --namespace monitoring
NAME: prometheus
LAST DEPLOYED: Wed Feb  1 09:58:58 2023
NAMESPACE: monitoring
STATUS: deployed
REVISION: 1
NOTES:
The Prometheus server can be accessed via port 80 on the following DNS name from within your cluster:
prometheus-server.monitoring.svc.cluster.local


Get the Prometheus server URL by running these commands in the same shell:
  export POD_NAME=$(kubectl get pods --namespace monitoring -l "app=prometheus,component=server" -o jsonpath="{.items[0].metadata.name}")
  kubectl --namespace monitoring port-forward $POD_NAME 9090


The Prometheus alertmanager can be accessed via port  on the following DNS name from within your cluster:
prometheus-%!s(<nil>).monitoring.svc.cluster.local


Get the Alertmanager URL by running these commands in the same shell:
  export POD_NAME=$(kubectl get pods --namespace monitoring -l "app=prometheus,component=" -o jsonpath="{.items[0].metadata.name}")
  kubectl --namespace monitoring port-forward $POD_NAME 9093
#################################################################################
######   WARNING: Pod Security Policy has been disabled by default since    #####
######            it deprecated after k8s 1.25+. use                        #####
######            (index .Values "prometheus-node-exporter" "rbac"          #####
###### .          "pspEnabled") with (index .Values                         #####
######            "prometheus-node-exporter" "rbac" "pspAnnotations")       #####
######            in case you still need it.                                #####
#################################################################################


The Prometheus PushGateway can be accessed via port 9091 on the following DNS name from within your cluster:
prometheus-prometheus-pushgateway.monitoring.svc.cluster.local


Get the PushGateway URL by running these commands in the same shell:
  export POD_NAME=$(kubectl get pods --namespace monitoring -l "app=prometheus-pushgateway,component=pushgateway" -o jsonpath="{.items[0].metada
ta.name}")
  kubectl --namespace monitoring port-forward $POD_NAME 9091

For more information on running Prometheus, visit:
https://prometheus.io/
```

图 2-25　安装 Prometheus

如果执行 helm install 命令时报错，说明不能下载，可以使用 helm pull 命令将 Prometheus 安装包下载下来，然后解压，再进行安装。

```
helm pull prometheus-community/prometheus
tar -zxvf prometheus-15.10.5.tgz
helm install prometheus ./prometheus  --namespace monitoring
```

使用 kubectl 命令行工具查看 Pod 的运行情况，可以发现 state-metrics 对应的镜像无法拉取。如果安装的 state-metrics 是 v2.5.0，可以使用如下命令下载。

```
root@k8s-node1:~# docker pull cnbooks/kube-state-metrics:v2.5.0
v2.5.0: Pulling from cnbooks/kube-state-metrics
36698cfa5275: Pull complete
c770874a9c13: Pull complete
Digest: sha256:8f5d17635bcfcf49186154b9745e08015879ef1c01853f1ff74366db5da4137b
Status: Downloaded newer image for cnbooks/kube-state-metrics:v2.5.0
docker.io/cnbooks/kube-state-metrics:v2.5.0
root@k8s-node1:~# docker tag docker.io/cnbooks/kube-state-metrics:v2.5.0 registry.k8s.io/kube-
    state-metrics/kube-state-metrics:v2.5.0
```

如果安装的是其他版本，可以在第 2.2 节介绍的 KataCoda 环境下载对应的镜像，然后上传到自己的 Docker Hub 镜像仓库。如图 2-26 所示，拉取 kube-state-metrics:v2.5.0 镜像，然后对镜像替换标签，最后将镜像上传到 Docker Hub 镜像仓库。

```
controlplane $ docker pull registry.k8s.io/kube-state-metrics/kube-state-metrics:v2.5.0
v2.5.0: Pulling from kube-state-metrics/kube-state-metrics
36698cfa5275: Pull complete
c770874a9c13: Pull complete
Digest: sha256:09a36e2be1dbda6009641235d90be8627c9616d42a0b887b770fc92c1753b74a
Status: Downloaded newer image for registry.k8s.io/kube-state-metrics/kube-state-metrics:v2.5.0
registry.k8s.io/kube-state-metrics/kube-state-metrics:v2.5.0
controlplane $ docker login -u cnbooks
Password:
WARNING! Your password will be stored unencrypted in /root/.docker/config.json.
Configure a credential helper to remove this warning. See
https://docs.docker.com/engine/reference/commandline/login/#credentials-store

Login Succeeded
controlplane $ docker tag registry.k8s.io/kube-state-metrics/kube-state-metrics:v2.5.0 cnbooks/kube-state-metrics:v2.5.0
controlplane $ docker push cnbooks/kube-state-metrics:v2.5.0
The push refers to repository [docker.io/cnbooks/kube-state-metrics]
43ee67fc20d1: Layer already exists
0b031aac6569: Layer already exists
v2.5.0: digest: sha256:8f5d17635bcfcf49186154b9745e08015879ef1c01853f1ff74366db5da4137b size: 739
controlplane $
```

图 2-26　拉取镜像

镜像下载完毕后可以看到 Prometheus 还处于 pending 状态，这是因为 Prometheus 默认安装需要 PV 和 PVC。可以采用共享存储的方式，也可以使用本地存储，还可以不设置存储。这里为了方便采用第三种方式，但是在生产中这是不允许的，具体的安装方式可参考官网。

首先，卸载 Prometheus，在 value.yaml 文件中找到 alertmanager、server 的 persistentVolume 配置项，将其设为 false，如图 2-27 所示，然后重新部署即可。

```
persistentVolume:
  ## If true, Prometheus server will create/use a Persistent Volume Claim
  ## If false, use emptyDir
  ##
  enabled: false
```

图 2-27　value.yaml 文件部分内容

执行以下命令查看 Prometheus 是否安装成功，结果如图 2-28 所示。

```
kubectl get pod  -n monitoring
```

```
root@cluster1-1:~# kubectl get pod  -n monitoring
NAME                                              READY   STATUS    RESTARTS   AGE
prometheus-alertmanager-6c8f9ccb8c-hrrqc          2/2     Running   0          64s
prometheus-kube-state-metrics-fbfc8fbf4-4nlh8     1/1     Running   0          64s
prometheus-node-exporter-l94xn                    1/1     Running   0          64s
prometheus-pushgateway-5dd5bfffb9-z65jt           1/1     Running   0          64s
prometheus-server-6c46c65fd4-zrvzj                2/2     Running   0          64s
```

图 2-28　Prometheus 安装成功

Prometheus 可以采集各种指标，但 Prometheus 采集到的指标 Kubernetes 并不能直接使用，因为两者数据格式不兼容，因此还需要使用一个组件（kube-state-metrics）将 Prometheus

的指标数据格式转换成 k8s API 能识别的格式。转换以后，还需要用 Kubernetes aggregator 在主 API 服务器中注册，以便直接通过 /apis/ 来访问。执行下面的命令安装 prometheus-adapter，结果如图 2-29 所示。

```
helm pull prometheus-community/prometheus-adapter
helm install prometheus-adapter . -n monitoring
```

```
root@cluster1-1:~/prometheus-adapter# helm install prometheus-adapter . -n monitoring
NAME: prometheus-adapter
LAST DEPLOYED: Wed Feb  1 10:18:54 2023
NAMESPACE: monitoring
STATUS: deployed
REVISION: 1
TEST SUITE: None
NOTES:
prometheus-adapter has been deployed.
In a few minutes you should be able to list metrics using the following command(s):

  kubectl get --raw /apis/custom.metrics.k8s.io/v1beta1
```

图 2-29 prometheus-adapter 安装结果

查看 Pod 部署进展，可以看到 prometheus-adapter 镜像无法下载，采用前面讲过的 state-metrics 镜像的方法下载相应的镜像，此处不再赘述。执行以下命令查看 prometheus-adapter 是否安装成功，结果如图 2-30 所示。

```
kubectl get pod -n monitoring | grep prometheus-adapter
```

```
root@cluster1-1:~/prometheus-adapter# kubectl get pod -n monitoring | grep prometheus-adapter
prometheus-adapter-c676db454-tq8qd          1/1     Running   0          2m2s
```

图 2-30 prometheus-adapter 安装成功

（2）验证

Prometheus 可以使用 NodePort 或者 Ingress 暴露服务。上面部署 Prometheus 并没有对外暴露，下面采用 NodePort 方式暴露。首先获取 Prometheus，然后使用 kubectl 在线编辑 prometheus-server Service 服务，把 TYPE 参数换成 NodePort 即可，Kubernetes 会随机分配一个端口号。使用的命令如下，结果如图 2-31 所示。

```
kubectl get svc -n monitoring
kubectl edit svc prometheus-server -n monitoring
kubectl get svc -n monitoring
```

```
root@cluster1-1:~/prometheus-adapter# kubectl get svc -n monitoring
NAME                              TYPE        CLUSTER-IP       EXTERNAL-IP   PORT(S)        AGE
prometheus-adapter                ClusterIP   10.96.169.112    <none>        443/TCP        4m45s
prometheus-alertmanager           ClusterIP   10.106.245.85    <none>        80/TCP         8m55s
prometheus-kube-state-metrics     ClusterIP   10.97.89.85      <none>        8080/TCP       8m55s
prometheus-node-exporter          ClusterIP   10.106.167.100   <none>        9100/TCP       8m56s
prometheus-pushgateway            ClusterIP   10.110.155.115   <none>        9091/TCP       8m55s
prometheus-server                 NodePort    10.102.34.239    <none>        80:32552/TCP   8m56s
```

图 2-31 prometheus-server Service NodePort 结果

随机选择一个节点地址加端口号进行访问，如图 2-32 所示。

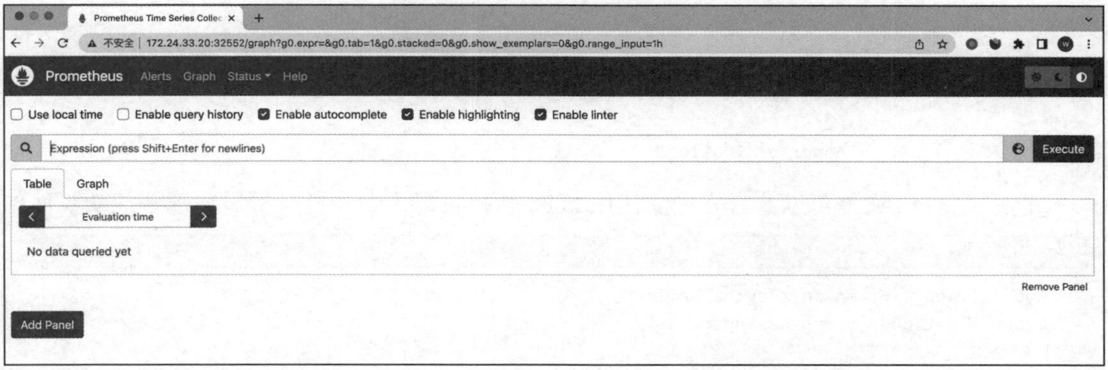

图 2-32　Prometheus 界面

2.4.2　Ingress 的部署

1. Nginx

Kubernetes 社区官网部署 Nginx 采用的是 deployment，replicate 为 1，这样将会在某一节点上启动对应的 nginx-ingress-controller Pod。外部流量访问至该节点时，由该节点负载分担至内部的 Service。这样存在单点故障问题。为了防止发生单点故障，可以将 deployment 换成 daemonset，删除 replicate，确保多个节点启动。

```
apiVersion: apps/v1
kind: DaemonSet      # 修改资源类型
metadata:
    labels:
        helm.sh/chart: ingress-nginx-4.0.15
        app.kubernetes.io/name: ingress-nginx
        app.kubernetes.io/instance: ingress-nginx
        app.kubernetes.io/version: 1.1.1
        app.kubernetes.io/managed-by: Helm
        app.kubernetes.io/component: controller
    name: ingress-nginx-controller
    namespace: ingress-nginx
spec:                   # 在 spec 字段中删掉 replica
    selector:
        matchLabels:
            app.kubernetes.io/name: ingress-nginx
            app.kubernetes.io/instance: ingress-nginx
            app.kubernetes.io/component: controller
    revisionHistoryLimit: 10
    minReadySeconds: 0
    template:
        metadata:
            labels:
```

```
                app.kubernetes.io/name: ingress-nginx
                app.kubernetes.io/instance: ingress-nginx
                app.kubernetes.io/component: controller
    spec:
            hostNetwork: true         #使用主机网络
            dnsPolicy: ClusterFirstWithHostNet
            containers:
                - name: controller
```

完整的 .yaml 文件可以参考官网。使用 kubectl 执行以下命令进行部署。部署成功界面如图 2-33 所示。

```
kubectl apply -f ingress-nginx.yaml
kubectl get pod -n ingress-nginx
```

```
root@cluster1-1:~/nginx# kubectl apply -f ingress-nginx.yaml
namespace/ingress-nginx created
serviceaccount/ingress-nginx created
configmap/ingress-nginx-controller created
clusterrole.rbac.authorization.k8s.io/ingress-nginx created
clusterrolebinding.rbac.authorization.k8s.io/ingress-nginx created
role.rbac.authorization.k8s.io/ingress-nginx created
rolebinding.rbac.authorization.k8s.io/ingress-nginx created
service/ingress-nginx-controller-admission created
service/ingress-nginx-controller created
daemonset.apps/ingress-nginx-controller created
ingressclass.networking.k8s.io/nginx created
validatingwebhookconfiguration.admissionregistration.k8s.io/ingress-nginx-admission created
serviceaccount/ingress-nginx-admission created
clusterrole.rbac.authorization.k8s.io/ingress-nginx-admission created
clusterrolebinding.rbac.authorization.k8s.io/ingress-nginx-admission created
role.rbac.authorization.k8s.io/ingress-nginx-admission created
rolebinding.rbac.authorization.k8s.io/ingress-nginx-admission created
job.batch/ingress-nginx-admission-create created
job.batch/ingress-nginx-admission-patch created
root@cluster1-1:~/nginx# kubectl get pod -n ingress-nginx
NAME                                   READY   STATUS      RESTARTS   AGE
ingress-nginx-admission-create--1-wxwlq   0/1     Completed   0          5m43s
ingress-nginx-admission-patch--1-4g8sb    0/1     Completed   1          5m43s
ingress-nginx-controller-59pjg            1/1     Running     0          5m43s
```

图 2-33　Nginx Ingress 部署成功

2. Traefik

Ingress 是 Kubernetes 官方的一个概念，IngressRoute 是 Traefik 官方的一个概念，本质上采用的是 Kubernetes 的 CR/CRD 去管理。Traefik 官方快速入门教程采用的是 IngressRoute，因此，如果读者直接参照教程去安装，到这一步很可能会出现问题。

下面采用 Ingress 模式进行部署。

（1）部署

打开 Traefik 官方网页，网址为 https://doc.traefik.io/traefik/routing/providers/kubernetes-ingress/。选择 Kubernetes Ingress 选项，复制 RBAC 的配置项，存储为 traefik-ingress.yaml，如图 2-34 所示。

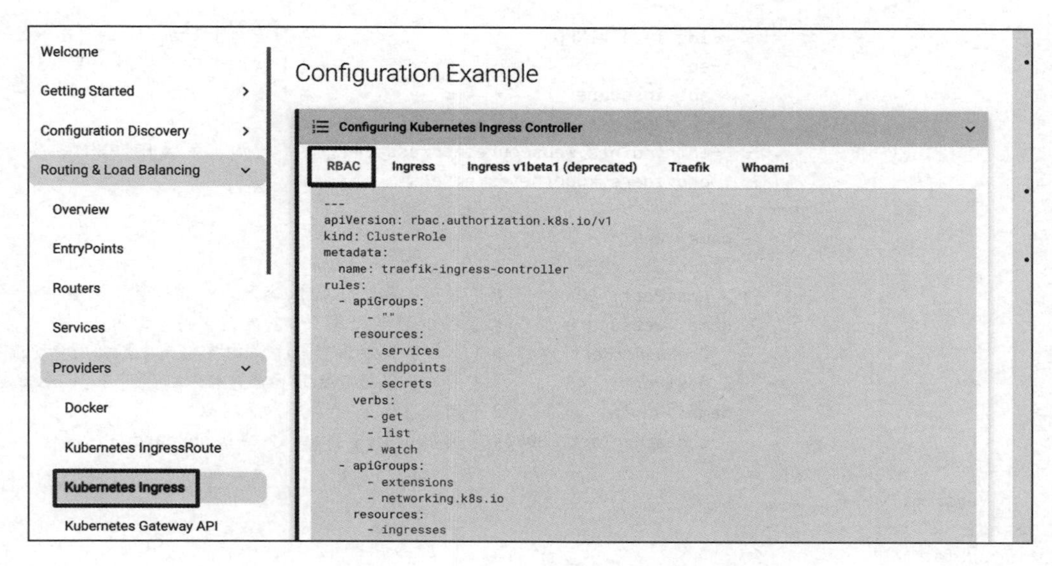

图 2-34　Traefik Ingress 官网配置

还在图 2-34 所示的界面，单击切换到 Traefik 选项卡，复制对应的 .yaml 文件并保存为 traefik.yaml。不过这里需要改动 traefik.yaml 中不少内容。

```
apiVersion: v1
kind: ServiceAccount
metadata:
    name: traefik-ingress-controller
---
apiVersion: apps/v1
kind: Deployment
metadata:
    name: traefik
    labels:
        app: traefik
spec:
    replicas: 1
    selector:
        matchLabels:
            app: traefik
    template:
        metadata:
            labels:
                app: traefik
        spec:
            serviceAccountName: traefik-ingress-controller
            containers:
                - name: traefik
                    image: traefik:v2.8
                    args:
```

```
                - --log.level=INFO                     # [ 增加 ] Traefik 的日志级别
                - --api                                # [ 增加 ] 允许访问 API
                - --api.insecure                       # [ 增加 ] 允许以 HTTP 访问 API
                - --entrypoints.web.address=:80
                - --entrypoints.websecure.Address=:443 # [ 增加 ] 定义 HTTPS 的接收端口
                - --providers.kubernetesingress
            ports:
                - name: web
                  containerPort: 80
                  hostPort: 80        # [ 增加 ] 暴露 Traefik 容器的 80 端口至节点 [HTTP 转发 ]
                - name: websecure     # [ 增加 ] 增加 HTTPS 转发的支持 [ 选用 ]
                  containerPort: 443  # [ 增加 ] Traefik 容器上使用的端口 [ 对应上面的配置 ][ 选用 ]
                  hostPort: 443       # [ 增加 ] 暴露 Traefik 容器的 443 端口至节点 [HTTPS 转发 ]
                - name: admin         # [ 增加 ] 实际上加不加都可以
                  containerPort: 8080# [ 增加 ] 这是 Traefik 的 DashBoard 访问端口
---
apiVersion: v1
kind: Service
metadata:
    name: traefik
spec:
    selector:
        app: traefik
    ports:
        - protocol: TCP
          port: 8080
          name: traefik
---
apiVersion: networking.k8s.io/v1
kind: Ingress
metadata:
    name: traefik
spec:
    rules:
        - host: traefik.domain.ingress        # 域名定义
          http:
              paths:
                  - path: /
                    pathType: Prefix
                    backend:
                        service:
                            name: traefik
                            port:
                                number: 8080
```

改动完毕后，依次执行以下命令，结果如图 2-35 所示。

```
kubectl apply -f traefik-ingress.yaml
kubectl apply -f traefik.yaml
kubectl get pod | grep traefik
```

```
root@cluster1-1:~/traefik# kubectl apply -f traefik-ingress.yaml
clusterrole.rbac.authorization.k8s.io/traefik-ingress-controller created
clusterrolebinding.rbac.authorization.k8s.io/traefik-ingress-controller created
root@cluster1-1:~/traefik# kubectl apply -f traefik.yaml
serviceaccount/traefik-ingress-controller created
deployment.apps/traefik created
service/traefik created
ingress.networking.k8s.io/traefik created
root@cluster1-1:~/traefik# kubectl get pod | grep traefik
traefik-7b8b845646-nh52q   1/1     Running   0          20s
```

图 2-35　Traefik Ingress 部署完成

（2）验证

在系统 hosts 文件下，配置节点 IP（一个或多个都可以）和域名信息。使用域名即可访问 Traefik 网页。hosts 的配置如下：

```
172.24.33.21（节点 IP） traefik.domain.ingress（域名）
```

Windows hosts 文件的位置为 C:/windows/system32/drivers/etc/hosts；mac/Linux hosts 文件的位置为 /etc/hosts。

在浏览器地址栏中输入 traefik.domain.ingress，Traefik 界面如图 2-36 所示。

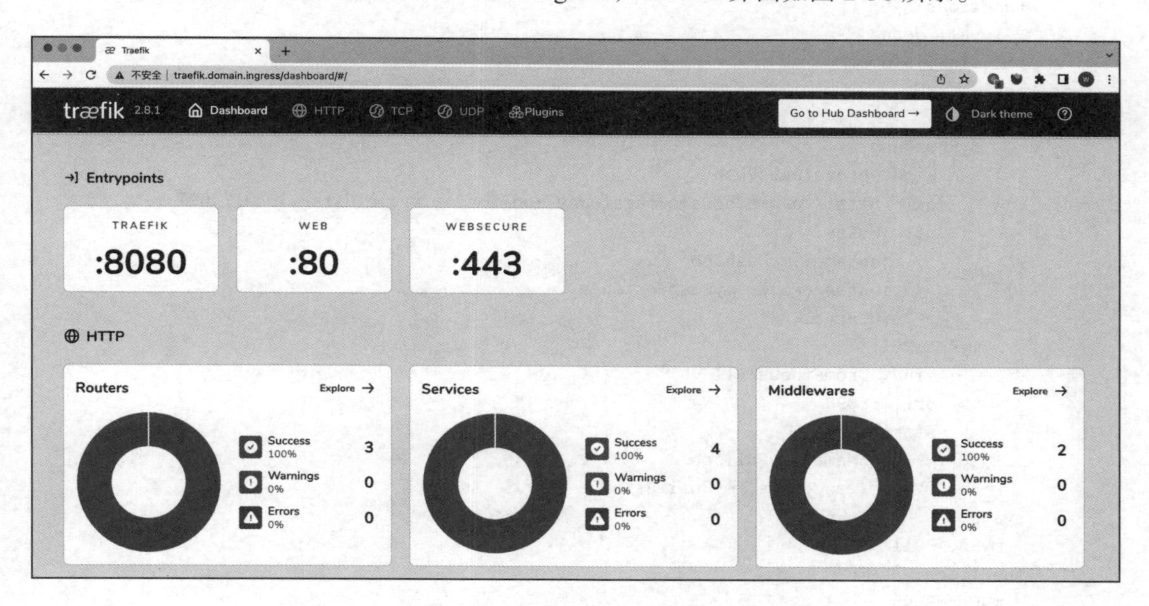

图 2-36　Traefik 界面

2.4.3　Nuclio 平台

Nuclio 官网介绍的 Kubernetes 搭建比较简单，省去了缩容为零、从零扩容和监控等功能。要想体验 Nuclio 完整功能必须修改 Helm 安装的 charts 包。

（1）修改 Helm charts 包

首先下载最新的 Nuclio Helm 包，下载地址为 https://github.com/nuclio/nuclio/raw/gh-pages/charts/nuclio-0.14.2.tgz。解压文件，进入 Nuclio 目录，打开 values.yaml 文件，把 ingress、opa、autoscaler、dlx 的 enabled 设置为 true，然后在 platform 位置添加如下内容。

```
scaleToZero:
    mode: enabled
    scalerInterval: "1m"
    resourceReadinessTimeout: "5m"
    scaleResources:
        - metricName: nuclio_processor_handled_events
          windowSize: "10m"
          threshold: 0
logger:
    sinks:
        stdout:
            kind: stdout
    system:
    - level: debug
        sink: stdout
    functions:
    - level: debug
        sink: stdout
metrics:
    sinks:
        myPromPush:
            kind: prometheusPush
            url: http://prometheus-pushgateway.monitoring.svc.cluster.local:9091
            attributes:
                jobName: myPushJob
                instanceName: myPushInstance
                interval: 9s
        myPromPull:
            kind: prometheusPull
            url: :8090
            attributes:
                jobName: myPullJob
                instanceName: myPullInstance
    system:
    - myPromPull
    functions:
    - myPromPush
```

在 Nuclio Helm charts 包模板 Ingress dashboard.yaml 文件中，Ingress API 的版本是 networking.k8s.io/v1beta1，该版本 Kubernetes 在 1.19 版遗弃，从 1.22 版开始不再支持。因为本书使用的 k8s 是 1.22.2 版，所以此处需要对 Ingress 进行如下修改。

```
{{- if .Values.dashboard.enabled }}
{{- if .Values.dashboard.ingress.enabled }}
```

```
{{- $fullName := include "nuclio.dashboardName" . -}}
{{- $ingressPath := .Values.dashboard.ingress.path }}
apiVersion: networking.k8s.io/v1
kind: Ingress
metadata:
    name: {{ $fullName }}
    labels:
        app: {{ template "nuclio.name" . }}
        release: {{ .Release.Name }}
        nuclio.io/app: dashboard
        nuclio.io/name: {{ $fullName }}
        nuclio.io/class: ingress
{{- with .Values.dashboard.ingress.annotations }}
    annotations:
{{ toYaml . | indent 4 }}
{{- end }}
spec:
{{- if .Values.dashboard.ingress.tls }}
    tls:
    {{- range .Values.dashboard.ingress.tls }}
        - hosts:
            {{- range .hosts }}
                - {{ . | quote }}
            {{- end }}
            secretName: {{ .secretName }}
    {{- end }}
{{- end }}
    rules:
    {{- range .Values.dashboard.ingress.hosts }}
        - host: {{ . | quote }}
            http:
                paths:
                    - path: {{ $ingressPath }}
                        pathType: Prefix
                        backend:
                            service:
                                name: {{ $fullName }}
                                port:
                                    number: 8070
    {{- end }}
{{- end }}
{{- end }}
```

（2）安装

按照第 2.3.2 小节介绍的步骤进行 Nuclio 的 Docker 秘钥配置，使用 Helm 进行安装时，注意选择修改后的 Helm charts 包路径。

```
kubectl create ns nuclio
helm install  nuclio --namespace nuclio \
>    --set registry.secretName=registry-credentials \
```

```
>    --set registry.pushPullUrl=docker.io/dockerhub 地址 \
>    .
```

安装完毕后，执行 kubectl get pod -n nuclio 命令查看 Nuclio 部署，可以发现多了两个组件，分别是 dlx 和 scaler。

同第 2.3.2 小节一样，在机器上配置 hosts 域名。配置完毕后，在浏览器地址栏中输入 nuclio.domain.ingress，即可看到 Nuclio 网站，如图 2-37 所示。

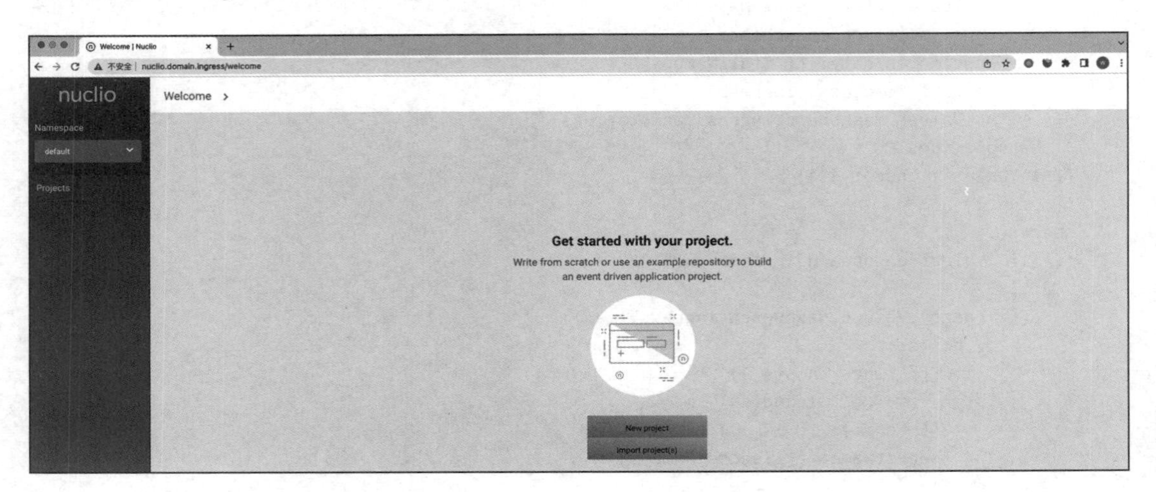

图 2-37　Nuclio traefik-ingress 首页

2.4.4　Nuclio 环境验证

在 nuclio 命名空间下进入 default 项目下，新建 hello-nodejs 函数，部署成功后进行测试（TEST）。大约过 10s（指的是 Prometheus 采集指标的时间，可自定义）后在 Prometheus 界面就可以看到函数被执行了多少次的指标数据，如图 2-38 所示。

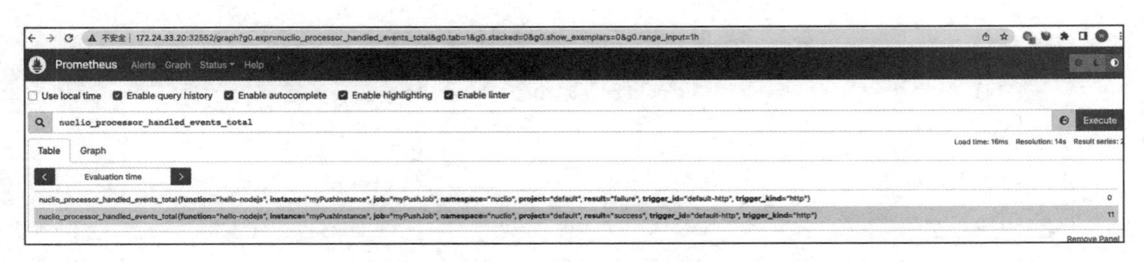

图 2-38　Prometheus 查询结果

在等待设置的 10min（指的是函数等待收到请求的时间，如果超过这个时间，函数实例将缩为零，可自定义）间隔时间内，发现函数并没有缩容为零。查看 autoscaler Pod，显示获取指标失败，再查看 prometheus-adapter Pod，显示如下：

```
unable to list matching resource names: nucliofunctions.nuclio.io is forbidden: User "system:
    serviceaccount:monitoring:prometheus-adapter" cannot list resource "nucliofunctions" in
    API group "nuclio.io" in the namespace "nuclio"
```

此时需要给 adapter 添加权限，并增加查询条件配置项。

```
apiVersion: rbac.authorization.k8s.io/v1
kind: Role
metadata:
    name: prometheus-adaptor-role
    namespace: nuclio
rules:
- apiGroups:
    - "nuclio.io"
    resources:
    - nucliofunctions
    verbs:
    - get
    - list
    - watch
---
apiVersion: rbac.authorization.k8s.io/v1
kind: RoleBinding
metadata:
    name: prometheus-adaptor-rolebinding
    namespace: nuclio
roleRef:
    apiGroup: rbac.authorization.k8s.io
    kind: Role
    name: prometheus-adaptor-role
subjects:
- kind: ServiceAccount
    name: prometheus-adapter
    namespace: monitoring
```

将上面的 .yaml 文件保存为 prometheus-adapter-role.yaml，并执行 kubectl apply -f prometheus-adapter-role.yaml 命令。

为了让 autoscaler 从 k8s 中获取到指标，prometheus-adaptor 需要修改 Helm 部署包 value.yaml，然后重新部署。具体修改的内容有如下两部分。

```
# Url to access Prometheus
prometheus:
    # Value is templated
    url: http://prometheus-server.monitoring.svc
    port: 80
    path: ""

    custom:
        - seriesQuery: '{__name__=~"^nuclio_processor_handled_events.*_total$",namespace!="",
            instance!="",function!="",trigger_kind="http"}'
```

```
resources:
    overrides:
        pod:
            resource: pod
        function:
            resource: nucliofunction
        namespace:
            resource: namespace
name:
    matches: "(.*)_total"
    as: "${1}_per_10m"
metricsQuery: sum(rate(<<.Series>>{<<.LabelMatchers>>}[10m])) by (<<.GroupBy>>)
```

新建 hello-nodej 函数，进行测试。经过 10min 后，可以看到函数因为没有请求，副本数缩为 0，这时如果再次发送请求，Nuclio 会将函数重新部署，如图 2-39 所示。

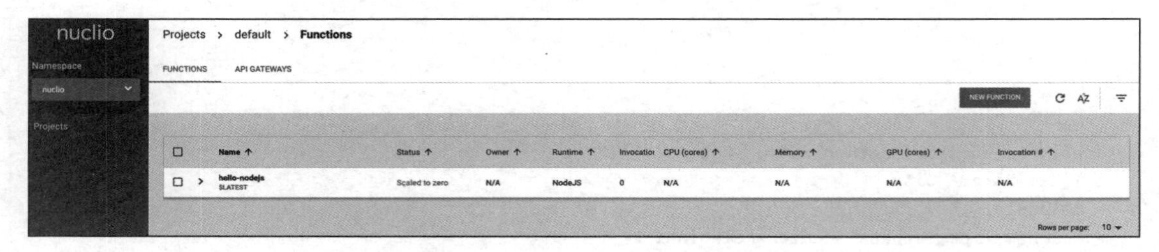

图 2-39　Nuclio 函数缩容为零

本章小结

本章从本地 Docker 容器开始介绍 Nuclio 的搭建方式，没有机器环境的读者可以采用 KataCoda 这个环境进行搭建学习。随后按照开源社区教程搭建了 Nuclio 的 Kubernetes 版本。但因为开源版没有 Serverless 从零扩缩容的功能，所以在开源版的基础上，详细介绍了生产版的 Nuclio 搭建方式，并对可能遇到的问题进行讲解决。读者可以找环境来体验一下 Nuclio。

|基础篇|

本篇（第3～10章）将介绍Nuclio的各个组件、命令行客户端、事件源映射和触发器、版本管理和部署流程、API网关及配置信息。其中，对Nuclio的核心组件如DashBoard服务组件、控制器组件、扩缩容服务组件、函数处理器组件进行了深入的剖析，并从启动和运行两个角度对源码进行了细致的讲解。另外，还对Nuclio的周边组件和概念进行了详细说明。

第 3 章 |Chapter 3|

DashBoard 服务组件

DashBoard 服务组件是 Nuclio 系统的核心组件之一，主要负责用户与 Nuclio 的交互，提供函数、网关、项目、事件的 API 管理功能，并根据用户提供的函数数据进行 DevOps 部署。

3.1 DashBoard 架构

DashBoard 采用的是前后端分离构架，包含一个前端 UI（用户界面）、一个命令行客户端 nuctl 和一个后端 BackEnd（后台服务）。其架构如图 3-1 所示。

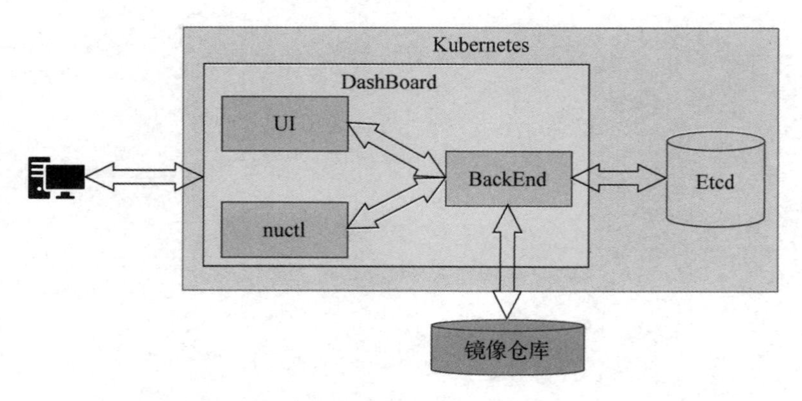

图 3-1 DashBoard 架构

GitHub 将 UI 和 BackEnd（即 DashBoard）两者的代码放在一起。前端 UI 代码单独一个目录放置，具体位置是在 pkg/dashboard/ui 下，如图 3-2 所示。

DashBoard 的入口是 Golang 的标准工程，在目录 cmd/dashboard 下，如图 3-3 所示。

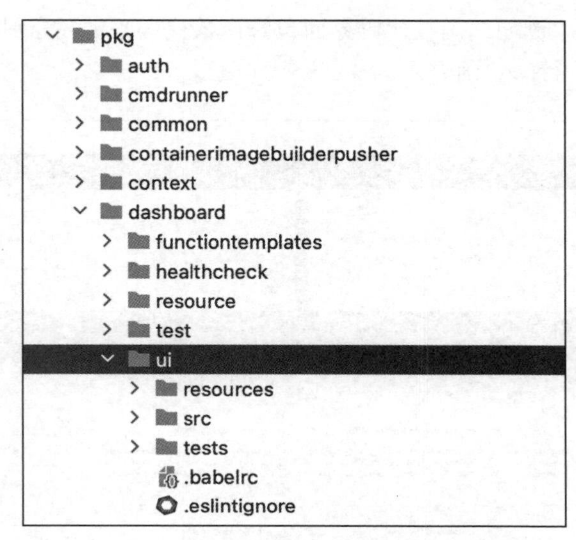

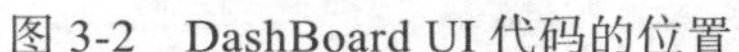
图 3-2　DashBoard UI 代码的位置

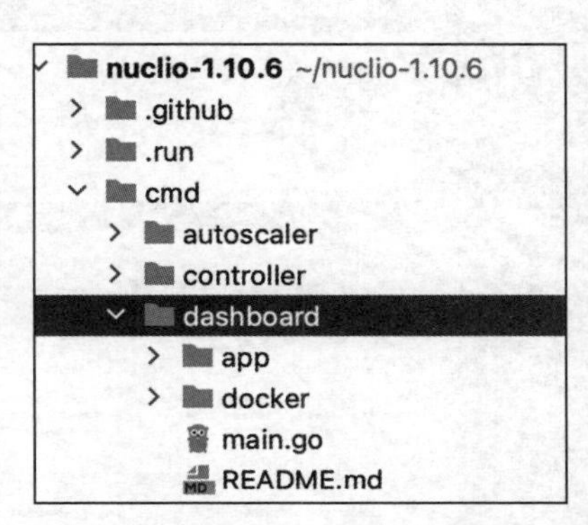

图 3-3　DashBoard 代码的位置

UI 是用户与 Nuclio 交互的界面，设计简洁、易操作，非常容易入门。主界面（见图 3-4）主要分为两部分：左侧的深色区域，有命名空间、项目菜单栏；右侧区域是项目菜单的展开。

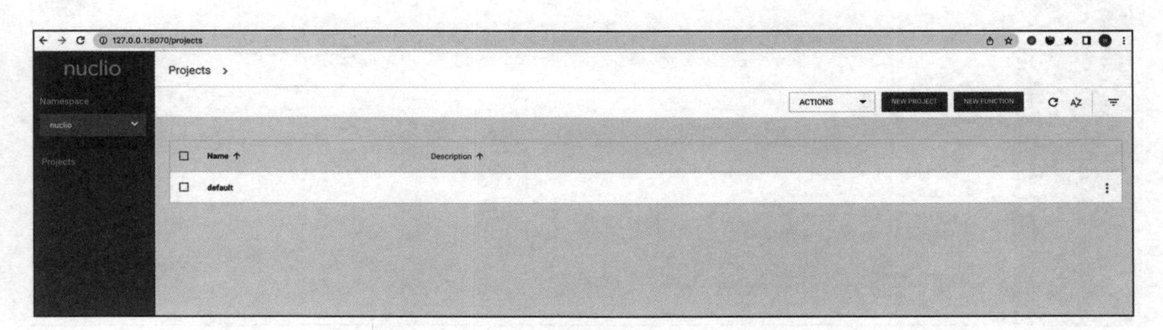

图 3-4　DashBoard 主界面

命名空间（Namespace）是 Nuclio 项目用来隔离 Kubernetes 资源的。每一个命名空间中可以包含一个或多个项目，默认项目是 default；每个项目可以包含一个或多个函数。创建函数的方法有三种（见图 3-5）。

1）模板创建（Templates）。

2）直接快速创建（Start from scratch）。

3）导入 YAML 文件（Import）。

在一个具体的函数界面中（见图 3-6），中间上部有四个选项卡，分别为函数代码（CODE）、函数配置（CONFIGURATION）、函数触发器（TRIGGERS）、函数状态（STATUS）。

单击每个选项卡就可以进入更详细的界面。例如，函数代码界面包含函数代码来源（分别有界面编写、GitHub、镜像、S3 等）、函数运行时、函数入口及函数代码正文。

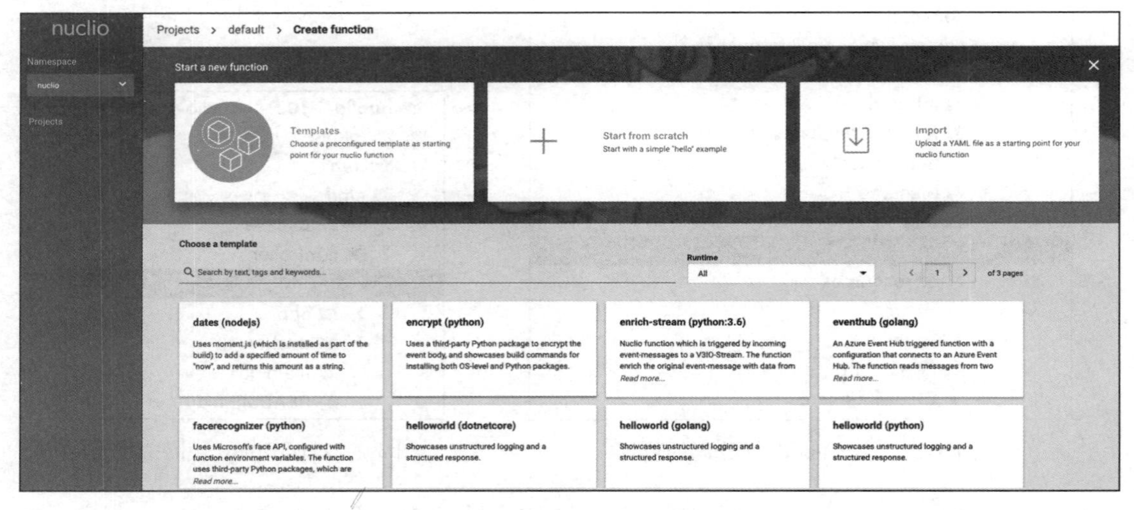

图 3-5　DashBoard 创建函数界面

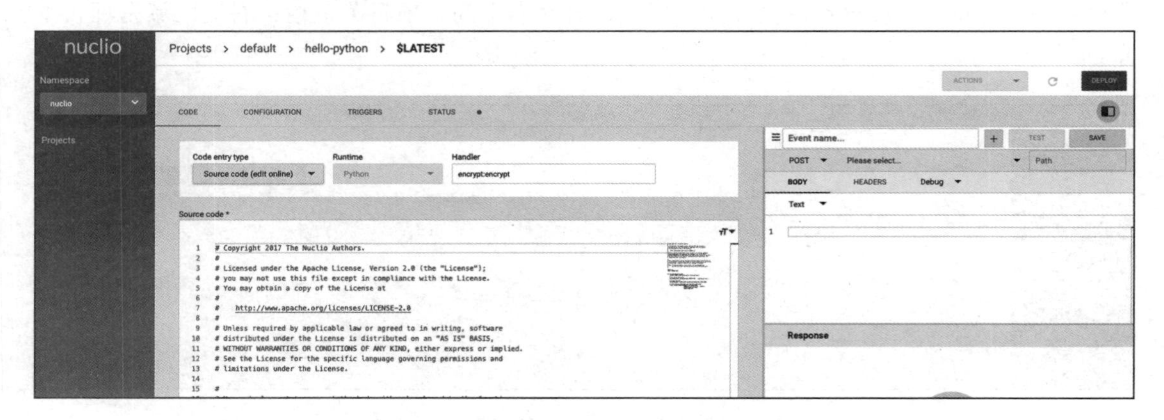

图 3-6　DashBoard Python 函数代码界面

函数界面的右侧部分是函数测试部分，请求类型、请求参数、响应等都可以在这里看到。当单击 DEPLOY 按钮部署成功后，就可以使用该部分进行测试。

DashBoard 是后端服务，将从 UI 或者 nuctl 命令行传入的信息进行验证处理后存入 Etcd。

3.2　DashBoard 参数解析

DashBoard 通过容器化部署，其参数比较多，下面进行分类介绍。需要注意的是，很多参数既设置了环境变量也设置了命令行，环境变量可以在 YAML 中指定（一般为大写），命令行可以在直接使用二进制启动的时候指定。虽然两者可以只保留一个，但建议采用 YAML 文件指定的方式。DashBoard 的命令行参数可以分为三类：平台相关、Git 模板相关和鉴权相关。

（1）平台相关参数

平台相关参数主要涉及平台公共部分，见表 3-1。

表 3-1　平台相关参数

参数	数据类型	说明
NUCLIO_DASHBOARD_OFFLINE	bool	DashBoard 是否在线，默认为 true（在线），false 为离线
NUCLIO_DASHBOARD_EXTERNAL_IP_ADDRESSES	string	逗号分隔的外部 IP 地址列表
NUCLIO_DASHBOARD_PLATFORM_AUTHORIZATION_MODE	string	Nuclio DashBoard 的平台授权模式，默认为 service-account
NUCLIO_DASHBOARD_REGISTRY_URL	string	Nuclio DashBoard 的镜像仓库地址
NUCLIO_DASHBOARD_RUN_REGISTRY_URL	string	Nuclio DashBoard 运行时的镜像仓库地址
NUCLIO_DASHBOARD_NO_PULL_BASE_IMAGES	bool	Nuclio DashBoard 是否需要拉取基础镜像，默认为 false
NUCLIO_DASHBOARD_CREDS_REFRESH_INTERVAL	string	Nuclio DashBoard 刷新时间间隔，默认为 12h
NUCLIO_DASHBOARD_IMAGE_NAME_PREFIX_TEMPLATE	string	镜像名称前缀的 Go 模板
NUCLIO_DASHBOARD_DEPENDANT_IMAGE_REGISTRY_URL	string	Nuclio DashBoard 运行过程中依赖的镜像仓库地址
NUCLIO_MONITOR_DOCKER_DAEMON	string	监控与 Docker Deamon 的连接（与作为容器构建器类型的 Docker 一起使用），默认值为 true
NUCLIO_MONITOR_DOCKER_DAEMON_INTERVAL	string	Docker 守护程序连接监控间隔（与 monitor-docker-deamon 结合使用），默认值为 5s
NUCLIO_MONITOR_DOCKER_DAEMON_MAX_CONSECUTIVE_ERRORS		在声明 Docker 连接不健康之前，Docker 守护程序连接监控最大连续错误（与 monitor-docker-deamon 一起使用），默认值为 5
listen-addr	string	Nuclio DashBoard 监听的地址和端口
docker-key-dir	string	查找 Docker 仓库密钥的目录，默认为空
platform	string	平台类型，可以为 kube、local 或 auto，默认为 local
registry	string	镜像仓库地址，默认为环境变量 NUCLIO_DASHBOARD_REGISTRY_URL 中的值
run-registry	string	Nuclio 运行时的镜像仓库地址，默认为环境变量 NUCLIO_DASHBOARD_RUN_REGISTRY_URL 中的值
no-pull	bool	Nuclio 是否需要拉取镜像，默认为环境变量 NUCLIO_DASHBOARD_NO_PULL_BASE_IMAGES 中的值

（续）

参数	数据类型	说明
creds-refresh-interval	string	Nuclio DashBoard 刷新时间间隔，默认为环境变量 NUCLIO_DASHBOARD_CREDS_REFRESH_INTERVAL 中的值，或者为 none
external-ip-addresses	string	逗号分隔的外部 IP 地址列表，默认为环境变量 NUCLIO_DASHBOARD_EXTERNAL_IP_ADDRESSES 中的值
namespace	string	命名空间，如果请求中没有携带，则所指定的操作适用于所有命名空间
offline	bool	是否在线，默认为环境变量 NUCLIO_DASHBOARD_OFFLINE 中的值
platform-config	string	平台配置项目录，默认路径是 /etc/nuclio/config/platform/platform.yaml
image-name-prefix-template	string	镜像名称前缀的 Go 模板，默认为环境变量 NUCLIO_DASHBOARD_IMAGE_NAME_PREFIX_TEMPLATE 中的值
platform-authorization-mode	string	平台授权模式，默认为环境变量 NUCLIO_DASHBOARD_PLATFORM_AUTHORIZATION_MODE 中的值
dependant-image-registry	string	Nuclio 依赖的基础镜像、构建镜像仓库地址，默认为环境变量 NUCLIO_DASHBOARD_DEPENDANT_IMAGE_REGISTRY_URL 中的值
monitor-docker-deamon	bool	监控与 Docker Deamon 的连接，默认值为环境变量 NUCLIO_MONITOR_DOCKER_DAEMON 中的值
monitor-docker-deamon-interval	string	Docker 守护程序连接监控间隔时间，默认值为环境变量 NUCLIO_MONITOR_DOCKER_DAEMON_INTERVAL 中的值
monitor-docker-deamon-max-consecutive-errors	string	在声明 Docker 连接不健康之前，Docker 守护程序连接监控最大连续错误，默认值为环境变量 NUCLIO_MONITOR_DOCKER_DAEMON_MAX_CONSECUTIVE_ERRORS 中的值

（2）Git 模板相关参数

Git 模板参数用以从 GitHub 或其他私有 Git 仓库拉取代码使用，见表 3-2 。

表 3-2 Git 模板相关参数

参数	数据类型	说明
NUCLIO_TEMPLATES_GIT_REPOSITORY	string	Git 模板仓库名称，默认为空
NUCLIO_TEMPLATES_GIT_REF	string	Git 模板仓库分支名，默认为空
NUCLIO_TEMPLATES_GIT_USERNAME	string	Git 模板仓库用户名，默认为空

（续）

参数	数据类型	说明
NUCLIO_TEMPLATES_GIT_PASSWORD	string	Git 模板仓库用户密码，默认为空
NUCLIO_TEMPLATES_GITHUB_ACCESS_TOKEN	string	GitHub 模板仓库访问令牌（Token），默认值为空
NUCLIO_TEMPLATES_ARCHIVE_ADDRESS	string	函数模板压缩 ZIP 文件地址，默认为 file://tmp/templates.zip
NUCLIO_TEMPLATES_GIT_CA_CERT_CONTENTS	string	Base64 编码的 CA 证书内容，在 Git 向模板仓库中请求时使用，默认值为空
templates-git-repository	string	Git 模板仓库名称，默认为环境变量 NUCLIO_TEMPLATES_GIT_REPOSITORY 中的值
templates-git-ref	string	Git 模板仓库分支名，默认为环境变量 NUCLIO_TEMPLATES_GIT_REF 中的值
templates-git-username	string	Git 模板仓库用户名，默认为环境变量 NUCLIO_TEMPLATES_GIT_USERNAME 中的值
templates-git-password	string	Git 模板仓库用户密码，默认为环境变量 NUCLIO_TEMPLATES_GIT_PASSWORD 中的值
templates-github-access-token	string	GitHub 模板仓库访问令牌，默认为环境变量 NUCLIO_TEMPLATES_GITHUB_ACCESS_TOKEN 中的值
templates-archive-address	string	函数模板压缩 ZIP 文件地址，默认为环境变量 NUCLIO_TEMPLATES_ARCHIVE_ADDRESS 中的值
templates-git-ca-cert-contents	string	Base64 编码的 CA 证书内容，默认为环境变量 NUCLIO_TEMPLATES_GIT_CA_CERT_CONTENTS 中的值

（3）鉴权相关参数

鉴权相关参数主要是指和 Iguazio 公司平台对接需要的参数，见表 3-3。

表 3-3　鉴权相关参数

参数	数据类型	说明
NUCLIO_AUTH_KIND	string	身份验证类型，nop 或 Iguazio，默认是 nop
auth-config-kind	string	同上
NUCLIO_AUTH_IGUAZIO_VERIFICATION_URL	string	Iguazio 认证验证网址，默认值为空
auth-config-iguazio-verification-url	string	同上
NUCLIO_AUTH_IGUAZIO_VERIFICATION_DATA_ENRICHMENT_URL	string	Iguazio 身份验证和数据获取地址
auth-config-iguazio-verification-data-enrichment-url	string	同上
NUCLIO_AUTH_IGUAZIO_TIMEOUT	string	Iguazio 身份验证超时时间
auth-config-iguazio-timeout	string	同上
NUCLIO_AUTH_IGUAZIO_CACHE_SIZE	string	Iguazio 身份验证缓存大小
auth-config-iguazio-cache-size	string	同上

（续）

参数	数据类型	说明
NUCLIO_AUTH_IGUAZIO_CACHE_EXPIRATION_TIMEOUT	string	Iguazio 身份验证缓存过期超时
auth-config-iguazio-cache-expiration-timeout	string	同上

3.3 Golang chi 简介

chi 是一个 HTTP 服务框架，用于构建 Go HTTP 服务轻量级可组合的路由器。它有助于编写大型的 REST API 服务，并且这些服务随着项目的扩展和变化保持了很好的可维护性。chi 在设计时主要考虑的因素有项目结构、可维护性、标准 HTTP 处理程序（仅限 stdlib）、开发人员生产力和大型系统可拆解性。

3.3.1 chi 的特点

1）轻量级，小于 1000LOC（代码行）。

2）快速，如图 3-7 所示的在 Linux AMD 3950x 上基于 Go1.15.5 chi 运行数据。

3）100% 兼容 net/http，使用生态系统中任何兼容的 HTTP 或中间件 pkg net/http。

4）专为模块化 / 可组合 API 设计，如中间件、内联中间件、路由组和子路由器。

5）上下文控制，建立在新 context 包之上，提供价值链、取消和超时。

6）生产力强大，许多公司如 Iguazio、Pressly、Cloudflare、Heroku、99Designs 等都在使用。

7）文档生成器 docgen 自动生成 JSON 或 Markdown 的路由文档。

8）Go.mod 支持，从 v5 开始。

9）没有外部依赖。

图 3-7 所示是截至 2020 年 11 月 29 日，chi（基于 Go 1.15.5）在 Linux AMD 3950x 上的运行数据。

```
BenchmarkChi_Param            3075895       384 ns/op       400 B/op     2 allocs/op
BenchmarkChi_Param5           2116603       566 ns/op       400 B/op     2 allocs/op
BenchmarkChi_Param20           964117      1227 ns/op       400 B/op     2 allocs/op
BenchmarkChi_ParamWrite       2863413       420 ns/op       400 B/op     2 allocs/op
BenchmarkChi_GithubStatic     3045488       395 ns/op       400 B/op     2 allocs/op
BenchmarkChi_GithubParam      2204115       540 ns/op       400 B/op     2 allocs/op
BenchmarkChi_GithubAll          10000    113811 ns/op     81203 B/op   406 allocs/op
BenchmarkChi_GPlusStatic      3337485       359 ns/op       400 B/op     2 allocs/op
BenchmarkChi_GPlusParam       2825853       423 ns/op       400 B/op     2 allocs/op
BenchmarkChi_GPlus2Params     2471697       483 ns/op       400 B/op     2 allocs/op
BenchmarkChi_GPlusAll          194220      5950 ns/op      5200 B/op    26 allocs/op
BenchmarkChi_ParseStatic      3365324       356 ns/op       400 B/op     2 allocs/op
BenchmarkChi_ParseParam       2976614       404 ns/op       400 B/op     2 allocs/op
BenchmarkChi_Parse2Params     2638084       439 ns/op       400 B/op     2 allocs/op
BenchmarkChi_ParseAll          109567     11295 ns/op     10400 B/op    52 allocs/op
BenchmarkChi_StaticAll          16846     71308 ns/op     62802 B/op   314 allocs/op
```

图 3-7　chi 运行数据

chi 速度快是因为其采用的路由算法是前缀树（最快的索引算法），并且代码量非常少，只使用了 net/http 标准库的高质量代码。其扩展性好是因为 handler 完全兼容 net/http，所以社区中所有兼容 net/http 的中间件都可以直接使用，如 Jwt、Timeout、RealIP 等。

3.3.2　chi 的使用示例

下面通过一个 chi 官网的 rest 服务示例来了解 chi 的用法，理解 chi 的原理及使用用法，这对我们查看 DashBoard 的源码很有帮助。

```
var routes = flag.Bool("routes", false, "Generate router documentation")
func main() {
    flag.Parse()
    r := chi.NewRouter()               // 声明一个路由器
    r.Use(middleware.RequestID)        // RequestID 是一个中间件，将请求 ID 注入每个请求的上下文中
    r.Use(middleware.Logger)           // Logger 是一个中间件，它记录每个请求从开始到结束的一些信息，
                                       // 应该在 Recoverer 之前
    r.Use(middleware.Recoverer) // Recoverer 是一个从 panic 中恢复的中间件，记录了 panic 日志
    r.Use(middleware.URLFormat) //
    r.Use(render.SetContentType(render.ContentTypeJSON))
    r.Get("/", func(w http.ResponseWriter, r *http.Request) {
        w.Write([]byte("root."))
    }) // 访问 curl http://localhost:3333/，可以获取 root 响应内容
    // 访问 curl http://localhost:3333/ping，可以获取 ping 响应内容
    r.Get("/ping", func(w http.ResponseWriter, r *http.Request) { w.Write([]byte("pong"))})
    // 访问 curl http://localhost:3333/panic，可以引起系统 panic，有输出日志
    r.Get("/panic", func(w http.ResponseWriter, r *http.Request) {panic("test")})
    // 下面是关于文章（articles）的路由接口
    r.Route("/articles", func(r chi.Router) {           // 指定路由信息和路由函数
        // 获取文章列表信息（http://localhost:3333/articles），ListArticles 是遍历列举出所有文章的函数
        r.With(paginate).Get("/", ListArticles)
        // 新增文章（http://localhost:3333/articles），CreateArticle 是新增文章的处理逻辑函数
        r.Post("/", CreateArticle)
        // 搜索文章（http://localhost:3333/articles/search），会将文章都列出来，SearchArticles
          是搜索文章逻辑函数
        r.Get("/search", SearchArticles)
        r.Route("/{articleID}", func(r chi.Router) {   // 文章列表的子路由服务
            // 在请求上下文中加载文章信息，ArticleCtx 中间件的作用是从请求中加载文章信息
                r.Use(ArticleCtx)
            // 获取文章 123 信息（http://localhost:3333/articles/123），GetArticle 是获取文章逻辑函数
                r.Get("/", GetArticle)
            // 更新文章 123 信息（http://localhost:3333/articles/123），UpdateArticle 是更新文章逻辑函数
                r.Put("/", UpdateArticle)
            // 删除文章 123 信息（http://localhost:3333/articles/123），DeleteArticle 是删除文章逻辑函数
                r.Delete("/", DeleteArticle)
        })
        // 通过正则规则，获取与文章对象 Slug 相匹配的文章（http://localhost:3333/articles/whats-up）
        r.With(ArticleCtx).Get("/{articleSlug:[a-z-]+}", GetArticle)
    })
```

```
    if *routes { // 该参数指定输出路由文档参数，在本示例中，启动时设置 routes 为 true 即可
        // fmt.Println(docgen.JSONRoutesDoc(r)) // 命令行打印 JOSNRoute 文档（可以将其写入文件中）
        // 命令行打印 Markdown 文件（可以将其写入文件中）
            fmt.Println(docgen.MarkdownRoutesDoc(r, docgen.MarkdownOpts{
                ProjectPath: "github.com/go-chi/chi/v5",
                Intro:    "Welcome to the chi/_examples/rest generated docs.",
        }))
        return
    }
    http.ListenAndServe(":3333", r)           // 启动服务监听在 3333 端口
}
```

3.4 DashBoard 启动流程

DashBoard 的启动分为以下几步。

1）获取平台配置项。

2）创建名称为 dashboard 的 root 日志对象。

3）创建 DashBoard 实例对象。此时，实例对象里仅初始化了日志对象和状态（状态为正在初始化）。

4）创建并启动 DashBoard 实例对象中的健康检查服务。

5）创建平台实例对象。

6）创建鉴权配置。

7）创建 DashBoard 实例对象中的 server 服务。

8）如果使用 Docker，创建监控 Docker 守护进程连接，用以快速解决问题。

9）DashBoard 实例对象 server 启动。

3.4.1 获取平台配置项

平台配置项就是将参数转换为 Nuclio 内部结构体对象，以供后续程序使用。其具体过程如下。

1）创建平台配置读对象，将配置读入内存中。

2）查看 Kubernetes 服务域名环境变量（KUBERNETES_SERVICE_HOST）和 Kubernetes 服务端口号环境变量（KUBERNETES_SERVICE_PORT）是否有值，以判断 DashBoard 是在 k8s 集群内运行还是在本地运行。当两者都存在值时，设置 Config.Kind 为 kube，否则设置为 local。

3）将 OPA 配置补充完整。如果 OPA 的地址（Address）、类型（ClientKind）、请求超时时间（RequestTimeout）、请求查询权限目录（PermissionQueryPath）、过滤器权限路径

（PermissionFilterPath）没有配置值，对应地配置为 127.0.0.1:8181、nop、10、/v1/data/iguazio/authz/allow、/v1/data/iguazio/authz/filter_allowed。

4）如果是本地运行，将本地配置项补充完整。查看函数容器健康检查配置项环境变量（NUCLIO_CHECK_FUNCTION_CONTAINERS_HEALTHINESS），根据该值设置是否开启容器健康检查（FunctionContainersHealthinessEnabled）。如果函数容器健康检查时间间隔（FunctionContainersHealthinessInterval）设置为 0，则将该值设置为 30s；如果函数容器健康请求超时（FunctionContainersHealthinessTimeout）设置为 0，则将该值设置为 5s。

5）将其他的一些配置项补充完整。如果处理器默认的 Cron 触发器创建模式（CronTriggerCreationMode）为空，那么该值将会被设置为 processor；默认的服务模式类型（DefaultServiceType）为空，则将其设置为 ClusterIP；如果抢占式节点策略配置为空，将其配置为 Prevent；如果函数准备就绪超时时间没有配置，将其设置为 120s；如果函数缩容为零策略没有配置，将其配置为随机模式（random）；如果函数流式监控地址（StreamMonitoring.WebapiURL）没有配置，系统会配置为默认的地址（http://v3io-webapi:8081）；如果流式监控请求并发数（StreamMonitoring.V3ioRequestConcurrency）没有配置，系统默认配置为 64。

平台配置流程如图 3-8 所示。

3.4.2 创建 root 日志对象

1）将平台配置的日志参数读取到内存。

```
logger:
    sinks:
        myStdoutLoggerSink:
            kind: stdout
    system:
        - level: debug
            sink: myStdoutLoggerSink
    functions:
        - level: debug
            sink: myStdoutLoggerSink
```

系统将读取 system 下的日志级别（debug）和日志接收器（myStdoutLoggerSink）及其参数，例如，类型（kind）、地址（URL，未配置）、属性（Attributes，未配置）。

2）对每一个系统日志接收器进行实例化。这里 Nuclio 支持两种类型：一种是标准输出（stdout），一种是对接到亚马逊平台的输出（appinsights）。其中，标准输出支持 JSON 格式化输出，日志级别有 Info、Warn、Error、Debug，并且系统日志配置项必须存在，否则将会报错。

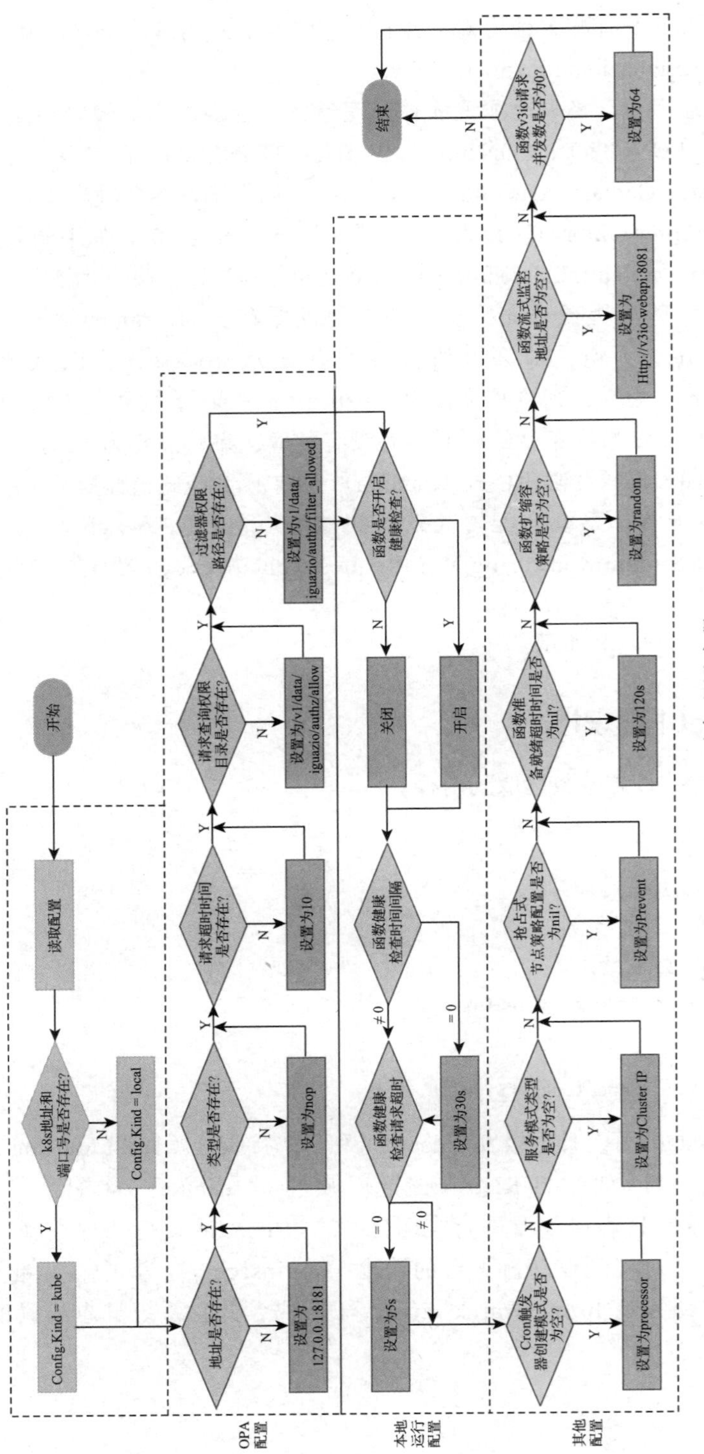
开始
读取配置
k8s地址和端口号是否存在?
Config.Kind = kube
Config.Kind = local
地址是否存在?
设置为127.0.0.1:8181
类型是否存在?
设置为nop
请求超时时间是否存在?
设置为10
请求查询权限目录是否存在?
设置为/v1/data/iguazio/authz/allow
过滤器权限路径是否存在?
设置为/v1/data/iguazio/authz/filter_allowed
OPA配置
函数是否开启健康检查?
关闭
开启
函数健康检查时间间隔
函数健康检查请求超时
设置为30s
设置为5s
本地运行配置
Cron触发器创建模式是否为空?
设置为processor
服务模式类型是否为空?
设置为Cluster IP
抢占式节点策略配置是否为nil?
设置为Prevent
函数准备就绪超时时间是否为nil?
设置为120s
函数扩缩容策略是否为空?
设置为random
函数流式监控地址是否为空?
设置为Http://v3io-webapi:8081
函数v3io请求并发数是否为0?
设置为64
结束
其他配置
Y
N
=0
≠0

图 3-8 平台配置流程

3.4.3 创建 DashBoard 实例对象

初次实例化 DashBoard 对象，仅设置系统日志对象并将状态初始化，后续在此基础上进一步完善。代码如下：

```
dashboardInstance := &Dashboard{
    logger: rootLogger,
    status: status.Initializing,}
```

3.4.4 创建并启动健康检查服务

平台没有配置健康检查服务（platformConfiguration.HealthCheck.Enabled）时，默认开启并设置端口号为 8082，然后创建两个端口的处理函数：

```
h.Handle("/live", http.HandlerFunc(h.LiveEndpoint))
h.Handle("/ready", http.HandlerFunc(h.ReadyEndpoint))
```

接下来启动该健康检查 server 服务。注意：如果平台配置禁用健康检查（platform-Configuration.HealthCheck.Enabled=false），上面的初始化还是会进行，只不过在启动阶段会忽略掉。当客户端访问 DashBoard 的 /ready 接口时，如果状态不是 ready，则返回"Dashboard is not ready yet"；当访问 /live 接口时，如果状态为 error 或 stopped，则返回"Dashboard is unhealthy"。

3.4.5 创建平台实例对象

该过程主要针对请求的平台类型和系统参数进行整理并创建平台实例对象。平台类型有三种：local、kube、auto。在 auto 类型下，如果是 kubeconfig（即应用和 kubeconfig 使用同样的用户权限）或者是 InCluster 模式（部署应用时 pod 使用的 k8s 里面的 rbac 权限），则执行平台 kube 逻辑；否则执行平台 local 逻辑。

本地平台配置主要包含创建基础平台配置、shell 客户端、dockerBuilder 对象和客户端、本地存储对象、项目客户端及健康检查标识。如果是 k8s 平台，则根据不同条件，会添加增删改查操作 k8s 的客户端，以及 Kaniko 镜像构建对象。平台实例对象创建流程如图 3-9 所示。

3.4.6 创建鉴权配置

如果是 Iguazio 平台，预先设置缓存大小为 100KB，超时时间为 30s，缓存超时时间为 30s，之后再对 Iguazio 配置进行校验和填充。非 Iguazio 平台只配置鉴权的类型。平台配置鉴权流程如图 3-10 所示。

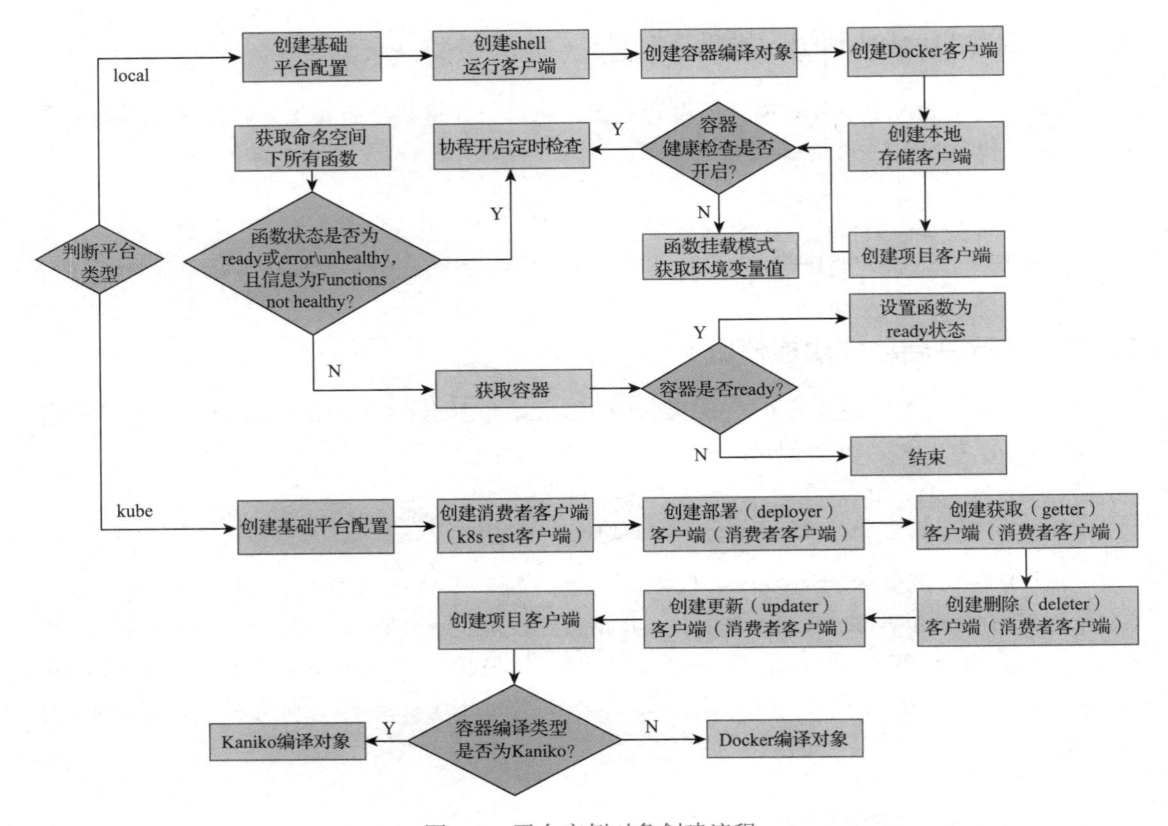

图 3-9　平台实例对象创建流程

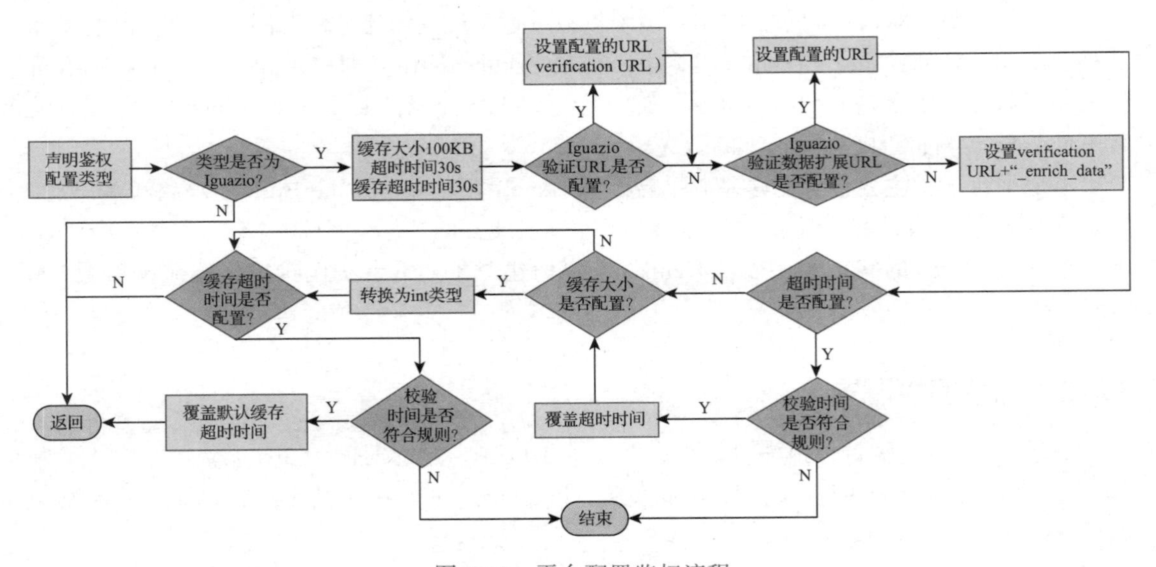

图 3-10　平台配置鉴权流程

3.4.7 创建 server

server（服务）是 DashBoard 的核心功能。创建 server 主要包含以下逻辑。

1）如果模板采用仓库配置，则创建 Git 客户端，主要负责将模板从指定仓库中拉取出来。

2）如果模板采用 ZIP 地址配置，则创建 ZIP 客户端，主要负责将模板从指定仓库地址中拉取出来。

3）创建预生成模板客户端。当上述两者没有配置时，可以执行自动生成代码模板。

4）根据用户是否传递外部地址等信息来设置可供访问的外部地址信息及镜像的前缀名称。

5）创建 Web 服务默认配置，包含开启配置（true）和监听端口号（8070）。

6）创建 server。

（1）创建 Git 客户端

创建 Git 客户端是在启动过程中在 Git 仓库和分支都配置的情况下进行的。首先，Nuclio 会根据输入的用户名和密码等参数将 Git 仓库地址转化为带有条件的地址，例如将 https://github.com/owner/repo.git 转换为 https://<USERNAME>:<PASSWORD>@github.com/owner/repo.git。

其次，创建 Git 模板拉取对象，对象里面包含转化后的 Git 仓库地址、日志对象、分支和证书信息。核心代码如下所示。

```
func attachCredentialsToGitRepository(logger logger.Logger, repo, username, password, accessToken
    string) string {
    if accessToken != "" {   username = accessToken    //Token 存在，当作 username
        password = "x-oauth-basic"
    } else if username == "" || password == "" {
        return repo
    }
    splitRepo := strings.Split(repo, "//")
    if len(splitRepo) != 2 {
        logger.WarnWith("Unknown git repository structure. Skipping credentials attachment",
            "repo", repo)
        return repo
    }
    return strings.Join([]string{splitRepo[0], "//", username, ":", password, "@", spli-
        tRepo[1]}, "")                                   //按照格式拼接 URL
}
…
functionGitTemplateFetcher, err = functiontemplates.NewGitFunctionTemplateFetcher(rootLogger,
    emplatesGitRepository,
createDashboardServerOptions.templatesGitRef, createDashboardServerOptions.templatesGitCaCertCon-
    tents)                                               //模板拉取对象
```

后面在初始化函数模板时，会调用模板获取 Fetch 接口，该接口目前有三种实现方法，分别为从 Git 仓库获取、从 ZIP 文件中获取和自动生成，如图 3-11 所示。

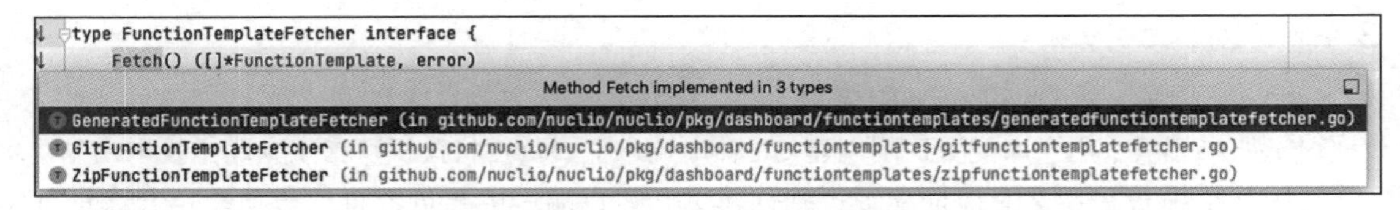

图 3-11　初始化函数模板类

在获取 Git 函数模板仓库流程中，其主要逻辑就是将函数模板从指定的仓库复制下来，并将函数模板转化为函数模板对象数组。函数模板对象如下所示。

```
type FunctionTemplate struct {
    Name                   string                          // 模板名称（如 eventhub:golang）
    DisplayName            string                          // 显示名称（如 eventhub）
    SourceCode             string                          // 函数代码 Base64 编码
    FunctionConfigTemplate string                          // 函数配置模板
    FunctionConfigValues   map[string]interface{}          // 函数配置模板值
    FunctionConfig         *functionconfig.Config          // 函数配置信息
    serializedTemplate     []byte                          // 序列化信息
}
```

（2）创建 ZIP 客户端

ZIP 客户端是在 ZIP 地址存在的情况下创建的。其比较简单，仅包含文件地址和日志对象。在函数模板初始化过程中，Nuclio 会先查看 ZIP 文件的地址是一个 URL 地址还是本地路径地址：如果是本地路径地址则读取 ZIP 文件（zipFileBody）；如果是一个 URL 地址则先下载，再读取为 zipFileBody。最后，将 zipFileBody 转化为函数模板对象数组。

（3）自动生成代码模板

在上面两种情况都不存在的前提下，Nuclio 还有最后一种自动生成代码模板的方式。这里的自动生成代码模板方式是指将事先编写好的模板代码存放到 Nuclio 系统中，当需要时读取，然后按照要求生成对应的函数模板对象数组。代码模板存放路径为 /pkg/dashboard/functiontemplates/generated.go。

（4）完善配置信息

如果用户设置了外部调用 IP 地址，在这里需要先进行逗号分隔，然后对每一个 IP 进行设置。默认的外部 IP 地址在不同平台上结果不一样：在 k8s 平台中，默认外部 IP 地址为空；在本地 Docker 环境中，默认 IP 地址为 172.17.0.1。

如果用户输入了编译镜像前缀名称，在这里也需要进行设置，以供后面继续使用。

（5）Web 服务配置

Web 服务配置比较简单，只有默认开启选项 true 和监听的地址端口号（默认为 8070）。

（6）创建 server 服务

创建 server 服务主要包含创建一个抽象公共的 server 对象，并进行初始化，内容有初始化中间件、创建注册资源、创建路由并添加等。核心代码如下所示。

```
func (s *AbstractServer) Initialize(configuration *platformconfig.WebServer) error {
    if err := s.server.InstallMiddleware(s.Router); err != nil {  return errors.Wrap(err, "Failed
        to install middleware")
    } // 初始化中间件（chi 标准操作）
    if err := s.readConfiguration(configuration); err != nil {  return errors.Wrap(err, "Failed
        to read configuration")
    }// 主要读取服务是否开启标识和监听地址端口号
    for _, resourceName := range s.resourceRegistry.GetKinds() {           // 创建注册资源
        resolvedResource, _ := s.resourceRegistry.Get(resourceName)
        resourceInstance := resolvedResource.(Resource)
        resourceRouter, err := resourceInstance.Initialize(s.Logger, s.server)  // 创建路由并添加（公共
                                                                                // 处理逻辑）
        if err != nil { return errors.Wrapf(err, "Failed to create resource router for %s",
            resourceName)
        }
        s.Router.Mount("/"+resourceName, resourceRouter)                    // 将路由注册到根路由器
    }
    return nil
}
```

3.4.8　创建并监控 Docker 连接

Docker 守护进程连接监控是为了判断 Docker 连接是否成功。首先，系统会获取 Docker 最大失败连接数配置（默认为 5）和监控时间间隔配置（默认为 5s）；其次，创建 shell Docker 客户端；最后，协程启动监控 Docker 连接存活的逻辑。在协程里面，会启动一个定时器，定时器时间到的时候执行获取 Docker 版本，如果失败，失败次数加 1，如果成功则失败标识清零。当失败次数超过最大失败连接次数时，系统会报错，设置 error 状态，中止运行。

3.4.9　DashBoard 服务启动

DashBoard 服务启动和标准的微服务启动没有什么区别，它是通过一个协程启动，并设置了开关启动标识。开关启动标识关闭时，系统不会启动 DashBoard 服务，并打印相关日志。

3.5　DashBoard 运行

DashBoard 是一个标准的 HTTP 服务器，它的主要功能有：

1）将用户请求转化为 k8s 自定义 CRD 资源。

2）具有多种代码来源和部署方式。

3）用户函数的构建和存储。

4）CRD 资源状态监控增删改查。

前端 UI 定时访问后端，获取最新数据，当单击需要的功能按钮时就会去访问后端对应的接口。

chi 的路由信息入口在 pkg/restful/resource.go 路径下。

```
for _, resourceMethod := range ar.resourceMethods {
    switch resourceMethod {
    case ResourceMethodGetList:
        ar.router.Get("/", ar.handleGetList)          // 获取资源处理函数
    case ResourceMethodGetDetail:
        ar.router.Get("/{id}", ar.handleGetDetails)   // 获取资源详情处理函数
    case ResourceMethodCreate:
        ar.router.Post("/", ar.handleCreate)          // 资源创建函数
    case ResourceMethodUpdate:
        ar.router.Put("/{id}", ar.handleUpdate)       // 资源更新函数
    case ResourceMethodDelete:
        ar.router.Delete("/{id}", ar.handleDelete)    // 资源删除函数
    }
}
```

可以进入每个方法查看具体的业务逻辑。如果要查看 CRD 的变化，可以使用命令：

```
kubectl get crd
kubectl get nucliofunctions.nuclio.io
kubectl get nucliofunctions.nuclio.io  ${function-name}  -oyaml
```

3.6 DashBoard 创建函数流程

DashBoard 业务流程烦琐而复杂，API 较多（将在第 3.7 节介绍）。本节将以函数创建为例，介绍 DashBoard 的运行过程。需要说明的是，DashBoard 创建和更新函数的流程相似，这里一并进行介绍。创建函数的主要流程如下所示。

1）创建 JSON 编码器（主要是用来将最后的结果编码为 JSON 数据）。

2）函数初次校验。

3）判断是同步请求还是异步请求。

4）协程函数存储部署。

5）返回前响应处理。如果过程出现错误，则将错误写入响应直接返回；如果过程不存在任何结果属性值，则不做处理直接返回。

6）返回响应值的 JSON 编码。

DashBoard 创建函数流程如图 3-12 所示。

函数的创建和更新支持同步和异步，这是通过一个 Golang chan（管道）来实现（doneChan:= make(chan bool,1)）。如果启动协程部署函数，一直等待，当所有流程都结束时触发信号，结

束流程；如果启用同步流程，需要在 header（消息头）里设置 x-nuclio-wait-function-action 为 true。默认为异步流程。

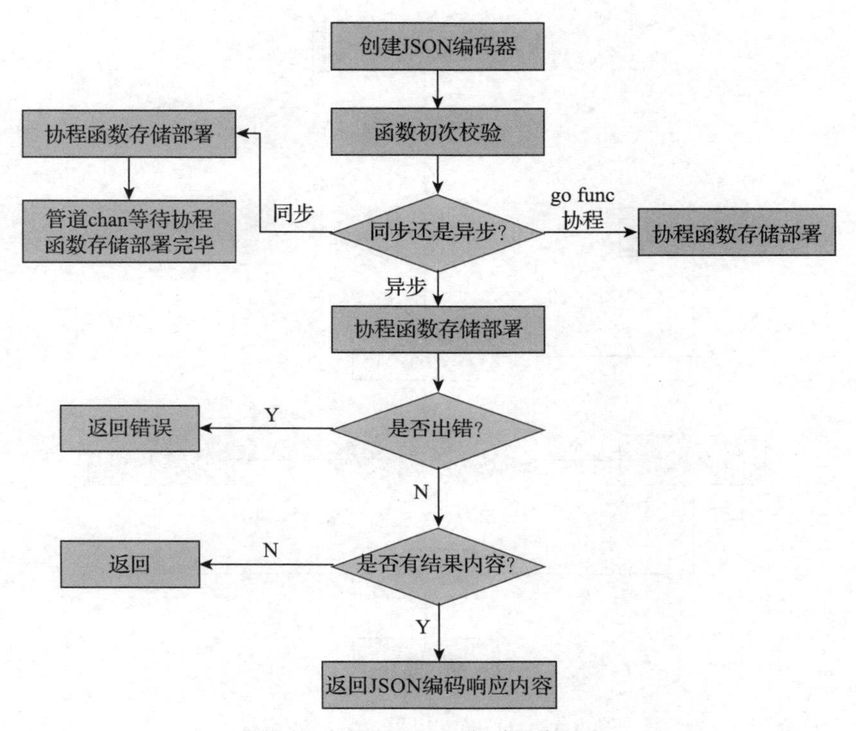

图 3-12　DashBoard 创建函数流程

函数初次校验需要从请求中获取函数信息，在转换函数信息过程中就会对请求进行校验。请求消息需要遵循下面几个条件：第一，必须是 JSON Body 体；第二，函数元数据中必须提供函数名；第三，必须提供函数元数据的命名空间；第四，校验函数名称是否符合 Kubernetes 平台的规定，不符合则中止流程；第五，根据函数名称、命名空间、会话认证、OPA 权限等内容查询是否存在同名的函数。

3.6.1　Golang 协程函数部署

函数协程部署主要有下面几个步骤。

1）填充和验证函数配置。

2）校验 OPA 权限。

3）判断函数是否存在。如果函数存在，需要结合请求配置再次进行配置校验；如果函数不存在，创建 wrap 日志，返回一个日志流。

4）函数需要编译时，执行 DevOps 流程中的编译流程。

5）不需要编译时，执行函数配置更新流程。

6）部署并返回部署结果。

Golang 协程函数部署流程如图 3-13 所示。

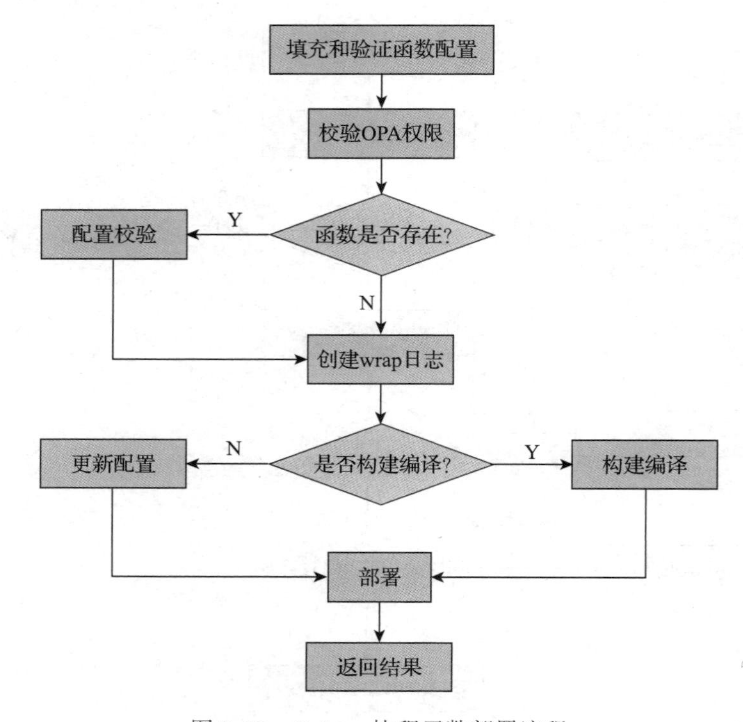

图 3-13 Golang 协程函数部署流程

对于该流程图中的复杂处理单元，下面将进行详细介绍，其中构建编译在第 3.6.2 小节中重点介绍。

（1）填充和验证函数配置

函数信息填充，一方面是填充必要的函数系统平台信息，另一方面是将用户没有指定的配置信息填充为默认值。函数信息多而复杂，为方便理解，将函数配置分为三类：第一类是镜像配置（见表 3-4），第二类是平台配置（见表 3-5），第三类是非平台类配置（见表 3-6）。

表 3-4 镜像配置

配置	说明
functionInfo.Spec.Build.Registry	编译镜像地址，用户没指定时使用 DashBoard 中的配置
functionInfo.Spec.Build.NoBaseImagesPull	运行镜像地址（即镜像拉取 / 推送的地址），用户没指定时使用 DashBoard 中的配置
functionInfo.Spec.Build.Offline	是否拉取基础镜像，用户没指定时使用 DashBoard 中的配置
functionInfo.Spec.RunRegistry	在线还是离线配置，用户没指定时使用 DashBoard 中的配置

表 3-5　平台配置

配置	说明
functionInfo.Meta.Labels	函数元数据标签。若 nuclio.io/project-name 标签不存在，将其设置为 default；若存在 Iguazio 会话且存在 iguazio.com/username 标签，则从会话中获取用户名并设置该参数值为 value
functionInfo.Spec.Build.Image	在用户填写的镜像名称前添加“projectName-functionName-”前缀
functionInfo.Spec.MinReplicas	最小 Pod 数量，这里的逻辑是如果 MinReplicas 没有设置，而 MaxReplicas 设置了，则 MinReplicas = MaxReplicas
functionInfo.Spec.MaxReplicas	最大 Pod 数量，这里的逻辑是如果 MaxReplicas 没有设置，而 MinReplicas 设置了，则 MaxReplicas=MinReplicas
functionInfo.Spec.ImagePullSecrets	用户没有指定时，配置默认的镜像秘钥信息（即部署时创建的 registry-credentials）
functionInfo.Spec.Runtime	用户指定的函数运行时，例如若指定 Python，则默认设置为 python:3.7
functionInfo.Spec.Triggers	用户没有指定时，创建默认的 HTTP 触发器，默认触发器类型为 Trigger{Kind:"http",Name:"default-http",MaxWorkers: 1,}。对于流处理触发器，当其显示确认模式（即 ExplicitAckMode）为空时，将其设置为 disable。终止超时时间为空时设置为 5s。如果没有指定触发器名称，则会使用键当作其名称。如果没有指定 worker（工作器）数量，则默认为 1，这样可以保证一直有 worker 可以工作
functionInfo.Spec.SecurityContext	用户没有指定时，设置默认空的 Pod 安全策略 &v1.PodSecurityContext{}
functionInfo.Spec.Volumes[].VolumeMount.Name	设置为共享卷名称
functionInfo.Spec.Volumes[].Volume.Name	设置为共享卷挂载名称
functionInfo.Spec.Env	将平台运行时公共 env 环境变量赋值给函数 env
functionInfo.Spec.Resources.Rquests.cpu	用户没有指定时，设置平台指定值（平台如果没有事先约定，则设置默认值 25min）
functionInfo.Spec.Resources.Rquests.memory	用户没有指定时，设置平台指定值（平台如果没有事先约定，则设置默认值 1Mi）
functionInfo.Spec.Resources.Limits.cpu	用户没有指定时，设置平台指定值
functionInfo.Spec.Resources.Limits.memory	用户没有指定时，设置平台指定值

表 3-6　非平台类配置

<table>
<tr><th>配置</th><th>说明</th></tr>
<tr><td>functionInfo.Spec.Triggers.ServiceType</td><td>如果用户配置时直接返回，若函数 spec 中存在 ServiceType 则返回函数中存在的，否则返回默认的 ServiceType</td></tr>
<tr><td>functionInfo.Spec.Triggers.{triggerName}.Attributes.ServiceType</td><td>触发器属性描述，如默认 HTTP 触发器在 k8s 中，serviceType 为 ClusterIP，即
<pre>
triggers:
    default-http:
        attributes:
            serviceType: ClusterIP
</pre></td></tr>
<tr><td>functionInfo.Spec.Triggers.{triggerName}.Attributes.Ingress</td><td>HTTP 触发器如果配置，则需要进一步对其完善，具体参见表下方对 Ingress 的描述。默认 HTTP 没有 Ingress 不进行处理</td></tr>
</table>

（续）

配置	说明
functionInfo.Spec.NodeSelector	k8s 节点选择，用户未指定时，若平台配置了相关属性，则设置为平台属性值
functionInfo.Spec.Tolerations	k8s 容忍度（可以允许 Pod 在设置了污点的节点上运行），用户未指定时，若平台配置了相关属性，则设置为平台属性值
functionInfo.Spec.PriorityClassName	k8s Pod 优先级类名，用户未指定时，若平台配置了相关属性，则设置为平台属性值
functionInfo.Spec.ServiceAccount	Service 账户（k8s 为 Pod 内部进程访问 API server 创建的一种用户），用户未指定时，若平台配置了相关属性，则设置为平台属性值
functionInfo.Spec.PreemptionMode	k8s 函数 Pod 抢占机制，平台未配置时直接返回，否则会进一步进行处理，具体参见表下方对抢占资源的描述

Ingress 的信息配置是在函数触发器（TRIGGER）选项卡中进行，包括触发器域名、注释、工作器（Woker）触发器名称、Service 类型（Cluster IP/Node Port），如图 3-14 所示。

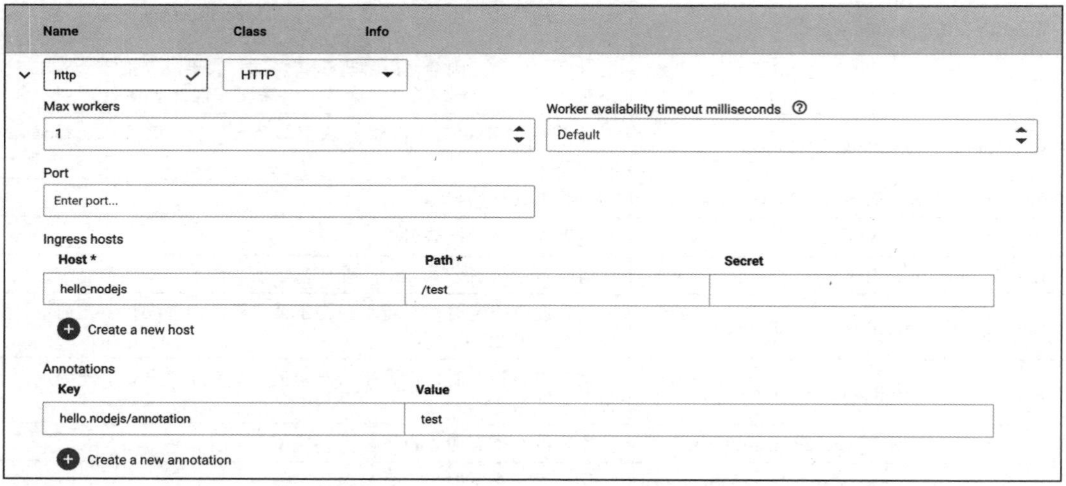

图 3-14　Ingress 创建界面

在填写对应的信息时，DashBoard 就会将函数触发器相关内容补充到最终函数配置中。其 JSON 消息体如下所示。

```
{
    "triggers":{
        "http":{
            "kind":"http",
            "name":"http",
            "attributes":{
                "ingresses":{
                    "0":{
                        "paths":[
```

```
                    "/test"
                ],
                "host":"hello-nodejs"
            }
        },
        "serviceType":"ClusterIP"
    },
    "maxWorkers":1,
    "annotations":{
        "hello.nodejs/annotation":"test"
    }
  }
 }
}
```

Preemption 是 k8s 一种调度策略，即抢占资源。具体流程是：Pod 创建后进入队列等待调度，调度器从队列中挑选一个 Pod 并尝试将它调度到某个节点上。如果没有找到节点满足 Pod 的所有要求，则会触发 Pod（需要配置抢占规则）的抢占逻辑。调度抢占逻辑是试图找到一个节点，在该节点中删除一个或多个优先级低于被调度资源（Pod）的 Pod，低优先级 Pod 被删除完毕后将需要部署的资源（Pod）调度到该节点上。Pod 抢占资源流程如图 3-15 所示。

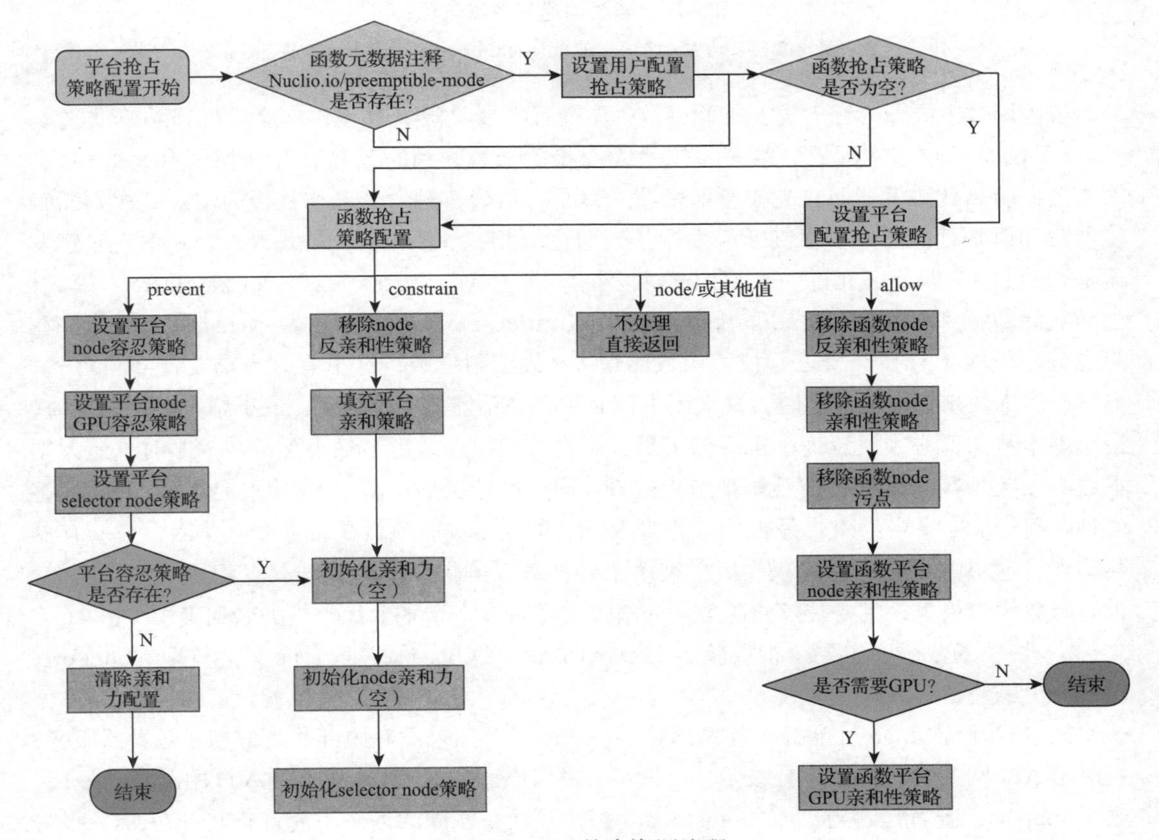

图 3-15　Pod 抢占资源流程

此外，填充编译镜像名称（functionInfo.Spec.Build.Image）时还存在一个判断，即是否执行函数构建。functionInfo.Spec.Build.Mode 如果设置为 neverBuild，则函数创建或更新流程不会进行构建。当用户只需要更新配置时，这种操作非常有用，可以加快升级部署过程，节省时间。当 functionInfo.Spec.Build 中 FunctionSourceCode、Path、Image 三者有一个不为空或者 functionInfo.Spec.Build.CodeEntryType 为 s3 时，需要进行函数构建。此外，当 functionInfo.Spec.Image 不为空时，不需要进行函数构建。

函数构建的流程如图 3-16 所示。

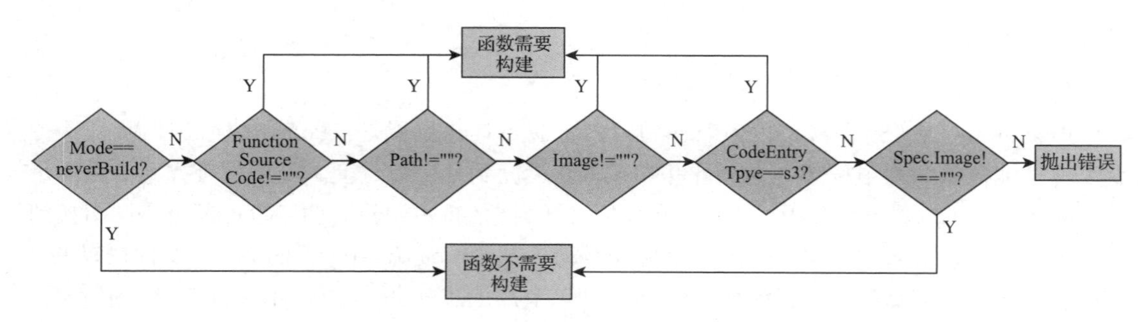

图 3-16 函数构建的逻辑流程

注：图中参数未说明情况下均在 functionInfo.Spec.Build 路径下。

校验函数主要分为三大类：校验函数基本配置、校验函数服务、校验函数 Ingress 配置。

1）校验函数基本配置。第一，校验镜像相关配置，判断其是否存在格式和无效输入。第二，校验函数触发器。首先校验触发器入口是否正确、触发器名称是否为空；其次判断触发器键和值是否匹配；再次判断触发器是否超过 worker（工作器）最大数，判断 HTTP 触发器是否超过 1（即最多允许一个 HTTP 触发器）；最后对于 kafka 集群（kafka-cluster）模式，当函数元数据中存在 nuclio.io/kafka-worker-allocation-mode 注释时，显示 ack 模式只允许在静态分配模式下存在。第三，校验函数的最大 / 最小副本数，这里有三点需要注意：首先，当最小副本数不为空且为零时，最大副本数必须存在不能为空；其次，最小副本数不为空时，最小副本数的值必须设置为小于或等于最大副本数的值；最后，最小副本数为零时，最大副本数必须大于零。第四，校验函数节点选择（即调度选择后的节点），主要是校验 label 标签值是否符合 k8s 平台约束，是否为有效输入值。第五，校验项目是否存在。第六，校验存储共享卷，这里主要有确保共享卷可以被多个卷挂载和确保共享卷的挂载卷配置一致。第七，校验函数优先级类，主要是校验函数优先级类名是否存在于平台优先级类名列表中。

2）校验函数服务主要是指校验 k8s serviceType，这里的 serviceType 只允许取 NodePort、ClusterIP 或空。

3）校验函数 Ingress 配置。首先，对于一个函数，如果没有内部暴露 HTTP 触发器服务，而使用 API 网关进行暴露将会被阻止（Nginx 报错）；其次，规范化实例入口的路径；最后，遍历 Ingress，查看是否与已有的 host+path 路径匹配，匹配的话则不允许创建 Ingress，报告

Ingress host and path are already in use。

（2）校验 OPA 权限

OPA 是 Open Policy Agent 的缩写，是一种开源的通用策略代理引擎，可统一整个堆栈的策略执行，解决云原生应用的访问控制、授权和策略。OPA 将策略决策与策略执行分离。当需要做出策略决策时，查询 OPA 并提供结构化数据（例如 JSON）作为输入，OPA 通过评估查询输入并对照策略和数据来生成决策。OPA 的原理如图 3-17 所示。

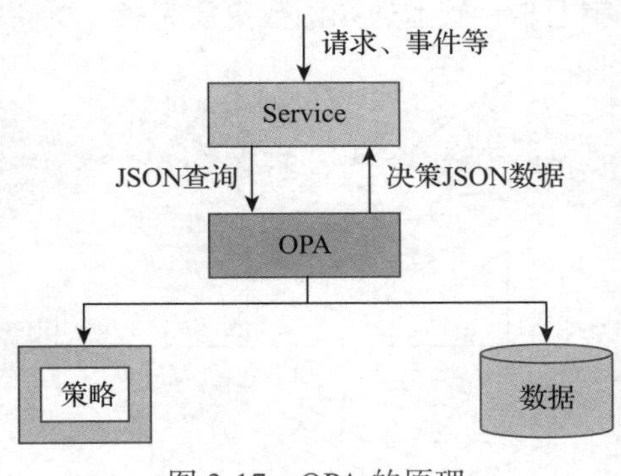

图 3-17　OPA 的原理

在 Nuclio 中，OPA 有三种客户端形式：一种是 HTTP Client ；一种是 Mock Client ；最后一种是没有客户端，即跳过查询 OPA，直接返回 true。这三种方式是通过配置项方式（opa.clientKind）指定的。HTTP 方式的配置如下（默认是没有客户端方式）：

```
opa:
    clientKind: http
```

例如当需要查询 default 项目 hello-nodejs 函数的 OPA 权限时，其发往 OPA 服务器的数据是

```
{
    "input":{
        "resource":"/projects/default/functions/hello-nodejs",
        "action":"create",
        "ids":[ ""]
    }
```

（3）配置校验

函数存在时，需要对新函数的配置进行校验。第一，当函数编译模式设置为 neverBuild 模式时，函数配置必须存在；第二，校验函数版本，需要保证要操作的版本是最新的，这里采用了 k8s 的乐观并发控制策略，使用函数元数据中资源版本（Resource Version）数据，每次请求更新时都会比对请求中的值与当前值是否相等，不相等，则表明资源已经过时；第三，处于导入状态的函数不允许启用禁用函数（spec.Disable 为 true），在导入状态下，函数如果移除 skip-build 和 skip-deploy 注释标识，当用户尝试启动禁用函数功能时，Nuclio 会重新编译和部署函数，之后再禁用函数；第四，不允许更新正在配置的功能，即只有函数状态为 ready、error、unhealthy、scaledToZero、imported 的函数才能更新；第五，当存在 API 网关时，不允许启动禁用函数功能。配置校验流程如图 3-18 所示。

（4）更新配置

更新配置是在函数存在且不需要构建的情况下执行，其执行过程分为以下几个步骤：第一步，函数必须指定运行时（spec.Runtime）；第二步，当没有指定函数镜像时，会将已存在

函数的镜像名称赋值给待更新函数配置；第三步，对于待更新函数配置进行再次校验（校验流程参考图 3-18），这是因有些配置（外部代码条目类型）在更新配置后可能无效；第四步，获取当前函数实例；第五步，删除当前函数 skip-deploy 的元数据注释；第六步，更新函数；第七步，管道通知函数更新完毕。更新配置流程如图 3-19 所示。

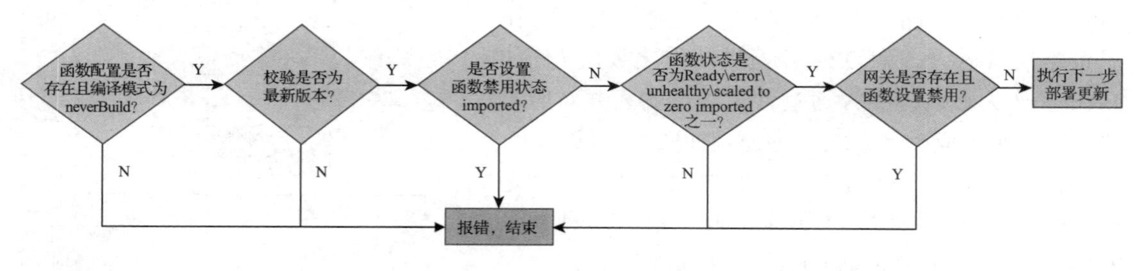

图 3-18　配置校验流程

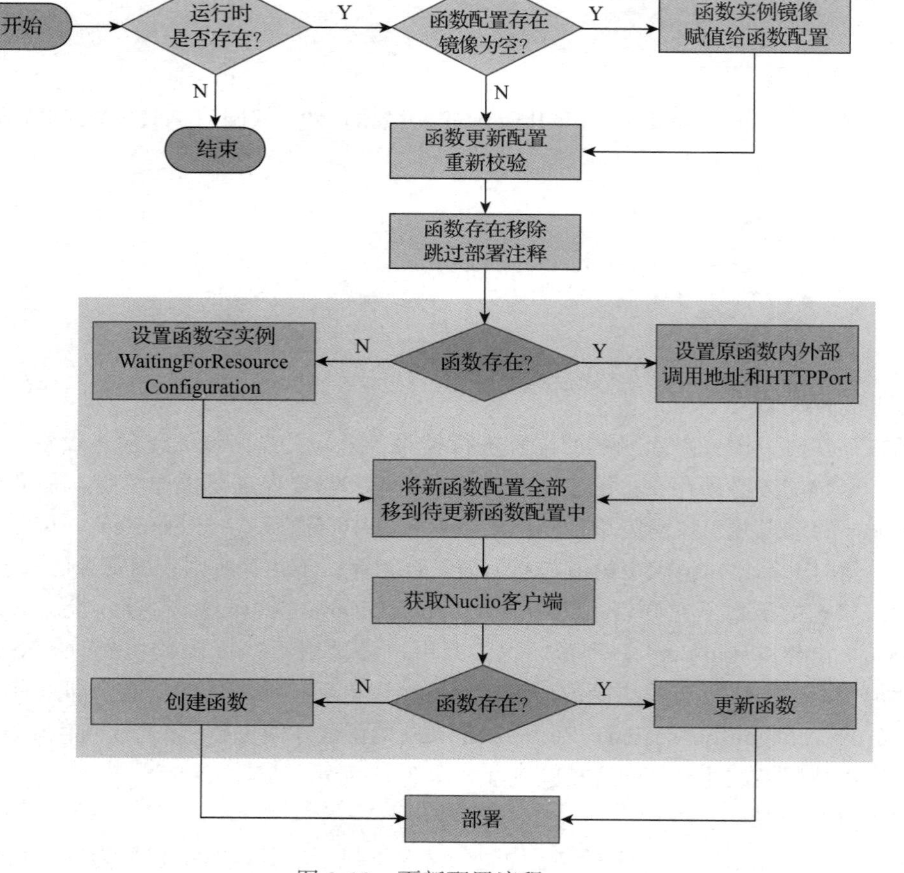

图 3-19　更新配置流程

注：流程图中的创建和更新函数为公共函数，将会被执行多次。

（5）部署创建

部署创建最后和更新配置最后共用一个部署函数，不同之处是部署构建在部署之前会先执行函数的构建（函数构建在第 3.6.2 小节介绍），如果编译构建没有错误，系统将新的构建镜像赋值给新的函数配置，构建的时间设置为当前 UNIX 时间，当没有指定镜像库时，设置为构建的镜像仓库地址。部署创建流程如图 3-20 所示。

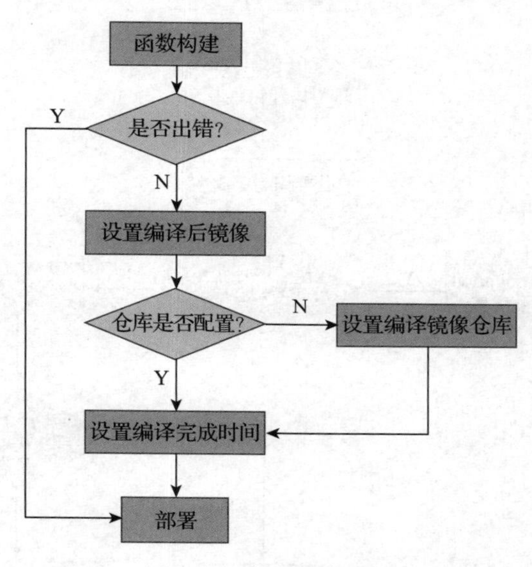

图 3-20 部署创建流程

（6）部署

在更新配置和部署创建执行完毕后，执行部署函数（在 Nuclio 中函数名为 onAfterBuild），传入的变量为编译结果和编译错误，函数定义的代码为

```
onAfterBuild := func(buildResult *platform.CreateFunctionBuildResult, buildErr error) (*platform.
    CreateFunctionResult, error)
```

当函数部署非创建而是更新时，传入的两个参数均为 nil。

下面对该函数进行详细介绍。

1）获取函数元数据中是否跳过部署（skip-deploy）标识。

2）删除函数元数据中跳过构建标识（skip-build）。

3）如果存在编译错误，将错误返回。

4）如果函数设置了缩容为零模式，且当前函数配置没有 ScaleToZero 配置，根据平台配置补充设置。

5）如果为跳过部署，更新函数当前配置，并把状态改为 imported，返回函数更新结果。

6）部署函数。

7）如果存在部署错误日志，将错误返回，否则返回部署结果。

部署函数流程如图 3-21 所示。

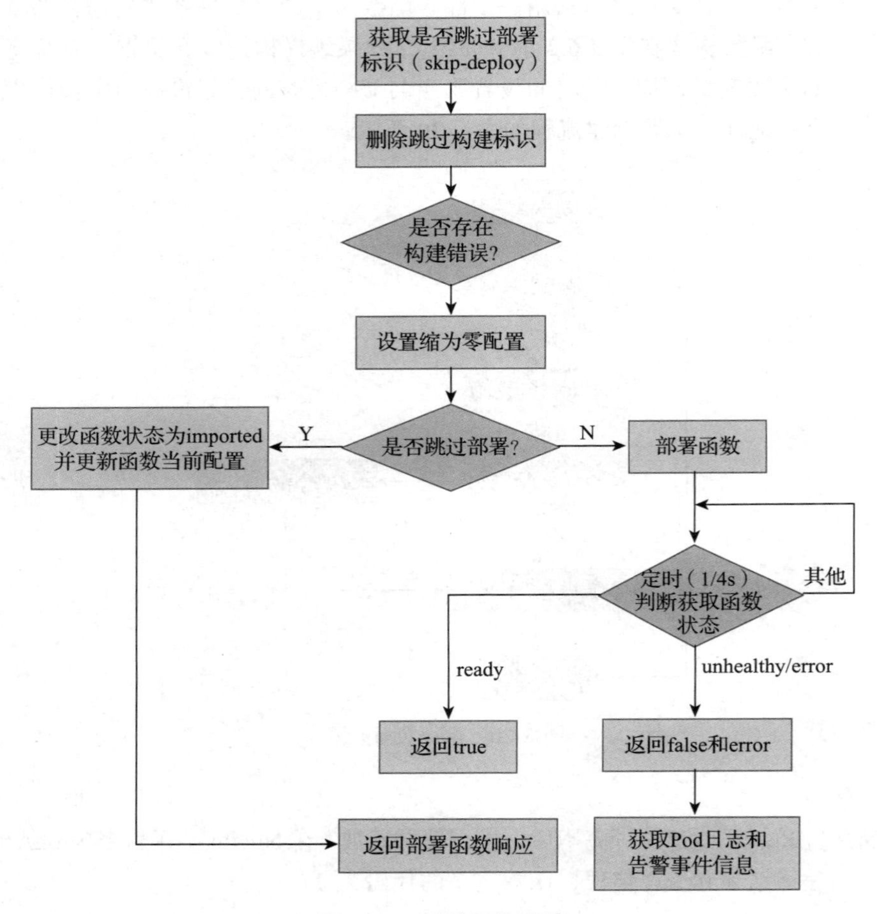

图 3-21　部署函数流程

3.6.2　函数代码编译构建

DashBoard 包含了函数的编译构建，具体过程可以分为以下几步。

1）获取配置文件路径。

2）创建临时目录。

3）保存函数，如果是 URL 路径，需要将代码下载到对应的目录。

4）函数代码文件处理。

5）配置获取。

6）创建运行时。

7）校验和填充配置。

8）准备暂存目录，存储需要复制到最终编译镜像中的文件。

9）编译 processor 镜像。

10）结果返回。

（1）获取配置文件路径

主要从三个方面获取配置文件路径：首先，查看函数请求构建中是否携带配置路径 Spec.Build.FunctionConfigPath，若不为空直接返回；其次，判断函数构建路径是否为文件（Spec.Build.Path），若为文件，则需要判断函数文件中有没有内联配置文件（内联配置是通过 @nuclio.configure 配置项指定的），代码如下所示。最后，查看当前配置中是否有对应的配置文件，如果有配置文件则设置配置文件标识。

```
#!/bin/sh
# @nuclio.configure  //内联函数配置
# function.yaml:
#    apiVersion: "nuclio.io/v1"
#    kind: "NuclioFunction"
#    spec:
#        runtime: "shell"
#        handler: "reverser.sh"
#
rev /dev/stdin
```

获取配置文件路径流程如图 3-22 所示。

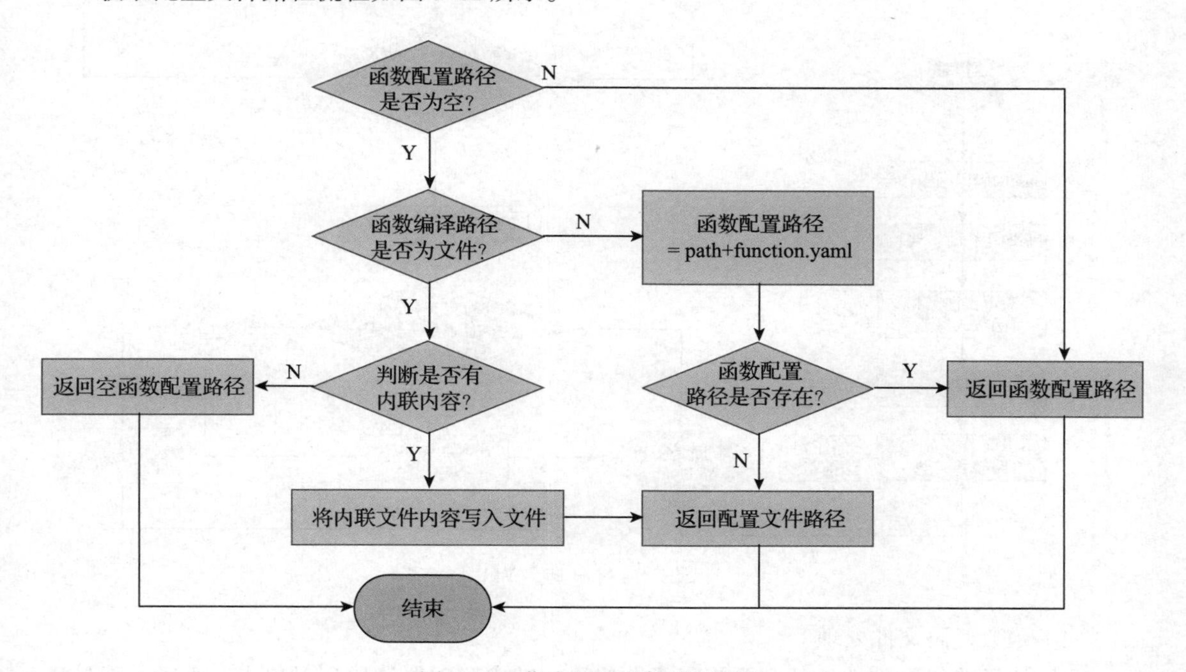

图 3-22　获取配置文件路径流程

（2）创建临时目录

创建临时目录主要用于编译构建过程中使用，使用完毕后会清理。具体过程是：查看有没有指定构建临时目录，没有指定时自动生成一个，不同系统生成的路径不一样，linux 格式为 /tmp/nuclio-build-*，mac 具体系统可能有区别，一般是在 /var/folders 目录下，例如 /tp/79x55kks71747q1knn8f_lx40000gn/T/nuclio-build-*，其中 * 代表随机生成的字符串。然后在此目录下生成 staging 和 source 目录。

（3）保存函数，如果是 URL 路径，需要将代码下载到对应的目录

保存函数第一步是查看编译构建中 functionSourceCode 是否存在，若存在则代表请求中有函数源码，因此下一步的流程就是要把源码解码写回文件中，返回函数源码文件路径和类型（sourceCode）；第二步若函数路径（functionpath）、镜像（image）为空且函数入口类型（codeEntryType）不为 s3，函数必须为 shell 语言且 Handler 为空；第三步判断函数路径是否为 URL，在不为 URL 的情况下，函数入口类型不能是 github 或 archive；第四步下载代码，如果是 GitHub，则复制地址和分支等到对应的路径下，如果是其他存储代码的包，则需要下载对应的 ZIP 包并解压。保存函数流程如图 3-23 所示。

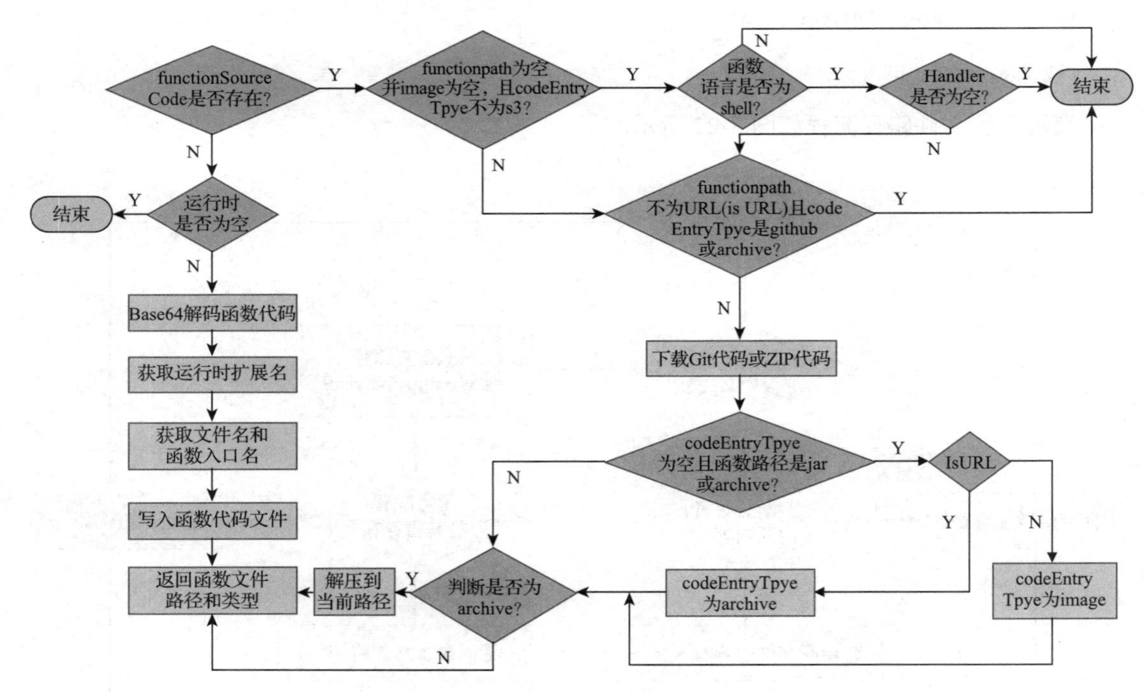

图 3-23　保存函数流程

（4）函数代码文件处理

这里的函数代码文件处理主要是将函数代码中的内联配置读取到对象中，因为后面处理

可能会使用到。读者可能好奇，第一步读取配置中不是已经读取了吗，答案是上面的内联函数配置是以函数路径的形式传入（即 Spec.Build.Path 传入），而这里是以函数源码的形式传入（即 Spec.Build.FunctionSourceCode）。Nuclio 支持多种形式的代码来源，这里的细节需要注意一下。

（5）配置获取

函数配置主要是针对第一步以路径方式传入的情况，在这一步中系统会将所有的配置读入到系统中。这里的过程是执行第一步的函数方法 providedFunctionConfigFilePath，因为在前面执行该方法时，Nuclio 会把以路径方式传入的配置包括内联函数配置写入指定的目录，所以这里再次执行是为了确保函数路径存在，当函数配置路径（functionConfigPath）存在时，再执行 readFunctionConfigFile 函数方法，在该函数方法里面，Nuclio 会把该路径下的配置读取为内存中的函数配置。

（6）创建运行时

创建运行时主要分为三个阶段：首先获取运行时名称，运行时名称一般由请求参数指定（Spec.Runtime），但如果请求参数里没有时，Nuclio 第一会判断构建路径是否是一个文件夹，如果是则会报错（错误分两种，有 function.yaml 的报“ Build path is directory - function.yaml must specify runtime”，没有的报“ Build path is directory - runtime must be specified”），第二从文件扩展名中获取，如果扩展名带版本，去掉版本信息；其次，根据运行时名称获取对应的运行时工厂对象，这里主要有 dotnetcore、golang、java、nodejs、python、ruby、shell；最后，执行创建运行时对象实例。主要代码如下。

```
runtimeName, err := b.getRuntimeName()                                  //获取运行时名称
runtimeFactory, err := runtime.RuntimeRegistrySingleton.Get(runtimeName)   //获取工厂对象
runtimeInstance, err := runtimeFactory.(runtime.Factory).Create(b.logger,
    b.platform.GetContainerBuilderKind(),
    b.stagingDir,
    &b.options.FunctionConfig) //创建运行时实例
```

（7）校验和填充配置

校验和填充配置的步骤主要如下：第一步，校验函数元数据名称（Meta Name）是否存在；第二步，校验函数运行时（Run time）是否存在，不存在设置为前面获取的运行时名称，如果为 python 则设置为 python:3.7；第三步，校验函数入口（handler）是否存在，如果不存在，则从函数路径下获取，有多个入口时取第一个；第四步，校验函数触发器，HTTP 触发器（http trigger）数量不能大于 1；第五步，校验函数镜像名称（image）是否存在，如果用户没有指定则默认设置仓库为 nuclio，若仓库指定则将默认值覆盖，然后查看有没有指定镜像前缀名称，若指定则镜像名称为仓库名 + 镜像前缀名 +processor，若没有指定则镜像名为仓库名 +processor+ 函数名；第六步，获取 processor 镜像的名称和标签名称。校验和填充配置流程如图 3-24 所示。

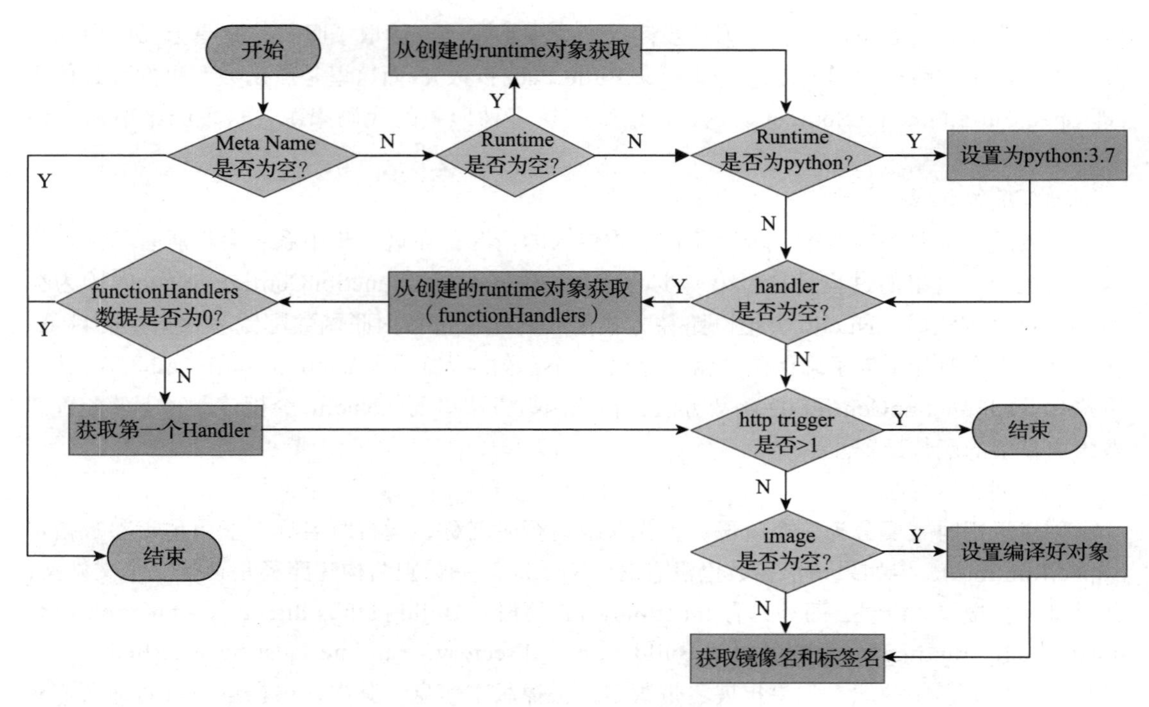

图 3-24 校验和填充配置流程

（8）准备暂存目录，存储需要复制到最终编译镜像中的文件

首先，Nuclio 在上面步骤创建的临时目录下新建 handler 文件夹（如 /tmp/nuclio-build-4225906889/staging/handler），如果是 Java 并且提供的函数不是 Java 工程，则还需要在该目录下新建 /src/main/java 目录，这样就得到了一个 handler 目录；其次，将原先存储的代码（在 /tmp/nuclio-build-4225906889/source 路径下）复制到 handler 目录下；最后，准备最终 processor 镜像需要的文件。在这里，Nuclio 分为以下三种情况：

1）Java。如果是 Java 源码文件，则会编译成 .jar。

2）Python。如果是 Python 源码文件，则直接复制源码和依赖包。

3）其他，不做处理。

在处理 Java 时，第一步，查看用户有没有指定 Java 编译文件 build.gradle，指定时使用用户的编译脚本；第二步，如果没有给定标准的 Java 工程，则将编译文件存储到目录 handler 文件夹（即和 src 同级的目录中）；第三步，获取 Nuclio 标准的 Java 编译脚本文件内容；第四步，解析仓库属性和依赖属性，查看用户是否指定，若未指定则设定为默认值；第五步，将编译脚本写入文件。

```
plugins { //grade 的编译插件
    id 'com.github.johnrengelman.shadow' version '5.2.0'
    id 'java'
```

```
}
repositories {   //默认值为mavenCentral()
        {{ range .Repositories }}
        {{ . }}
        {{ end }}
}
dependencies {  //默认值为空
        {{ range .Dependencies }}
        compile group: '{{.Group}}', name: '{{.Name}}', version: '{{.Version}}'
        {{ end }}

    compile files('./nuclio-sdk-java-1.1.0.jar')
}
shadowJar { //生成包的命名规则: baseName-version-classifier.jar
    baseName = 'user-handler'
    classifier = null
}
task userHandler(dependsOn: shadowJar)
```

在处理 Python 时，首先会查看平台是否有 Python pip 安装的运行时证书配置，如果有则将证书写入 staging 目录下。

（9）编译 processor 镜像

一切准备就绪后，就开始编译镜像。

第一步，获取编译参数。设置 NUCLIO_LABEL 为版本信息的标签（versionInfo.Label），NUCLIO_ARCH 为版本信息的平台类型（versionInfo.Arch），NUCLIO_BUILD_LOCAL_HANDLER_DIR 为 handler，如果用户指定了构建过程离线（Spec.Build.Offline），则设置 NUCLIO_BUILD_OFFLINE 为 true。

第二步，获取基础镜像仓库。如果用户没有指定，则根据平台配置及仓库地址（Spec.Build.Registry）生成。

第三步，获取构建镜像仓库。同上，如果用户没有指定，则根据平台配置和仓库地址生成。

第四步，创建 processor 镜像的 Dockerfile 文件。首先获取默认的运行时镜像配置文件。Nuclio 设置了 7 种运行时不同的默认配置，如果还需要健康检查，会将默认的健康检查也配置好。下面是 Java 的配置文件。

```
# Multistage builds          //多阶段构建
{{ range $onbuildStage := .OnbuildStages }}
{{ $onbuildStage }}
{{ end }}
# From the base image        //基础镜像
FROM {{ .BaseImage }}
{{ range $key, $value := .BuildArgs }}
ARG {{ $key }}={{ $value }}
{{ end }}
```

```
# Old(er) Docker support - must use all build args
ARG NUCLIO_LABEL
ARG NUCLIO_ARCH
ARG NUCLIO_BUILD_LOCAL_HANDLER_DIR
{{ if .PreCopyDirectives }}
# Run the pre-copy directives
{{ range $directive := .PreCopyDirectives }}
{{ $directive.Kind }} {{ $directive.Value }}
{{ end }}
{{ end }}
# 复制所需要的对象
{{ range $localArtifactPath, $imageArtifactPath := .OnbuildArtifactPaths }}
COPY {{ $localArtifactPath }} {{ $imageArtifactPath }}
{{ end }}
{{ range $localArtifactPath, $imageArtifactPath := .ImageArtifactPaths }}
COPY {{ $localArtifactPath }} {{ $imageArtifactPath }}
{{ end }}
{{ if .HealthcheckRequired }}
# Readiness probe
HEALTHCHECK --interval=1s --timeout=3s CMD /usr/local/bin/uhttpc --url http://127.0.0.1:8082/
    ready || exit 1
{{ end }}
# Run the post-copy directives
{{ range $directive := .PostCopyDirectives }}
{{ $directive.Kind }} {{ $directive.Value }}
{{ end }}
# Run processor with configuration and platform configuration
CMD [ "processor" ]  //运行 processor 二进制
```

其中的参数会在正式创建文件时替换掉。其次，获取编译的参数和指令，指令来自平台或由用户指定，当两者都存在时，会将两者合并。最后，替换参数创建 Dockerfile.processor 文件。

第五步，构建和推送镜像。这里主要分为四个阶段：第一阶段，构建编译 processor 二进制文件及用户函数（如果需要编译的话）。如果是 Java，在 mac 上的编译命令（ubuntu 上的临时目录不同，一般是在 /tmp）如下。

```
docker build --network host --force-rm -t nuclio-onbuild-ccls13b4lvk1r2gqooo0 -f /var/folders/
    tp/79x55kks71747q1knn8f_lx40000gn/T/nuclio-build-1346230526/staging/Dockerfile.onbuild    --build-arg
    NUCLIO_LABEL=latest --build-arg NUCLIO_ARCH=arm64 --build-arg NUCLIO_BUILD_LOCAL_HANDLER_DIR=handler  .
```

镜像完毕后，会将编译好的二进制文件复制到相应的目录。

```
docker create nuclio-onbuild-ccls13b4lvk1r2gqooo0 /bin/sh
docker cp cd56d32874f577eaf5a67e95e90177774e1ccc0d0458f7617a76b0806d4333ef:/home/gradle/
    bin/processor /var/folders/tp/79x55kks71747q1knn8f_lx40000gn/T/nuclio-build-1346230526/
    staging/artifacts/processor
docker cp cd56d32874f577eaf5a67e95e90177774e1ccc0d0458f7617a76b0806d4333ef:/home/gradle/src/
    wrapper/build/libs/nuclio-java-wrapper.jar /var/folders/tp/79x55kks71747q1knn8f_lx40000gn/
    T/nuclio-build-1346230526/staging/artifacts/nuclio-java-wrapper.jar
```

复制文件结束后，会将编译镜像删除。

```
docker rm -f cd56d32874f577eaf5a67e95e90177774e1ccc0d0458f7617a76b0806d4333ef
docker rmi -f nuclio-onbuild-ccls13b4lvk1r2gqooo0
```

第二阶段编译 processor 镜像。

```
docker build --network host --force-rm -t nuclio/processor-hello-java:latest -f /var/folders/
    tp/79x55kks71747q1knn8f_lx40000gn/T/nuclio-build-1346230526/staging/Dockerfile.processor
    --build-arg NUCLIO_LABEL=latest --build-arg NUCLIO_ARCH=arm64 --build-arg NUCLIO_BUILD_
    LOCAL_HANDLER_DIR=handler  .
```

最终临时目录如图 3-25 所示。

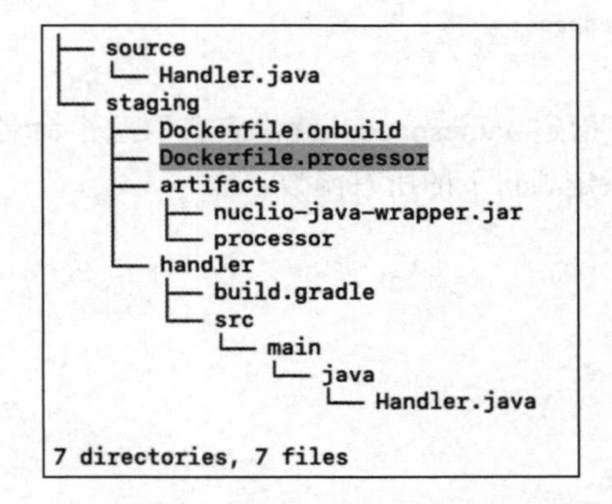

图 3-25　Nuclio 函数编译中间阶段临时目录

第三阶段推送镜像，将镜像命名为指定仓库的名称，然后指定推送指令。这里使用的是 localhost 本地仓库。

```
docker tag nuclio/processor-hello-java:latest localhost:5000/nuclio/processor-hello-java:latest
docker push localhost:5000/nuclio/processor-hello-java:latest
```

第四阶段保存镜像（如果指定镜像需要文件输出的话，则通过 docker save 的方式输出）。

```
docker save --output hello-java.tar nuclio/processor-hello-java:latest
```

（10）结果返回

构建镜像完毕后，会将函数镜像名称和配置项返回。代码如下：

```
buildResult := &platform.CreateFunctionBuildResult{
    Image:   processorImage,
    UpdatedFunctionConfig: enrichedConfiguration,
}
```

3.7　DashBoard API 功能

DashBoard API 采用标准的 RESTful（Representational State Transfer）协议定义，是访问

Nuclio 的入口，主要包含函数、项目、函数事件、函数模板、API 网关、V3IO 流函数触发器等。

3.7.1 函数 API 功能

（1）列出所有函数

1）请求。

- URL: GET /api/functions
- Headers:
  - x-nuclio-function-namespace: 命名空间（必填）
  - x-nuclio-project-name: 项目名称（可选）

请求中 Hearder 如果写指定 namespace，就代表获取这个命名空间下所有的函数，如果再指定 project，表示获取指定项目下的所有函数。

2）响应。

- Status code: 200
  Body:

```
{
    "golang-hello":{
        "metadata":{...},
        "spec":{
            "handler":"main:Handler",
            "runtime":"golang",
            "resources":{...},
            "imageHash":"1661131763060892063",
            "triggers":{...},
            "version":-1,
            "alias":"latest",
            "build":{...},
            "imagePullSecrets":"registry-credentials",
            "loggerSinks":[...],
            "platform":{...},
            "securityContext":{...},
            "eventTimeout":""
        },
        "status":Object{...}
    }
}
```

（2）获取函数详情

1）请求。

- URL: GET /api/functions/<function name>
- Headers:
  - x-nuclio-function-namespace: 命名空间（必填）

通过函数名称获取函数详情。

2）响应。

- Status code: 200
- Body:

```
{
"metadata":{
    "name":"face-check",
    "namespace":"default",
    "labels":{
        "nuclio.io/project-name":"default"
    },
    "resourceVersion":"7165488"
},
"spec":{
    "handler":"Handler",
    "runtime":"java",
    "resources":{...},
    "imageHash":"1660122788771471981",
    "triggers":{
        "default-http":{...},
    "version":-1,
    "alias":"latest",
    "build":{...},
    "imagePullSecrets":"registry-credentials",
    "loggerSinks":[...],
    "platform":{...},
    "securityContext":{...},
    "eventTimeout":""
},
"status":Object{...}  #省略未展开
}
```

（3）创建函数

要创建一个健康、可用的函数，需要提供如下请求，然后系统会周期性地获取函数，直到 status.state 为 ready 或 error。它可以保证在请求该函数返回响应时，将会获取一个正常的响应，而不是 404 等其他响应。

1）请求。

- URL: POST /api/functions
- Headers:
  - Content-Type: application/json
- Body:

```
{
    "metadata": {
        "name": "hello-world",
        "namespace": "nuclio",
        "labels": {
            "nuclio.io/project-name": "function-project"
```

```
            }
        },
        "spec": {
            "runtime": "golang",
            "build": {
                "path": "https://raw.githubusercontent.com/nuclio/nuclio/master/hack/examples/golang/
                    helloworld/helloworld.go",
                "registry": "172.24.33.20:5000",
                "noBaseImagesPull": true
            },
            "runRegistry": "localhost:5000"
        }
    }
```

2）响应。

- Status code: 202

（4）更新函数

更新函数与创建函数类似，唯一的区别是用的方法是 PUT 而不是 POST。需要提供某些字段（例如 spec.image），这些字段应该从 GET 更新中获取。在请求中传递的任何内容都是新的函数规范，必须将函数进行重新部署。

1）请求。

- URL: PUT /api/functions/<function name>
- Headers:
    - Content-Type: application/json
- Body:

```
{
    "metadata": {
        "name": "hello-world",
        "namespace": "nuclio"
    },
    "spec": {
        "handler": "Handler",
        "runtime": "golang",
        "resources": {},
        "image": "localhost:5000/nuclio/processor-hello-world:latest",
        "version": -1,
        "alias": "latest",
        "replicas": 1,
        "build": {
            "path": "/var/folders/w7/45z_c5lx2n3571nf6hkdvqqw0000gn/T/nuclio-build-238269306/
                download/helloworld.go",
            "registry": "192.168.64.7:5000",
            "noBaseImagesPull": true
        },
        "runRegistry": "localhost:5000"
    },
```

```
    "status": {
        "state": "ready"
    }
}
```

2）响应。

- Status code: 202

（5）调用函数

1）请求。

这里的调用函数指的是通过 UI 进行 HTTP 的访问。

- URL: <Method> /api/function_invocations
- Headers:
  - x-nuclio-function-name: 函数名称（必填）
  - x-nuclio-function-namespace: 命名空间（必填）
  - x-nuclio-path: 调用函数的路径（可以为根目录 /）
  - x-nuclio-invoke-via: 外部 IP、负载均衡器或者域名之一
  - x-nuclio-invoke-url: 函数调用使用的 URL（如果提供会覆盖 x-nuclio-invoke-via）
  - x-nuclio-invoke-timeout: 函数调用超时时间
  - 其他的请求头消息不会修改，直接传给函数
- Body: 请求 body 体直接传递给函数

2）响应。

- Status code: 函数内部定义的返回码
- Headers: 函数定义响应头部信息
- Body: 函数定义的响应 body 信息

（6）删除函数

1）请求。

- URL: DELETE /api/functions
- Headers:
  - Content-Type: 必须被设置成 application/json
  - X-nuclio-delete-function-ignore-state-validation: 当被设置成 true，允许在函数临时状态删除（例如函数构建过程），否则，不被允许。
- Body:

```
{
    "metadata": {
        "name": "shell-hello-world ",
        "namespace": "nuclio"
    }
}
```

2）响应。

- Status code: 204

（7）获取函数副本

1）请求。

- URL: GET /api/functions/<function name>/replicas
- Headers:
  - x-nuclio-function-namespace: 命名空间（必填）

2）响应。

- Status code: 200
- Body:

```
{
    "names": [
        "nuclio-nuclio-somefunction"
    ]
}
```

（8）获取函数副本日志流

1）请求。

- URL: GET /api/functions/<function name>/logs/<replica-name>
- Headers:
  - x-nuclio-function-namespace: 命名空间（必填）
- Params:
  - follow: 函数副本日志流（default: true）
  - since: 显示距离当前规定时间内的日志，例如 1 小时
  - tailLines: 从日志末尾显示的行数（例如 100）

2）响应。

- Status code: 200
- Body:

```
... 函数副本日志 ...
```

3.7.2 项目 API 功能

（1）列出所有项目

1）请求。

- URL: GET /api/projects
- Headers:
  - x-nuclio-project-namespace: 命名空间（可选）

2）响应。

- Status code: 200
- Body:

```
{
    "project-1": {
```

```
        "metadata": {
            "name": "project-1",
            "namespace": "nuclio"
        },
        "spec": {
            "description": "Some description"
        }
    },
    "project-2": {
        "metadata": {
            "name": "project-2",
            "namespace": "nuclio"
        },
        "spec": {
            "description": "Some description"
        }
    }
}
```

（2）通过项目名称获取项目

1）请求。

- URL: GET /api/projects/<project name>
- Headers:
  - x-nuclio-project-namespace: 命名空间（可选）

2）响应。

- Status code: 200
- Body:

```
{
    "metadata": {
        "name": "project-1",
        "namespace": "nuclio"
    },
    "spec": {
        "description": "Some description"
    }
}
```

（3）创建项目

创建项目是同步请求。响应返回时，表示该项目已经创建。如果省略 name，则生成唯一的 UUID。

1）请求。

- URL: POST /api/projects
- Headers:
  - Content-Type: application/json
- Body:

```
{
    "metadata": {
        "name": "project-1",
        "namespace": "nuclio"
    },
    "spec": {
        "description": "Some description"
    }
}
```

2）响应。

- Status code: 201

（4）通过项目名称更新项目

1）请求。

- URL: PUT /api/projects/<project-name>
- Headers:
    - Content-Type: application/json
- Body:

```
{
    "metadata": {
        "name": "project-1",
        "namespace": "nuclio"
    },
    "spec": {
        "description": "Some description"
    }
}
```

2）响应。

- Status code: 204

（5）删除项目

只能删除没有函数的项目。若删除具有函数的项目将返回错误。

1）请求。

- URL: DELETE /api/projects
- Headers:
    - Content-Type: application/json
- Body:

```
{
    "metadata": {
        "name": "project-1",
        "namespace": "nuclio"
    }
}
```

2）响应。

- Status code: 204

3.7.3　函数事件 API 功能

函数事件允许用户存储用于测试函数的可重用事件，而不是使用特定数据调用函数。函数事件通过 nuclio.io/function-name 标签与函数绑定，并提供了函数和函数事件之间 1: *N* 的关系。

函数事件包含了每个触发器属性。它指定函数事件应该通过哪种触发器来调用。

例如，HTTP 触发器：

- method (string)：任何标准的 HTTP 方法（例如 GET、POST、UPADTE、DELETE）
- path (string，可选)：要调用的路径，默认为 /（例如 /my/invoke/path）
- headers (map，可选)：请求头的 map 对象集合

（1）列出所有函数事件

1）请求。

- URL: GET /api/function_events
- Headers:
  - x-nuclio-function-event-namespace：命名空间（必填）
  - x-nuclio-function-name：函数名称（可选）

2）响应。

- Status code: 200
- Body:

```
{
    "cc712570-348d-4ea8-8092-799ae8f27845": {
        "metadata": {...},
        "spec": {
            "displayName": "function event",
            "body": "body",
            "triggerKind": "http",
            "attributes": {...},
                "method": "GET",
                "path": "/some/path"
            }
        }
    },
    "named-fe1": {
        "metadata": {...},
        "spec": {
            "displayName": "function event name",
            "body": "body",
            "triggerKind": "http",
            "attributes": {
```

```
                    "headers": {...},
                    "method": "GET",
                    "path": "/some/path"
                }
            }
        }
    }
```

（2）通过名称获取函数事件

1）请求。

```
• URL: GET /api/function_events/<function event name>
• Headers:
  ○ x-nuclio-function-event-namespace: 命名空间（必填）
```

2）响应。

```
• Status code: 200
• Body:

{
    "metadata": {...},
    "spec": {
        "displayName": "function event name",
        "body": "body",
        "triggerKind": "http",
        "attributes": {...},
            "method": "GET",
            "path": "/some/path"
        }
    }
}
```

（3）创建函数事件

创建函数事件是同步请求，当响应正常返回时，表示函数事件已经创建。如果 name 省略，则会生成一个唯一的 UUID。在 metadata.labels 中，通过 nuclio.io/function-name 标签设置函数名称。

1）请求。

```
• URL: POST /api/function_events
• Headers:
  ○ Content-Type: application/json
• Body:

{
    "metadata": {
        "namespace": "nuclio",
        "labels": {
            "nuclio.io/function-name": "function1"
        }
```

```
    },
    "spec": {
        "displayName": "function event",
        "body": "body",
        "attributes": {
            "headers": {...},
            "method": "GET",
            "path": "/some/path"
        }
    }
}
```

2）响应。

- Status code: 201
- Body:

```
{
    "metadata": {
        "name": "db11d276-4c6a-4200-b096-d9b8fe2031cd",
        "namespace": "nuclio",
        "labels": {
            "nuclio.io/function-name": "function1"
        }
    },
    "spec": {
        "displayName": "function event",
        "body": "body",
        "triggerKind": "http",
        "attributes": {
            "headers": {...},
            "method": "GET",
            "path": "/some/path"
        }
    }
}
```

（4）更新函数事件

1）请求。

- URL: PUT /api/function_events
- Headers:
    - Content-Type: application/json
- Body:

```
{
    "metadata": {
        "name": "named-1",
        "namespace": "nuclio",
        "labels": {
            "nuclio.io/function-name": "function1"
```

```
        }
    },
    "spec": {
        "displayName": "function event update",
        "body": "body",
        "triggerKind": "http",
        "attributes": {
            "headers": {...},
            "method": "GET",
            "path": "/some/path"
        }
    }
}
```

2）响应。

- Status code: 204

（5）删除函数事件

1）请求。

- URL: DELETE /api/function_events
- Headers:
  - Content-Type: application/json
- Body:

```
{
    "metadata": {
        "name": "named-fe1",
        "namespace": "nuclio"
    }
}
```

2）响应。

- Status code: 204

3.7.4 函数模板 API 功能

列出所有函数模板。

1）请求。

- URL: GET /api/function_templates
- Headers:
  - x-nuclio-filter-contains: 函数名称或配置中的子字符串（可选）

2）响应。

- Status code: 200
- Body:

```
{
```

```
    "dates:09a5efcb426-a5ef-4c9b-8099-0a5efc5780996": {
        "metadata": {"name": "dates:09a5efcb426-a5ef-4c9b-8099-0a5efc5780996"},
        "spec": {
            "description": "",
            "handler": "handler",
            "runtime": "nodejs",
            "resources": {},
            "build": {"functionSourceCode": "<base64 encoded string>",
                "commands": ["npm install --global moment"]
            }
        }
    },
    "encrypt:fa84999f2c-056a-4ea2-99f2-fa056ad8647c": {
        "metadata": {"name": "encrypt:fa84999f2c-056a-4ea2-99f2-fa056ad8647c"},
        "spec": {
            "description": "description",
            "handler": "encrypt:encrypt",
            "runtime": "python",
            "resources": {},
            "build": {
                "functionSourceCode": "<base64 encoded string>",
                "commands": ["apk update", "apk add --no-cache gcc g++ make libffi-dev openssl-dev",
                    "pip install simple-crypt"]
            }
        }
    }
}
```

3.7.5　API 网关功能

（1）列出所有的 API 网关

1）请求。

- URL: GET /api/api_gateways
- Headers:
  - x-nuclio-api-gateway-namespace: 命名空间（必填）
  - x-nuclio-project-name: 项目名称，系统会按照项目过滤（可选）

2）响应。

- Status code: 200
- Body:

```
{
    "agw": {
        "metadata": {
            "name": "agw",
            "namespace": "nuclio",
            "labels": {...}
```

```
        },
        "spec": {
            "host": "<api-gateway-endpoint>",
            "name": "agw",
            "path": "/",
            "authenticationMode": "none",
            "upstreams": [...]
        },
        "status": {...}
    },
    "another-gateway": {
        "metadata": {
            "name": "another-gateway",
            "namespace": "nuclio",
            "labels": {...}
        },
        "spec": {
            "host": "<api-gateway-endpoint>",
            "name": "another-gateway",
            "path": "/",
            "authenticationMode": "accessKey",
            "upstreams": [...]
        },
        "status": {...}
    }
}
```

（2）通过名称获取 API 网关

1）请求。

- URL：GET /api/api_gateways/<api-gateway-name>
- Headers：
  - x-nuclio-api-gateway-namespace：命名空间（必填）

2）响应。

- Status code：200
- Body：

```
{
    "metadata": {
        "name": "agw",
        "namespace": "nuclio",
        "labels": {...}
    },
    "spec": {
        "name": "agw",
        "host": "<api-gateway-endpoint>",
        "path": "/",
        "authenticationMode": "none",
        "upstreams": [...]
```

```
    },
    "status": {...}
}
```

（3）创建 API 网关

要创建 API 网关，需要提供以下请求，然后定期获取 API 网关，直到 status.state 为 ready 或 error。它可以保证在返回响应时，获得的 API 网关将生成一个正常的响应 body 体而不是 404。

1）请求。

- URL: POST /api/api_gateways
- Headers:
  - Content-Type: application/json
- Body:

```
{
    "metadata":{
        "name":"agw",
        "labels":{...}
    },
    "spec":{
        "name":"agw",
        "host": "<api-gateway-endpoint>",
        "description":"",
        "path":"",
        "authenticationMode":"none",
        "upstreams":[...]
    }
}
```

2）响应。

- Status code: 202

（4）更新 API 网关

更新 API 网关类似于创建 API 网关，区别主要有：①更新网关是 HTTP PUT 请求，而不是 POST 请求；②必须提供某些需要修改的字段，例如 spec.description，spec.path 和 spec.authentication-Mode。

1）请求。

- URL: PUT /api/api_gateways/<api-gateway-name>
- Headers:
  - Content-Type: application/json
- Body:

```
{
    "metadata": {
        "name": "agw",
```

```
        "namespace": "nuclio",
        "labels": {...}
    },
    "spec": {
        "name": "agw",
        "host": "<api-gateway-endpoint>",
        "path": "new-agw-path",
        "authenticationMode": "basic",
        "upstreams": [...],
        "description": "new description"
    },
    "status": {...}
}
```

2）响应。

- Status code: 204

（5）调用 API 网关

调用网关是通过调用 endpoint 来完成的，endpoint 在 API Gateway spec.host 字段中。

1）请求。

- URL: <Method> <api-gateway-endpoint>
- Headers:
  - 所有的请求头信息都会传递给函数

  Body: 传递给函数的原始请求 body 体

2）响应。

- Status code: 函数返回的响应码
- Headers: 函数返回的请求头信息
- Body: 函数返回的 body 体

（6）删除 API 网关

1）请求。

- URL: DELETE /api/api_gateways
- Headers:
  - Content-Type: application/json
- Body:

```
{
    "metadata":{
        "name":"<api-gateway-name>"
    }
}
```

2）响应。

- Status code: 204

3.7.6 V3IO 流函数触发器功能

Nuclio V3IO 流函数触发器允许用户处理发送到 Iguazio 数据科学平台（简称平台）的数据流（即 V3IO 流）消息。将流信息发送到平台，Nuclio 从流中读取，然后为每个流信息调用一次函数处理程序。

然而，在实际中，人们希望能从同一流中读取消息以将其负载分配到多个函数副本之间。这些函数副本必须协同工作以尽可能公平地拆分流信息，而不会丢失任何信息，并且不会多次处理同一消息。为此，Nuclio 利用了平台 Go 库（v3io-go）中内置的消费者组。当一个或多个 Nuclio 副本加入消费者组时，每个副本都会根据函数中定义的副本数量获得相等的分片份额。当 Nuclio 副本被分配到一组分片时，副本可以使用 Nuclio 函数从分片中读取并处理记录消耗。目前保证给定的分片仅由一个副本处理，并且消息是按顺序处理的。也就是说，只有在分片中前一条消息的处理完成后，才读取和处理当前的消息。

（1）列出所有的 V3IO 流

1）请求。

- URL：GET /api/v3io_streams
- Headers：
  - x-nuclio-project-name：项目名称（必填）

2）响应。

- Status code：200
- Body：项目中的每个流信息：

```
{
    "function-name@stream-name": {
        "consumerGroup": "<consumer-group>",
        "containerName": "<container-name>",
        "streamPath": "/path/of/stream"
    }
}
```

（2）获取 V3IO 分片数据流

1）请求。

- URL：POST /api/v3io_streams/get_shard_lags
- Headers：
  - x-nuclio-project-name：项目名称（必填）
- Body：body 中包含流的信息

2）响应。

- Status code：200
- Body：每个消费者组的分片信息

```
{
    "<container-name>/<stream-path>": {
```

```
            "<consumer-group>": {
                "shard-id-0": {
                    "committed": "<committed-sequences-number>",
                    "current": "<current-sequence-number>",
                    "lag": "<shard-lag>"
                },
                ...
                "shard-id-N": {
                    "committed": "<committed-sequences-number>",
                    "current": "<current-sequence-number>",
                    "lag": "<shard-lag>"
                }
            }
        }
    }
```

3.7.7 其他 API 功能

（1）获取版本

1）请求。

```
URL: GET /api/versions
```

2）响应。

- Status code: 200
- Body:

```
{
    "dashboard": {
        "arch": "amd64",
        "gitCommit": "<some commit hash>",
        "label": "latest",
        "os": "darwin"
    }
}
```

（2）获取外部地址

用户需要知道在不使用负载平衡或者 k8s Ingress 的情况下通过哪个 URL 可以调用函数。

1）请求。

- URL: GET /api/external_ip_addresses

2）响应。

- Status code: 200
- Body:

```
{
    "externalIPAddresses": {
```

```
            "addresses": [...]
        }
    }
```

本章小结

本章从 API、架构、源码三个方面介绍了 Nuclio 的 DashBoard 组件。API 采用标准的 RESTful 风格，是 Nuclio 的入口，包含函数、项目、函数事件、函数模板、API 网关、V3IO 流函数触发器等功能；架构采用的是前后端分离模式，后端采用了轻量级 HTTP 服务框架 chi；源码方面主要介绍了 DashBoard 的启动流程、运行过程，并结合函数这个功能，介绍了函数的创建、构建、部署等功能。

第 4 章 |Chapter 4|

控制器组件

Kubernetes 中的术语“Controller”和“Operator”是指将集群转换为期望状态的两种不同模式。Controller（控制器）是一个 Kubernetes 既定的概念，而 Operator 操作符是 CoreOS 创造的术语，目前被 Kubernetes 广泛采用，它是特定于某一应用程序的控制器。

4.1 控制器概述

在自动化与机器人领域，控制回路是一个非终止回路，用于不断调节系统状态。Kubernetes 集群就是运行在这样的一个控制回路（Controller Loop）上。用户可以通过编写和应用 YAML 清单来定义集群应该做什么或者达到一个什么样的状态。集群控制器会不断地检测用户请求，并根据请求内容调整集群状态。调协的过程与用户请求是异步发生的。

在 Kubernetes 中，一个控制器至少检测和控制一种类型的资源，这些资源对象会有一个代表期望状态的 spec 字段。控制器会负责跟踪正在运行的工作负载、运行它们的节点、已部署工作负载的可用资源，以及如何调度和运行资源的策略。控制器工作流程如图 4-1 所示。

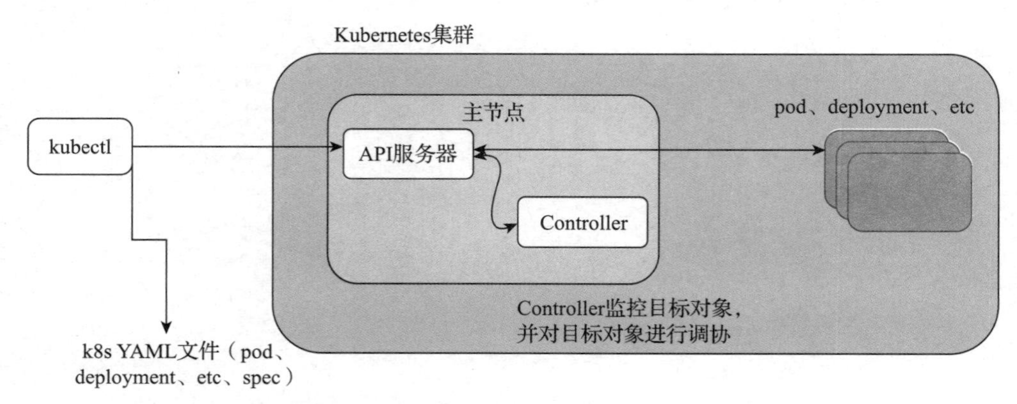

图 4-1　Kubernetes 控制器工作流程

下面是一个控制器循环实现的基本示例。

```
for {
        desired := getDesiredState()  //获取期望状态
    current := getCurrentState()      //获取当前状态
    makeChanges(desired, current)     //当前状态修改为期望状态
}
```

控制器有两个主要组件：Informer/SharedInformer 和 Workqueue。通过这两个组件，控制器调节和维护集群状态。

4.1.1　Informer 组件

检查实际状态与期望状态的过程涉及控制器与 API 服务器通信以获取对象的信息。随着 Kubernetes 部署资源数量的增加，控制器对 API 服务器的调用次数将呈指数增长，这会对 API 服务器造成巨大的压力。Informer 通过检索对象数据并将其存储在控制器的本地缓存中来解决此问题。Informer 会监视随后发生的任何创建、修改和删除事件。但是这种模式有不足之处，如多个控制器可能正在监视一个对象，在这种情况下，每个控制器都会更新自己的本地缓存，这可能导致增加内存开销和多个缓存数据存储，从而导致在数据对象方面不同步而数据不一致。为了解决这个问题，人们设计了 SharedInformer。SharedInformer 在所有控制器之间共享缓存数据存储，解决了由多个控制器监视和更新集群中的一个资源或对象所带来的问题。

4.1.2　SharedInformer 组件

SharedInformer 为了监视每个控制器引入了队列系统。它支持不同类型的队列，例如限速队列、延迟队列和定时队列。当一个对象或资源发生变化时，资源事件处理程序将一个对象的 key 放入工作队列中等待 SharedInformer 处理。key 的格式为 resource_namespace/resource_name。如果没有提供命名空间 resource_namespace，那么 key 只是 resource_name。

Kubernetes 的控制器类型主要有 ReplicaSet、Deployment、DaemonSet、StatefulSet、Job、CronJob 等几种。

（1）ReplicaSet

ReplicaSet 确保指定数量的 Pod 在运行。ReplicaSet 在 Deployment 中定义，例如定义 ReplicaSet 为 5，那么 ReplicaSet 将确保有 5 个 Pod 在运行，如果有任何多余的 Pod，它们将被删除，反之亦然。这意味着当发生故障、删除或终止导致 Pod 数量少于 ReplicaSet 中声明的数量时，会启动新的 Pod 来满足 ReplicaSet 设置的值。

（2）Deployment

Deployment 可以为 Pod 和 ReplicaSet 提供声明式的更新能力。用户可以在 Deployment 的 YAML 文件中描述期望状态，Deployment 控制器就会将 Pod 和 ReplicaSet 的实际状态改变到目标状态。

Deployment 的典型用例如下：

1）用 Deployment 创建 ReplicaSet。ReplicaSet 在后台创建 Pod。检查启动状态是成功还是失败。

2）更新 Deployment 的 PodTemplateSpec 字段来声明 Pod 的新状态，并创建新的 ReplicaSet，Deployment 会按照控制的速率将 Pod 从旧的 ReplicaSet 移动到新的 ReplicaSet 中。

3）若当前状态不稳定，回滚到之前的版本（k8s 中的每一个 Deployment 资源都包含有版本（revision）的概念，版本的引入可以让人们在更新发生问题时及时通过 Deployment 的版本对其进行回滚）。每次回滚都会更新 Deployment 的版本。

4）扩容 Deployment 以满足更高的负载。

5）暂停 Deployment 以应用 PodTemplateSpec 的多个修改，然后恢复其执行以启动新的上线版本。

6）根据 Deployment 的状态判断上线是否停滞。

7）清除旧的不必要的 ReplicaSet。

（3）DaemonSet

DaemonSet 确保集群内的所有或部分节点运行 Pod 的副本。也就是说，当 DaemonSet spec（或 manifest 文件）提交到 API 服务器后，每个节点上只会运行一个 Pod。当节点在集群中被添加或删除时，主节点上的 DaemonSet 控制器监控到该节点已添加到集群，然后将 Pod 部署在新创建的节点上。当节点被删除时，同样，Pod 也会被删除并被垃圾站回收。DaemonSet 和集群中的节点、Pod 的拓扑结构如图 4-2 所示。

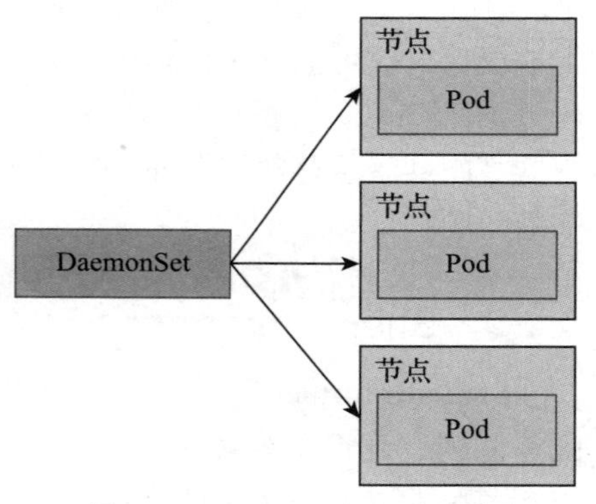

图 4-2　DaemonSet 工作示意

由拓扑关系可知，集群中的 Pod 和节点一一对应，DaemonSet 会管理全部机器上的 Pod 副本，负责对它们进行更新和删除。

（4）StatefulSet

Deployment 适用于管理无状态应用程序。StatefulSet 则是针对有状态应用设计的，特别适用于持久存储的工作负载。与 Deployment 类似，StatefulSet 管理基于相同容器规约的一组 Pod。和 Deployment 不同的是，StatefulSet 为它们的每个 Pod 维护了一个有黏性的 ID。这些 Pod 是基于相同的规约来创建的，不能相互替换，无论怎么调度，每个 Pod 都有一个永久不变的 ID。

（5）Job

Kubernetes Job 是监督 Pod 执行某些任务的控制器，主要用于批处理。一旦向 API 服务器提交作业，Pod 就会启动并执行任务，任务完成后会自动关闭。这些 Pod 必须手动删除，Kubernetes 不会自动删除。

有一些作业如果长时间运行，在完成之前，Pod 可能由于各种原因导致失败。在这种情况下 Job 控制器将重新启动或重新调度。

（6）CronJob

CronJob 控制器与 Job 控制器相似，主要区别在于它基于用户定义的计划运行。配置计划写法同 Cron 语法一样，CronJob 控制器将根据配置计划管理作业的创建和执行等。

4.1.3　Workqueue 组件

由于 SharedInformer 提供的缓存是共享的，所以无法跟踪每个控制器，要求控制器自己实现排队和重试机制。

WorkQueue 支持三种队列实现了三种接口，不同队列实现可应对不同的使用场景。

1）Interface：先进先出 FIFO 队列，支持去重机制。

2）DelayingInterface：基于 Interface 接口封装的延迟队列接口，延迟一段时间后再将元素存入队列。

3）RateLimitingInterface：基于 DelayingInterface 接口封装的限速队列接口，支持元素存入队列时进行速率限制。

WorkQueue 优势主要有：

1）降低并发冲突。WorkQueue 独立执行每个任务，确保每个任务串行处理，不会受到其他任务的干扰，从而降低了发生并发冲突的可能性。

2）控制任务执行速率。WorkQueue 可以控制任务的执行速率，这对于需要限制负载的场景和资源敏感的应用程序非常有用。

3）实现重试逻辑。WorkQueue 支持任务重试。任务失败时，WorkQueue 将任务重新排队，等时间到达时 WorkQueue 再次执行该任务，从而实现重试逻辑。

4）消除重复工作。WorkQueue 可以避免处理相同的任务，以提高应用程序的性能和效率。

4.2　自定义控制器

Kubernetes 强大、便捷的原因之一就是它具有可扩展性。开发人员可以创建自定义控制器来扩展现有的 Kubernetes 功能以实现某些特殊行为。例如，在 Kubernetes 环境中的应用程序需要存储在外部管理系统（如 AWS Secrets Manager）中的秘钥，则管理此过程可以使用自定义控制器。事实上，有一个自定义控制器可以完成这项工作，称为 kubernetes-external-secrets。它通过添加自定义资源对象和自定义控制器来激活对象的行为扩展 Kubernetes API。自定义控制器增强了 Kubernetes 平台的功能。

以前，编写自定义控制器会令人生畏，但是现在 Kubernetes 官方提供了一个完整的客户端库（client-go)，并且官方还提供了 code-generator 用于生成相关代码，开发者只需定义 CRD

（Custom Resource Definition）即可。另外，还有 kubebuilder、Operator Framework 等 SDK（Software Development Kit），有助于简化操作，方便开发。

4.3 Nuclio 控制器

Controller 组件是 Nuclio 系统的又一核心组件，主要负责 Nuclio 资源的新增、修改、删除等操作，并维护着这些资源在 Kubernetes 中实际状态和 CRD 描述状态的一致性。CRD 对资源状态的描述是用户了解 Nuclio 资源状态的关键数据。

4.3.1 Nuclio 控制器的架构

Nuclio 控制器主要有两部分功能：一个是开启函数、项目、函数事件、API 网关的四个控制器；另一个是监控函数和 CronJob 的状态。Nuclio 控制器架构如图 4-3 所示。

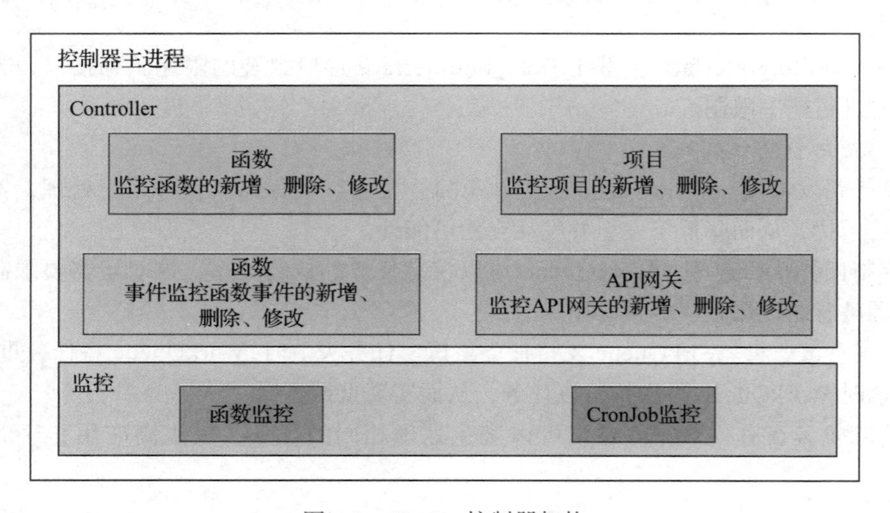

图 4-3 Nuclio 控制器架构

函数、项目、函数事件、API 网关分别对应有四个 CRD 和四个 Controller，当 CRD 发生变化时，对应的 Controller 就会进行调协，以满足要求，达到期望状态。

CRD 的定义在 hack/k8s/helm/nuclio/templates/crd 目录下。其 YAML 文件描述分别如下所示。

```
apiVersion: apiextensions.k8s.io/v1    # 函数 CRD 定义
kind: CustomResourceDefinition
metadata:
    name: nucliofunctions.nuclio.io    # name 必须匹配下面的 spec 字段：<plural>.<group>
    labels:
        app: {{ template "nuclio.name" . }}
        release: {{ .Release.Name }}
```

```
spec:
   group: nuclio.io           # group 名用于 RESTAPI 中的定义: /apis/<group>/<version>
   names:
      kind: nuclioFunction # kind 是 sigular 的一个驼峰形式定义，在资源清单中会使用
      plural: nucliofunctions # plural 名字用于 REST API 中的定义: /apis/<group>/<version>/<plural>
      singular: nucliofunction# singular 名称用于 CLI 操作或显示的一个别名
   scope: Namespaced          # 定义作用范围: Namespaced（命名空间级别）或者 Cluster（整个集群）
   versions:                  # 列出自定义资源的所有 API 版本
   - name: v1beta1            # 版本名称，比如 v1、v2beta1 等
      served: true            # 是否开启通过 REST API 访问 /apis/<group>/<version>/...
      storage: true           # 必须将一个且只有一个版本标记为存储版本
      schema:                 # 定义自定义对象的声明规范
         openAPIV3Schema:
            type: object
            properties:
               spec:
                  x-kubernetes-preserve-unknown-fields: true
               status:
                  x-kubernetes-preserve-unknown-fields: true
…
apiVersion: apiextensions.k8s.io/v1 # 项目 CRD 定义
kind: CustomResourceDefinition
metadata:
   name: nuclioprojects.nuclio.io # name 必须匹配下面的 spec 字段: <plural>.<group>
   labels:
      app: {{ template "nuclio.name" . }}
      release: {{ .Release.Name }}
spec:
   group: nuclio.io           # group 名用于 REST API 中的定义: /apis/<group>/<version>
   names:
      kind: nuclioProject  # kind 是 sigular 的一个驼峰形式定义，在资源清单中会使用
      plural: nuclioprojects # plural 名字用于 REST API 中的定义: /apis/<group>/<version>/<plural>
      singular: nuclioproject# singular 名称用于 CLI 操作或显示的一个别名
   scope: Namespaced          # 定义作用范围: Namespaced（命名空间级别）或者 Cluster（整个集群）
   versions:                  # 列出自定义资源的所有 API 版本
   - name: v1beta1            # 版本名称，比如 v1、v2beta1 等
      served: true            # 是否开启通过 REST APIs 访问 /apis/<group>/<version>/...
      storage: true           # 必须将一个且只有一个版本标记为存储版本
      schema:                 # 定义自定义对象的声明规范
         openAPIV3Schema:
            type: object
            properties:
               spec:
                  x-kubernetes-preserve-unknown-fields: true
               status:
                  x-kubernetes-preserve-unknown-fields: true
…
apiVersion: apiextensions.k8s.io/v1 # 函数事件 CRD 定义
kind: CustomResourceDefinition
metadata:
```

```
    name: nucliofunctionevents.nuclio.io # name 必须匹配下面的 spec 字段：<plural>.<group>
    labels:
        app: {{ template "nuclio.name" . }}
        release: {{ .Release.Name }}
spec:
    group: nuclio.io                  # group 名用于 RESTAPI 中的定义：/apis/<group>/<version>
    names:
        kind: nuclioFunctionEvent     # kind 是 sigular 的一个驼峰形式定义，在资源清单中会使用
        plural: nucliofunctionevents  # plural 名字用于 REST API 中的定义：/apis/<group>/<version>/<plural>
        singular: nucliofunctionevent # singular 名称用于 CLI 操作或显示的一个别名
    scope: Namespaced                 # 定义作用范围：Namespaced（命名空间级别）或者 Cluster（整
                                      # 个集群）
    versions:                         # 列出自定义资源的所有 API 版本
    - name: v1beta1                   # 版本名称，比如 v1、v2beta1 等
        served: true                  # 是否开启通过 REST APIs 访问 /apis/<group>/<version>/...
        storage: true                 # 必须将一个且只有一个版本标记为存储版本
        schema:                       # 定义自定义对象的声明规范
            openAPIV3Schema:
                type: object
                properties:
                    spec:
                        x-kubernetes-preserve-unknown-fields: true
                    status:
                        x-kubernetes-preserve-unknown-fields: true
...
apiVersion: apiextensions.k8s.io/v1   #API 网关 CRD 定义
kind: CustomResourceDefinition
metadata:
    name: nuclioapigateways.nuclio.io # name 必须匹配下面的 spec 字段：<plural>.<group>
    labels:
        app: {{ template "nuclio.name" . }}
        release: {{ .Release.Name }}
spec:
    group: nuclio.io  # group 名用于 REST API 中的定义：/apis/<group>/<version>
    names:
        kind: nuclioAPIGateway        # kind 是 sigular 的一个驼峰形式定义，在资源清单中会使用
        plural: nuclioapigateways     # plural 名字用于 REST API 中的定义：/apis/<group>/<version>/<plural>
        singular: nuclioapigateway    # singular 名称用于 CLI 操作或显示的一个别名
    scope: Namespaced                 # 定义作用范围：Namespaced（命名空间级别）或者 Cluster
                                      # (整个集群)
    versions:                         # 列出自定义资源的所有 API 版本
    - name: v1beta1                   # 版本名称，比如 v1、v2beta1 等
        served: true                  # 是否开启通过 REST APIs 访问 /apis/<group>/<version>/...
        storage: true                 # 必须将一个且只有一个版本标记为存储版本
        schema:                       # 定义自定义对象的声明规范
            openAPIV3Schema:
                type: object
                properties:
                    spec:
                        x-kubernetes-preserve-unknown-fields: true
                    status:
                        x-kubernetes-preserve-unknown-fields: true
```

4.3.2 控制器参数解析

控制器的启动会加载不少的环境变量参数，表 4-1 详细列出了每个参数。

表 4-1 控制器相关参数

参数	说明
NUCLIO_CONTROLLER_FUNCTION_OPERATOR_RESYNC_INTERVAL	主要用于函数和网关的同步时间间隔
NUCLIO_CONTROLLER_RESYNC_INTERVAL	
KUBECONFIG	k8s config 环境变量路径
kubeconfig-path	系统启动时指定的 k8s config 路径。若未指定，则使用环境变量 KUBECONFIG 中的值。指定时，忽略环境变量中的值
namespace	命名空间，默认为空，启动时可以指定该值
NUCLIO_CONTROLLER_IMAGE_PULL_SECRETS	环境变量中镜像拉取的秘钥
image-pull-secrets	系统启动时指定的镜像拉取秘钥。未指定时采用环境变量中的值
platform-config	平台配置项，若系统启动时未指定，默认值为 /etc/nuclio/config/platform/platform.yaml
NUCLIO_CONTROLLER_PLATFORM_CONFIGURATION_NAME	平台配置项环境变量，默认值为 nuclio-platform-config
platform-config-name	平台配置项名称，若系统启动时未指定，从环境变量中取
NUCLIO_CONTROLLER_FUNCTION_OPERATOR_NUM_WORKERS	函数 Controller 处理队列数量，默认为 4
function-operator-num-workers	同上，系统未指定时，从环境变量取该值
NUCLIO_CONTROLLER_FUNCTION_MONITOR_INTERVAL	函数监控时间间隔，默认为 3min
function-monitor-interval	同上，系统启动未指定时，从环境变量中获取该值
NUCLIO_CONTROLLER_CRON_JOB_STALE_RESOURCES_CLEANUP_INTERVAL	CronJob 清理时间隔间，默认时间间隔为 1min
cron-job-stale-resources-cleanup-interval	同上，系统未指定时，从环境变量中获取该值
NUCLIO_CONTROLLER_FUNCTION_EVENT_OPERATOR_NUM_WORKERS	函数 Controller 工作队列数量，默认为 2
function-event-operator-num-workers	同上，系统未指定时，从环境变量中获取该值
NUCLIO_CONTROLLER_PROJECT_OPERATOR_NUM_WORKERS	项目 Controller 工作队列数量，默认为 2
project-operator-num-workers	同上，系统未指定时，从环境变量中获取该值
NUCLIO_CONTROLLER_API_GATEWAY_OPERATOR_NUM_WORKERS	网关 Controller 工作队列数量，默认为 2
api-gateway-operator-num-workers	同上，系统启动未指定时，从环境变量中获取该值

4.3.3 控制器启动流程

参数获取加载完毕后，系统创建并生成平台配置项、系统日志、k8s 客户端、Nuclio 客户端、函数客户端、Ingress 管理器、网关客户端等对象。其中大部分对象在前面讲解 DashBoard 原理时已进行了介绍，函数客户端主要用来创建函数 deployment，Ingress 管理器顾名思义是用来管理 Ingress 资源的，网关客户端是用来创建 API 网关对象的。

一切准备就绪，下一步就是创建函数 Controller、函数事件 Controller、项目 Controller、网关 Controller、函数监控、CronJob 定时监控对象。创建完毕后，接下来就是对这些对象进行启动运行。图 4-4 通过分层的形式介绍了 Controller 的整体启动过程。

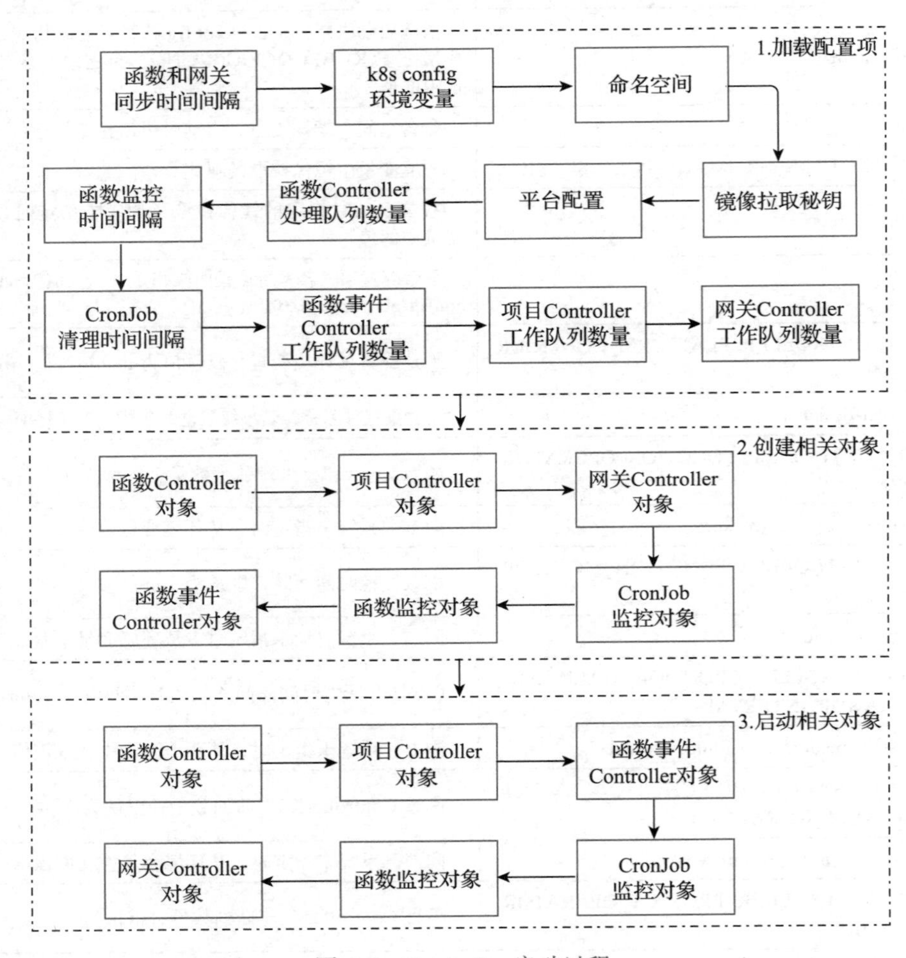

图 4-4 Controller 启动过程

创建各个 Controller 对象过程比较相似，区别主要在于要创建的对象不同。下面以函数 Controller 对象为例介绍其创建过程。这里主要采用 Nuclio 实现的一个多工作器模式声明一个工作队列，工作队列使用的是 k8s 默认的 DefaultControllerRateLimiter，它包含两个值：第一个是 BucketRateLimiter 限流器，使用令牌桶算法处理尖峰流量，实现平滑限流，令牌桶大小为 100，生成令牌速度为 10QPS，拿令牌没有速度限制；另一个是 ItemExponentialFailureRateLimiter，设置等待时间为 min(1000s, 5ms × 2^n)，与失败次数 n 为指数关系。

工作队列声明完毕后，接着会声明一个工厂模式的 Informer。创建 k8s client-go 的 Informer 的方法有 5 个，分别是 New、NewInformer、NewIndexerInformer、NewSharedInformer、NewSharedIndexInformer。NewSharedIndexInformer 是其中抽象程度最低、封装程度最高的一个。它需要接收 listerWatcher、object、defaultEventHandlerResyncPeriod、indexers 四个参数。其中，listWatcher 负责列举和监视对象；obejct 指具体某一对象；defaultEventHandlerResyncPeriod 通过 AddEventHandler 方法给 Informer 配置回调时的默认值，这个值用在 processor 的 listener 中判断是否需要进行 resync（同步），最小为 1s；indexers 底层缓存 map 对象，根据索引函数维护索引 key，如命名空间与对象 Pod 的关系。Informer 声明完毕后，会增加、更新、删除函数事件并注册到 Informer 上。核心代码如下所示。

```
newMultiWorker := &MultiWorker{
        logger:        parentLogger.GetChild("operator"),   //operator 日志
        numWorkers:  numWorkers,                             // 函数 Controller 数量
        maxProcessingRetries: 3,                             // 最大重试次数，默认为 3
        stopChannel: make(chan struct{}),                    // 停止管道信号
        changeHandler:changeHandler,                         // 处理对象函数（包含两个函数 CreateOrUpdate
                                                             // 和 Delete）
    }
    // 创建速度受限队列
    newMultiWorker.queue = workqueue.NewRateLimitingQueue(workqueue.DefaultControllerRateLim-
        iter())
    // 创建共享索引 Informer
    newMultiWorker.informer = cache.NewSharedIndexInformer(listWatcher, object, *resyncInter-
        val, cache.Indexers{})
    newMultiWorker.informer.AddEventHandler(cache.ResourceEventHandlerFuncs{// 为 Informer 注册事件处理程序
        AddFunc: func(obj interface{}) {// 省略 },        // 将函数事件增加对象添加到队列中
        UpdateFunc: func(old interface{}, new interface{}) {// 省略 },// 将函数事件更新对象添加到队列中
        DeleteFunc: func(obj interface{}) {// 省略 },     // 将函数事件删除对象添加到队列中
    })
```

函数事件省略的部分主要是将函数事件当作 key 添加到定义的队列中。

函数事件共享索引 Informer 中的 listWatcher 是用函数客户端生成的 List 和 Watch 两个对象，代码如下所示。

```
&cache.ListWatch{
    ListFunc: func(options metav1.ListOptions) (runtime.Object, error) {
        return fo.controller.nuclioClientSet.nuclioV1beta1().nuclioFunctions(namespace).List(ctx, options)
    },  //Nuclio 客户端 List 对象
    WatchFunc: func(options metav1.ListOptions) (watch.Interface, error) {
        return fo.controller.nuclioClientSet.nuclioV1beta1().nuclioFunctions(namespace).Watch(ctx, options)
    }//Nuclio 客户端 Watch 对象
```

函数事件共享索引 Informer 中的 object 是函数定义的结构体，这部分是使用 k8s client-gen 代码生成器生成的，代码如下所示。

```
type NuclioFunction struct { // 函数描述
    metav1.TypeMeta   'json:",inline"'                   //k8s API 对象基类，用于描述是什么类型
    metav1.ObjectMeta 'json:"metadata,omitempty"'        //k8s API 对象基类，用于用于定义对象的公共属性

    Spec   functionconfig.Spec   'json:"spec"'           // 函数资源的规格属性
    Status functionconfig.Status 'json:"status,omitempty"'  // 函数资源的状态
}
```

上述就是创建函数 Controller 的所有内容。另外三种 Controller 的创建和创建函数 Controller 相似，此处不再赘述。

创建函数监控对象，除了必备的子日志系统、命名空间、k8s 客户端、Nuclio 客户端外，还有间隔时间（interval）和上次完成时间（sync.Map{}）的空对象。核心代码如下所示。

```
newFunctionMonitor := &FunctionMonitor{
    logger:          parentLogger.GetChild("function_monitor"),  // 函数监控日志对象
    namespace:       namespace,                                  // 命名空间
    kubeClientSet:   kubeClientSet,                              // k8s 客户端
    nuclioClientSet: nuclioClientSet,                            // Nuclio 客户端
    interval:        interval,                                   // 间隔时间
    lastProvisioningTimestamps: sync.Map{},                      // 记录上次完成时间的空对象
}
```

对于创建 CronJob 监控对象，系统只有在 k8s 环境运行下才会执行此操作，CronJob 对象只有三个参数，即子日志对象、Controller 对象和 CronJob 清理时间间隔。核心代码如下所示。

```
newController.cronJobMonitoring = NewCronJobMonitoring(ctx, parentLogger, newController, &cro
    nJobStaleResourcesCleanupInterval)                          // 调用创建 CronJob 监控对象函数
func NewCronJobMonitoring(ctx context.Context, parentLogger logger.Logger, controller *Controller,
    cronJobStaleResourcesCleanupInterval *time.Duration) *CronJobMonitoring { // CronJob 监控对象函数
    loggerInstance := parentLogger.GetChild("cron_job_monitoring")  //CronJob 监控对象日志
    newCronJobMonitoring := &CronJobMonitoring{                     //CronJob 监控对象
        logger:                               loggerInstance,   // 日志
        controller:                           controller,       //Controller 自身控制器
        cronJobStaleResourcesCleanupInterval: cronJobStaleResourcesCleanupInterval,
        // CrobJob 清理时间间隔
    }
    return newCronJobMonitoring
}
```

启动 Controller 对象和启动标准的 k8s Informer 相似，只不过这里是启动一个协程去处理，另外，系统会对每个工作器（worker）分配上下文进行处理，主要代码如下所示。

```
go func() { // 开启协程运行 Informer
    mw.informer.Run(mw.stopChannel)
}()
```

```
if !cache.WaitForCacheSync(mw.stopChannel, mw.informer.HasSynced) {  // 等待缓存与同步
    return errors.New("Failed to wait for cache sync")
}
workersCtx, workersCtxCancel := context.WithCancel(ctx)          // 获取上下文
for workerID := 0; workerID < mw.numWorkers; workerID++ {
    workerID := workerID
    go func() {
        workerCtx := context.WithValue(workersCtx, WorkerIDKey, workerID) // 工作线程的上下文
        wait.UntilWithContext(workerCtx, mw.processItems, time.Second) // 分配工作线程处理的上下文
    }()
}
<-mw.stopChannel                                                  // 等待停止信号
workersCtxCancel()                                                // 停止工作线程上下文
```

mw.processItems 里定义了处理事件的流程，其主要工作是从队列中获取事件进行相应的处理。

函数监控的功能主要是保证函数 CRD 状态信息与 k8s 实际运行环境信息一致。启动时设置一个定时器，开启一个协程定时监控函数状态信息。核心代码如下所示。

```
go func() {
    for {
        select {
            case <-time.After(fm.interval):                           // 定时器
                if err := fm.checkFunctionStatuses(ctx); err != nil {   // 检查当前函数状态
                    fm.logger.WarnWithCtx(ctx, "Failed check function statuses","namespace",
                        fm.namespace, "err", errors.Cause(err))
                }
            case <-fm.stopChan:                                       // 停止信号
                fm.logger.DebugWithCtx(ctx, Stopped function monitoring",  "namespace", fm.namespace)
                return
        }
    }
}()
```

CronJob 监控的功能是定时清理 k8s 释放的 CronJob 资源，因为这部分资源 k8s 并没有做处理，所以 Nuclio 就开发了一套机制来对其进行定时清理。CronJob 监控的启动过程和函数监控的启动过程相似，也是启动一个定时器去处理相关逻辑。核心代码如下所示。

```
go func() {
    for {
        select {
            case <-time.After(*cjm.cronJobStaleResourcesCleanupInterval):         // 定时器
                cjm.deleteStaleJobs(ctx)         // 清理所有与 CronJob 相关的旧资源
                cjm.deleteStalePods(ctx, stalePodsFieldSelector)
            case <-cjm.stopChan:                  // 停止信号
                cjm.logger.DebugCtx(ctx, "Stopped cronjob monitoring")
                return
        }
    }
}()
```

4.3.4 控制器的运行

当函数事件到来时，控制器会将事件信息传入一个流程处理函数。在处理函数里面，控制器或获取一个 workerID（工作器 ID），并从队列中取出信息，然后根据对应的消息调用不同对象的删除、新增或更新函数。Nuclio 控制器运行流程如图 4-5 所示。

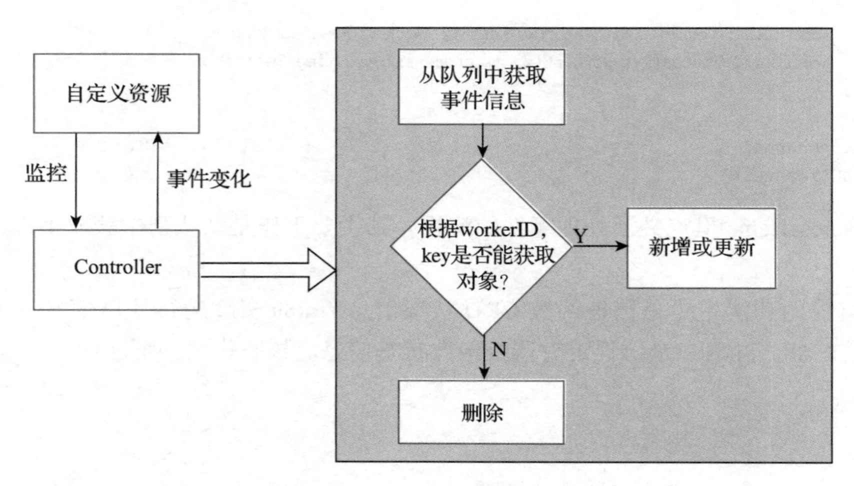

图 4-5 Nuclio 控制器运行流程

获取事件的核心代码如下所示。

```
func (mw *MultiWorker) processItems(ctx context.Context) {       // 获取事件队列函数
    workerID := ctx.Value(WorkerIDKey)                           // 获取工作线程 ID
    for {
        select {
            case <-ctx.Done():                                   // 停止信号
                mw.logger.DebugWithCtx(ctx, "Context is terminated", "workerID", workerID)
                return
            default:
                item, shutdown := mw.queue.Get()                 // 从队列中获取下一个对象
                itemKey, keyIsString := item.(string)            // 获取对象 key 值
                if err := m w.processItem(ctx, item Key); err != nil {// 交给处理事件对象函数
                    if mw.queue.NumRequeues(item Key) < m w.maxProcessingRetries { // 是否达到重试次数
                        mw.queue.AddRateLimited(itemKey)         // 重新添加到限速队列中
                    } else {
                        mw.queue.Forget(itemKey)                 // 不用重试，忽略此事件
                    }
                } else {
                    mw.queue.Forget(itemKey)                     // 忽略此事件
                }
                mw.queue.Done(item)                              // 已完成该事件的处理
        }
    }
}
```

```
func (m w *MultiWorker) processItem(ctx context.Context, item Key string) error { // 处理事件对象函数
        item Namespace, item Name, err := cache.SplitMetaNamespaceKey(item Key) // 获取命名空间和事件名称
        itemObject, itemObjectExists, err := mw.informer.GetIndexer().GetByKey(itemKey)
        // 获取事件对象本身
        if !itemObjectExists { 如果事件对象不存在（CRD 对象不存在）
            return mw.changeHandler.Delete(ctx, itemNamespace, item Name)  // 删除 k8s 中对应的资源
        }
        return m w.changeHandler.CreateOrUpdate(ctx, item Object.(runtime.Object)) // 否则最后执行创建或更
                                                                               // 新资源逻辑
}
```

其中，CreateOrUpdate 和 Delete 是操作函数、函数事件、项目、API 网关的接口，如图 4-6 所示。

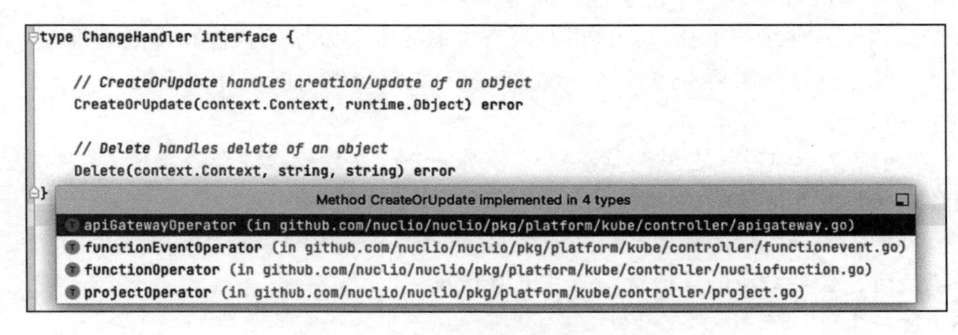

图 4-6　Nuclio 控制器代码类型

（1）函数

1）创建或更新函数。

创建或更新函数主要有下面七个步骤。

第一步：将事件对象转换为函数对象。若对象非函数对象，则报错，告知用户函数对象定义出错。

第二步：检查函数名称是否符合 k8s 命名规范。

第三步：对于当前的函数状态，控制器需要检查其是否符合给定函数 CRD 正确资源配置的状态，即是否是 waitingForResourceConfiguration、waitingForScaleResourceFromZero、waitingForScaleResourceToZero、ready、scaledToZero 中的一个。

第四步：导入的函数如果有跳过部署的标识，则设置函数状态为 imported，并使用 Nuclio client 更新函数。

第五步：判断函数状态，如果是 ready 且函数上次事件是 resourceUpdated 或 scaleFromZeroCompleted，则跳过更新或部署，如果是 scaledToZero 且上次扩缩容事件是 scaleToZeroCompleted，则跳过更新或部署。其余状态均进行正常的更新或部署。

第六步：创建或更新资源，这些资源包括 configmap、service、deployment、HPA、Ingress、k8s CronJob/Nuclio CronJob。

第七步：等待函数资源准备好，并更新函数的最终状态为 scaledToZero 或 ready。

2）删除函数。

删除函数主要有下面六个步骤。

第一步：根据函数名称获取 Ingress 名称，删除 Ingress。

第二步：根据函数名称获取 HPA 名称，删除函数 HPA。

第三步：根据函数名称获取 service 名称，删除 service。

第四步：根据函数名称获取 deployment 名称，删除 deployment。

第五步：根据函数名称获取 configmap 名称，删除 configmap。

第六步：删除函数事件，删除 k8s CronJob。

如果第一步出现错误，系统会返回删除 Ingress 失败，后面每一步失败，系统只是进行日志报错，但还是继续往下执行，这里并没有考虑异常、数据一致性和回滚等机制。因此在正式生产系统中，这里需要考虑数据一致性问题，如果出错可以设计回滚机制。

（2）项目

1）创建或更新项目：这里控制器只是对项目进行参数校验，即查看传入的参数是否是项目对象，并没有实际操作。

2）删除项目：控制器会首先删除该项目下所有的 API 网关，然后再删除所有的函数。在删除函数时，会把对应的其他资源一并进行删除。

（3）函数事件

1）创建或更新函数事件：这里控制器只是对函数事件进行参数校验，即查看传入的参数是否是函数事件对象，并没有实际操作。

2）删除函数事件：控制器不进行任何操作。

（4）API 网关

1）创建或更新 API 网关。

创建或更新 API 网关主要有下面五个步骤。

第一步：检查 API 网关的对象参数。

第二步：校验 API 网关状态是否是 waitingForProvisioning 或者空。如果不是，则返回 API 网关不需要创建或更新的信息。

第三步：设置 API 网关信息，若没有执行项目名称，默认为 default，并校验 API 网关名称是否符合 k8s 命名规范。

第四步：创建 API 网关。

第五步：等待 API 网关资源准备好，并设置 API 网关为 ready 状态。

2）删除 API 网关。

根据命名空间、名称调用 API 网关客户端删除。

（5）函数监控运行

系统会通过 Nuclio 客户端获取函数 CRD 数据，然后对每个函数进行遍历，使用 k8s

客户端获取对应每个函数的 deployment。当 deployment 为 ready（就绪）状态，此时函数 CRD 状态如果是 unhealthy 则把状态置为 ready，Status.Message 填为空并更新 CRD 信息；当 deployment 不是 ready 状态，此时函数 CRD 状态如果是 ready 则把状态置为 unhealthy，Status.Messag 填为 Function is not healthy 并更新 CRD 信息。这是为了方便用户通过 UI 或者 nuctl 获取函数正确的运行状态。需要说明的是，并不是对所有函数都进行监控，监控的函数需要具备以下特点：不在配置状态、不在部署状态、没有缩放为零、不处于函数状态的过渡阶段、没有禁用或副本设置为零。函数监控流程如图 4-7 所示。

判断 deployment 是否就绪的流程如图 4-8 所示。

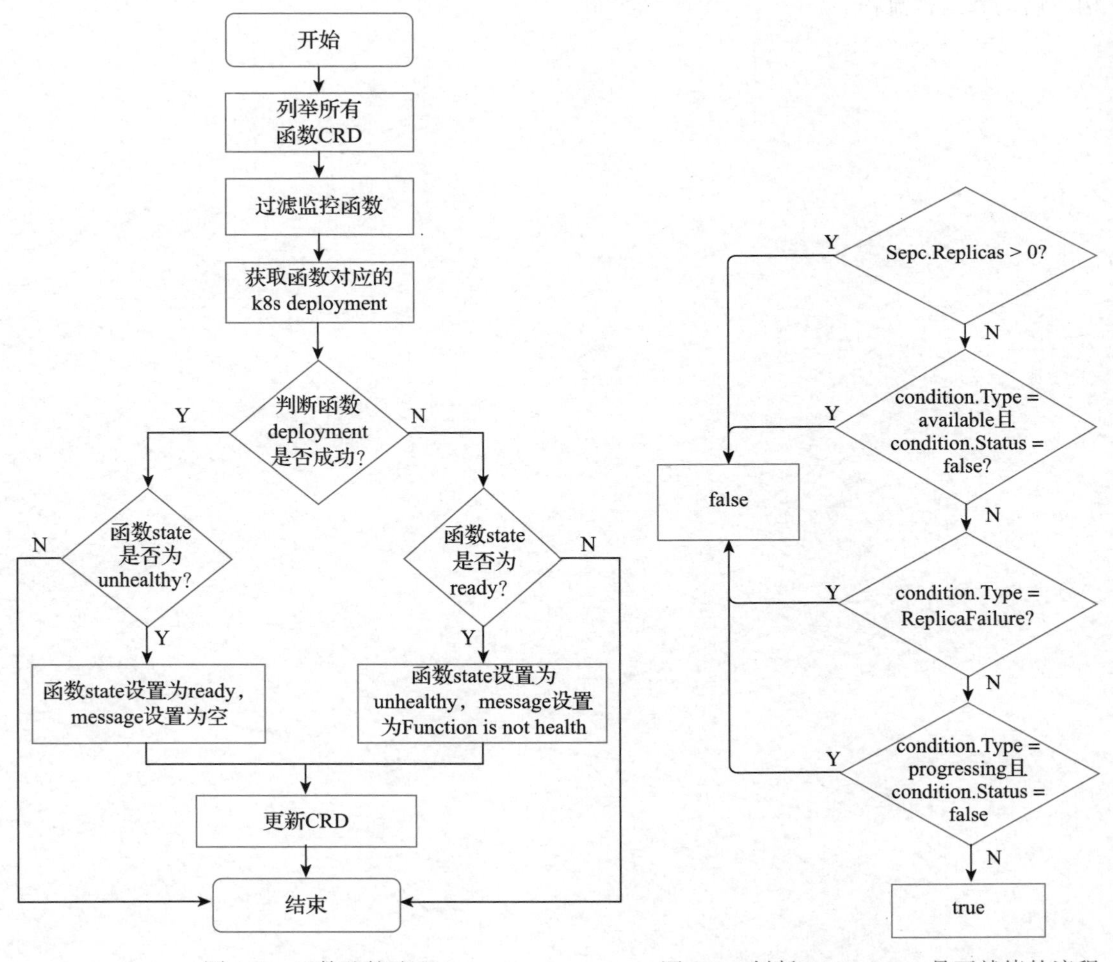

图 4-7　函数监控流程

图 4-8　判断 deployment 是否就绪的流程

（6）CronJob 监控运行

CronJob 删除分为两步：第一步删除任务，第二步删除 Pod。删除任务时，控制器会获取 label 为 nuclio.io/function-cron-job-pod = true 的任务，然后遍历所有任务，对超时或者已经完成的任务执行删除操作。删除 Pod 时，控制器同样会删除 label 为 nuclio.io/function-cron-job-pod = true 的和过时的 Pod。

本章小结

控制器是 Nuclio 的核心控制组件，本章先介绍了 Kubernetes 的 Informer 控制器和 SharedInformer 控制器，之后引出自定义控制器的概念，最后详细分析了 Nuclio 控制器的架构、启动和运行流程。

扩缩容服务组件

Nuclio 的扩缩容服务组件不仅可以应用在 Nuclio 系统，也能够在使用 Prometheus 监控的任何系统中使用。Nuclio 的扩缩容组件包含 DLX 和 AutoScaler 本章将分别从启动和运行两个角度详细介绍这两个组件。Nuclio 部署建议选择 1.10.0 版本以后的进行部署，对于 Kubernetes 建议选择 1.20 以后的版本。

5.1 扩缩容服务组件架构

扩缩容服务组件根据从 Kubernetes 自定义指标 API 查询的数据来做出是否扩缩的决策。因此 Nuclio 要实现自动扩缩容功能，就需要有提供指标的服务。本书推荐使用 Prometheus 和 Prometheus-Adapter。

扩缩容服务的设计原则脱离 Nuclio，目标是设计成通用的、灵活的和可扩展的，以便可以给任何资源提供从零扩容和缩容为零的服务。我们需要做的是为扩缩容资源实现接口定义。资源扩容和 DLX 基础架构组件之间的接口在扩缩容类型中定义，如下所示。

```
type ResourceScaler interface {
    SetScale([]Resource, int) error                    // 扩缩容接口，Resource 指要扩缩容的具体资源，int 0
                                                          代表缩容为零服务，1 代表从零扩容服务

    GetResources() ([]Resource, error)                 // 获取待扩缩容的全部资源
    GetConfig() (*ResourceScalerConfig, error)         // 获取扩缩容资源的配置信息
    ResolveServiceName(Resource) (string, error)       // 从函数资源名称中解析服务名称
}
```

图 5-1 描述了扩缩容服务组件的架构。

由图可以看出，扩缩容服务是通过 AutoScaler 和 DLX 两个组件相互协作完成的。具体过程就是 AutoScaler 会定时去 Prometheus 取数据（因为这里将数据转化为 k8s 的格式，所以只需要访问 k8s API 即可），然后过滤出符合条件（例如，15min 内没有请求到来、CPU 或内

存高于某一指标等）的数据，对符合条件的资源执行缩容为零服务，并把 k8s Service 的流量路由到 DLX 服务中。当下一次请求到来时，DLX 会收到请求，然后检查资源是否就绪，如果没有就绪就将资源从零开始扩容，并将流量路由返回对应资源的 Service。

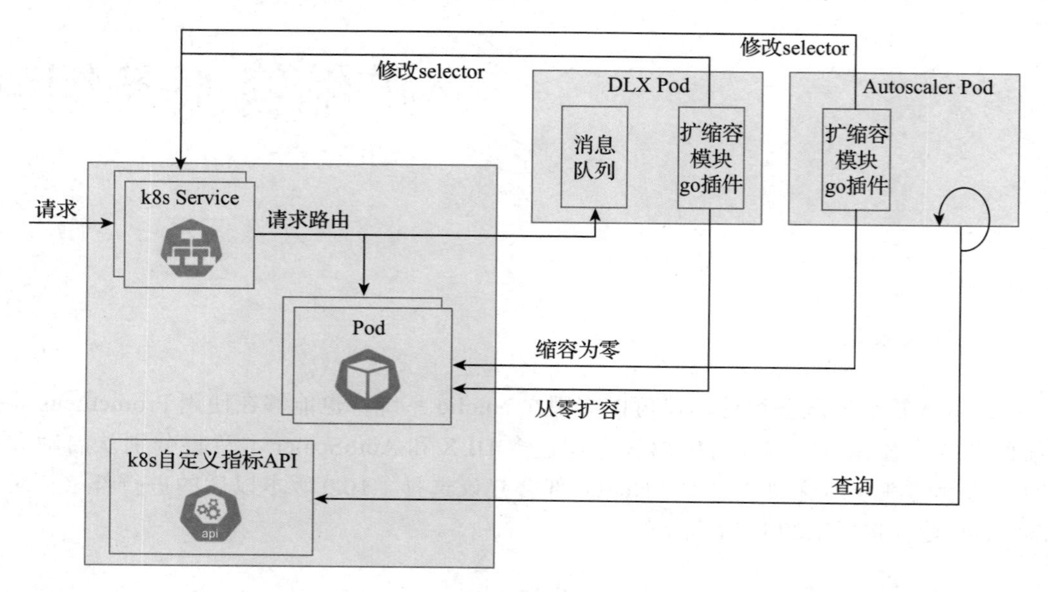

图 5-1 扩缩容服务组件的架构

注：环绕箭头代表 Autoscaler Pod 是一个定时查询任务。

5.2 扩缩容服务组件 DLX 的启动流程

DLX 的启动流程主要有三步。

第一步，加载配置项。配置项包含 k8s 秘钥配置路径、命名空间、Nuclio 平台类配置路径（一般是 /etc/nuclio/config/platform/platform.yaml）、函数是否开启校验功能（默认为 true）。

第二步，创建 DLX 对象。创建对象包含从平台配置项路径下获取平台配置、创建系统日志对象、创建客户端请求配置项（如果上面的 k8s 秘钥配置项路径未配置，则返回集群内的配置项）、创建 Nuclio 客户端对象、创建资源扩缩容对象、获取资源伸缩配置项和创建 DLX 实例对象。

第三步，启动 DLX 实例对象。该过程，DLX 会启动一个 Golang 协程去监听服务请求。

图 5-2 描述了 DLX 的整个启动流程。

5.2.1 创建 DLX 对象

（1）加载平台类配置项

加载平台类配置项主要分为以下几个步骤。

第一步，获取平台类配置。平台类配置就是在指定路径下读取 platform.yaml 文件的配置项内容。如果环境变量中存在 KUBERNETES_SERVICE_HOST 和 KUBERNETES_SERVICE_PORT 选项，那么系统标记为 kube，表示在 Kubernetes 集群内；否则标记为 local，表示在本地环境中。这与 Nuclio 支持本地 Docker 环境也是互相对应的。

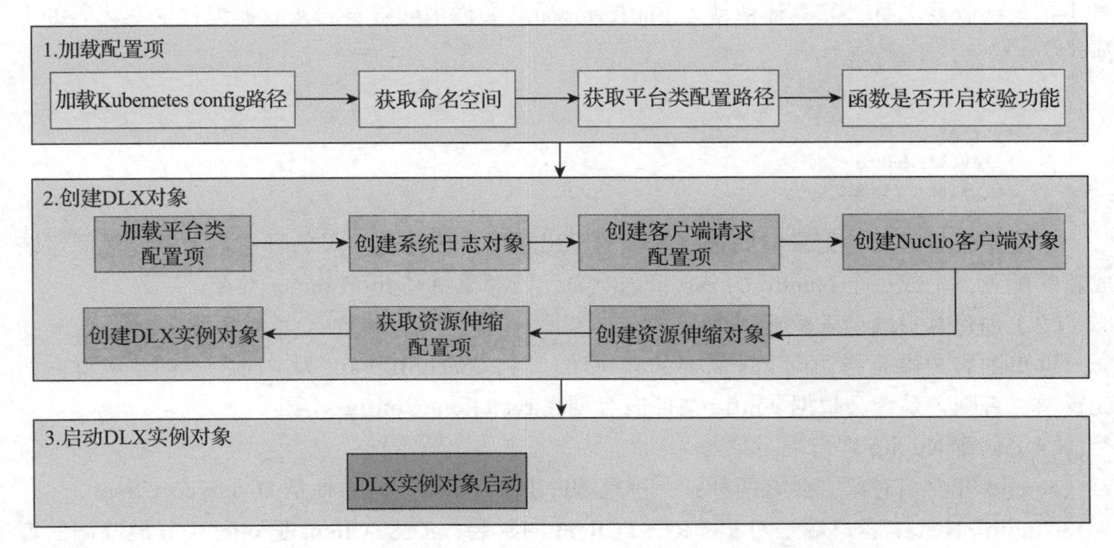

图 5-2　DLX 的启动流程

第二步，完善 OPA（Open Policy Agent，开源的通用策略规则引擎工具）的配置项。这里主要有五个配置项：如果 OPA 地址没有配置，则会将其配置为 127.0.0.1:8181；如果 ClientKind 配置项没有配置，则会设为默认的 nop；如果请求超时时间（RequestTimeout）设置为 0，则 OPA 会设置为默认的 10；如果请求查询权限目录（PermissionQueryPath）设置为空，则 OPA 会设置为默认路径 /v1/data/iguazio/authz/allow；如果过滤器权限的路径设置为空，则 OPA 会设置为默认路径 /v1/data/iguazio/authz/filter_allowed。

第三步，完善平台类配置项。在这一步，系统会获取 Nuclio 函数容器健康检查配置项（NUCLIO_CHECK_FUNCTION_CONTAINERS_HEALTHINESS）环境变量，根据其值为 true 或者 false，设置对应的函数容器健康状态启用配置项（FunctionContainersHealthinessEnabled）；如果函数容器健康检查时间间隔（FunctionContainersHealthinessInterval）设置为 0，则将该值设置为 30s，如果函数容器健康时间超时（FunctionContainersHealthinessTimeout）设置为 0，则将该值设置为 5s。如果处理器默认的 Cron 触发器创建模式（CronTriggerCreationMode）为空，那么该值将会被设置为 processor；默认的服务模式类型（DefaultServiceType）为空，则会设置为 ClusterIP。函数准备就绪超时时间没有配置的时候，将会被设置为 120s。函数缩容为零策略没有配置时，将会将其配置为随机模式（random）。流监控 URL 没有配置时（StreamMonitoring.WebapiURL），系统会将其配置为默认的地址（http://v3io-webapi:8081）。流监控请求并发没有配置时（StreamMonitoring.V3ioRequestConcurrency），系统默认将其配置为 64。至此，平台类配置项加载完毕。

（2）创建系统日志对象

DLX 会创建固定名称（autoscaler）对象的系统日志对象，首先 DLX 会获取平台配置的日志记录接收器名称，其具体值就是 platform.yaml 文件中配置日志接收器配置项。代码如下所示。

```
logger:
    system:
    - level: debug
        sink: stdout
```

创建系统日志对象记录器就是将系统的输出重新定位到已定义的日志对象上，然后组装成新的配置，生成一个 Nuclio 的 zap 日志对象，该对象就是 rootLogger 对象。

（3）创建客户端请求配置项

这里的客户端是指访问 k8s 需要的客户端。当 kubeconfigPath 为空时，会创建集群内的配置项，否则，系统会根据 config 文件内容创建 restclient.Config 对象。

（4）创建 Nuclio 客户端对象

Nuclio 客户端对象主要有两种：一种是 NuclioV1beta1，另一种是 DiscoveryClient。

NuclioV1beta1 客户端是对 k8s RESTClient 的封装，RESTClient 是 client-go 最基础的客户端，主要对 HTTP Request 进行了封装，对外提供 RESTful 风格的 API，并且提供丰富的 API 用于各种设置。相比其他几种客户端，它虽然更复杂，但也更灵活。创建客户端实例的代码为 restClient, err : = rest.RESTClientFor(config)。

DiscoveryClient 是 client-go 提供的一种发现客户端形式，用于发现 Kubernetes API Server 所支持的资源组、资源版本和资源信息。开发者在开发过程中很难记住所有的信息，此时可以通过 DiscoveryClient 查看所支持的资源组、资源版本和资源信息。kubectl 的 api-versions 和 api-resources 命令输出也是通过 DiscoveryClient 实现的。另外，DiscoveryClient 同样在 RESTClient 的基础上进行了封装。DiscoveryClient 除了可以发现 Kubernetes API Server 所支持的资源组、资源版本和资源信息外，还可以将这些信息存储到本地，用于本地缓存（Cache），以减轻访问 Kubernetes API Server 的压力。在运行 Kubernetes 组件的机器上，缓存信息默认存储于 ~/.kube/cache 和 ~/.kube/http-cache 下。

当配置项中的速率限制器没有设置并且 QPS 大于 0 时，初始容量（Burst）必须大于 0，否则将不会创建客户端。核心代码如下所示。

```
if configShallowCopy.RateLimiter == nil && configShallowCopy.QPS > 0 {
if configShallowCopy.Burst <= 0 { // 必须大于0
return nil, fmt.Errorf("burst is required to be greater than 0 when RateLimiter is not set and QPS is
    set to greater than 0")
    }
configShallowCopy.RateLimiter = flowcontrol.NewTokenBucketRateLimiter(configShallowCopy.QPS,
    configShallowCopy.Burst)
}
```

```
//创建 Nuclio 客户端
    cs.nuclioV1beta1, err = nucliov1beta1.NewForConfig(&configShallowCopy)
    cs.DiscoveryClient, err = discovery.NewDiscoveryClientForConfig(&configShallowCopy)
```

（5）创建资源扩缩容对象

资源扩缩容对象是一个结构体，主要包含日志、Nuclio 客户端、命名空间、平台配置、HTTP 客户端、函数功能就绪校验是否开启。因此上面一系列的对象初始化完成后，就可以对资源扩缩容对象进行初始化。其中，HTTP 客户端是声明了一个跳过安全认证、超时时间为 30s 的客户端。核心代码如下所示。

```
&NuclioResourceScaler{logger:   logger,                       // 日志
namespace:   namespace,                                       // 命名空间
nuclioClientSet:  nuclioClientSet,                            // nuclio 客户端
platformConfiguration: platformConfiguration,                 // 平台配置
httpClient: &http.Client{ Timeout: 30 * time.Second,          // HTTP 配置项相关内容
Transport: &http.Transport{ TLSClientConfig: &tls.Config{InsecureSkipVerify: true},},},
}
```

（6）获取资源扩缩容配置项

获取资源扩缩容配置项的具体流程是若资源就绪超时时间（ResourceReadinessTimeout）、扩缩容时间间隔（ScalerInterval）没有设置，则会分别将它们设置为默认的 2min 和 1min。后面会生成一个资源扩缩容对象，资源扩缩容对象包含资源扩缩容选项值和 DLX 选项值。资源扩缩容选项值包含命名空间、扩缩容时间间隔、GroupKind（Group 代表 nuclio.io，Kind 代表 NuclioFunction）三部分。DLX 选项值包含命名空间、目标端口号（8080）、目标名称消息头（X-Nuclio-Target）、目标路径消息头（X-Nuclio-Function-Path）、监听地址（:8080）、资源就绪超时时间、多目标策略（目前支持 random、primary、canary 三种）。

（7）创建 DLX 实例对象

DLX 实例对象是一个包含日志、函数处理请求 handler、HTTP Server 三个对象的结构体。同资源扩缩容对象一样，在这里，系统将创建 DLX 实例对象。首先，系统会先获得并创建指定 DLX 名称的子系统日志对象；其次，系统会创建一个资源开始对象，这个资源开始对象主要是用来激活缩容为零的函数资源，以及检测函数资源是否成功；然后，创建一个 handler 处理对象，handler 处理对象包含 handler 子日志对象、资源启动对象、资源扩缩容对象、目标名称消息头、目标路径消息头、目标端口号、多目标策略值；最后，将一个函数赋给 handler 的函数对象。这样就可以在指定的函数中编写自己的逻辑了。核心代码如下所示。

```
h := Handler{logger: parentLogger.GetChild("handler"),    // 日志
    resourceStarter:      resourceStarter,                // 资源重启对象
    resourceScaler:       resourceScaler,                 // 资源扩缩容对象
    targetNameHeader:     targetNameHeader,               // 目标头名称
    targetPathHeader:     targetPathHeader,               // 目标头路径
    targetPort:           targetPort,                     // 目标端口号
    multiTargetStrategy: multiTargetStrategy,}            // 多目标策略（random/primary/canary）
h.HandleFunc = h.handleRequest                            // 处理请求函数
```

```
return &DLX{logger:  childLogger,                              // 日志
    handler: handler,                                          // 上面的 handler 对象
    server: &http.Server{Addr: options.ListenAddress,},}       // HTTP Server 服务
```

5.2.2 启动 DLX

启动 DLX 实例对象只需要开启一个协程监听请求即可。这里使用的是 Golang 标准包 net/http。最后，为了使 main 函数一直运行而不退出，使用 select{} 进行阻塞。核心代码如下所示。

```
if err = dlxInstance.Start(); err != nil {              // 调用启动函数
    return errors.Wrap(err, "Failed to start dlx")
}
select {}                                               // 阻塞，防止 main 函数退出
…
func (d *DLX) Start() error { //DLX 启动函数
    d.logger.DebugWith("Starting", "server", d.server.Addr)
    http.HandleFunc("/", d.handler.HandleFunc)          // 处理函数
    go d.server.ListenAndServe()                        // 协程监听请求
    return nil
}
```

5.3 扩缩容服务组件 DLX 的运行

当函数被缩容为零时，函数的 Service（即 k8s 的 Service）就会将选择器对象改为 DLX，这样当函数请求再次到来时，k8s 就会将对应的请求路由到 DLX 服务。

```
spec:
    selector:
        nuclio.io/app: dlx
```

DLX 处理请求主要分为以下四个步骤。

1）获取地址列表。

2）启动相应资源。

3）选取目的地址。

4）转发请求。

5.3.1 获取地址列表

首先查看请求是否来自 Ingress 控制器。如果请求来自 Ingress 控制器，获取请求头中的主机名称、转发端口号、原始 URI、资源名称分别对应的 key 值 X-Forwarded-Host、X-Forwarded-Port、X-Original-Uri、X-Resource-Name。当 forwardedHost、forwardedPort、resourceName 三者均不为空时，拼接的地址就是要转发的目的地址，然后将该地址信息存入 Map 对象

（resourceTargetURLMap := map[string]*url.URL{}）中。

如果请求不来自 Ingress 控制器，则从消息头中获取 X-Nuclio-Target 对应的地址（targetNameHeaderValue）和 X-Nuclio-Function-Path 对应的地址（path）。若 targetNameHeader-Value 不存在，则返回 400 BadRequest。若 targetNameHeaderValue 存在，则将该地址字符串以“,”分隔，遍历获取资源名称（resourceName），再从 resourceName 中解析出 serviceName，将 serviceName、targetPort、path 拼接起来就是要转发的目的地址，最后将目的地址存入 resourceTargetURLMap 对象中。核心代码如下所示。

```
if forwardedHost != "" && forwardedPort != "" && resourceName != "" {  // 拼接请求来自 Ingress 的地址
    targetURL, err := url.Parse(fmt.Sprintf("http://%s:%s/%s", forwardedHost, forwardedPort, originalURI))
    resourceNames = append(resourceNames, resourceName)          // 将资源名称添加到资源名称数组
    resourceTargetURLMap[resourceName] = targetURL               // 存于目的地址 Map 对象中
} else {
    targetNameHeaderValue := req.Header.Get(h.targetNameHeader) // 获取 X-Nuclio-Target 中的值
    path := req.Header.Get(h.targetPathHeader)                  // 获取 X-Nuclio-Function-Path
                                                                // 中的值
    resourceNames = strings.Split(targetNameHeaderValue, ",")   // 分割获得资源名称数组
    for _, resourceName := range resourceNames {
        targetURL, status := h.parseTargetURL(resourceName, path) // 拼接目的地址
        resourceTargetURLMap[resourceName] = targetURL            // 存于目的地址 Map 对象中
        }
}
…
func (h *Handler) parseTargetURL(resourceName, path string) (*url.URL, int) {  // 拼接地址函数
        serviceName, err := h.resourceScaler.ResolveServiceName(scalertypes.Resource{Name: resourceName})
        targetURL, err := url.Parse(fmt.Sprintf("http://%s:%d/%s", serviceName, h.targetPort, path))
        return targetURL, 0
}
```

5.3.2　启动相应资源

首先，声明有缓冲区的管道 responseChannel（它是一个结构体为 ResourceStatusResult 的管道），缓冲区的长度等于资源名称数组的长度；其次，遍历资源名称数组，通过协程对每一个资源名称对应的资源进行从零扩容；最后，等待所有资源启动完毕后退出。核心代码如下所示。

```
func (h *Handler) startResources(resourceNames []string) *ResourceStatusResult { // 启动资源函数
    responseChannel := make(chan ResourceStatusResult, len(resourceNames)) // 声明并初始化响应管道信号
    defer close(responseChannel)
    for _, resourceName := range resourceNames {                        // 通过协程启动资源
            go h.resourceStarter.handleResourceStart(resourceName, responseChannel)
    }
    for range resourceNames {                                           // 等待所有资源启动完毕
        statusResult := <-responseChannel
        if statusResult.Error != nil {h.logger.WarnWith("Failed to start resource", "resource",
            statusResult.ResourceName, "err", errors.GetErrorStackString(statusResult.Error, 10))
```

```
                return &statusResult
            }
        }
    return nil
}
```

在协程处理启动资源函数过程中，Nuclio 会有一个全局的 Map 对象（resourceSinksMap）记录着目的地址对应的资源是否被启动过（防止对同一资源重复启动）。如果请求首次到来，则会将其加入全局 Map 对象 resourceSinksMap 中，协程启动资源；如果同一请求再次到来，查看全局 Map 对象中是否存在，如果存在则等待资源启动就绪的管道信号（resourceSinkChannel，该对象元素是结构体 ResourceStatusResult 的 chan 管道）。核心代码如下所示。

```
func (r *ResourceStarter) handleResourceStart(originalTarget string, handlerResponseChannel
    responseChannel) {                              // 资源启动
    resourceSinkChannel := r.getOrCreateResourceSink(originalTarget, handlerResponseChannel)
                                                    // 启动资源等待响应
    resourceSinkChannel <- handlerResponseChannel // 将 responseChannel 赋值给 resourceSinkChannel
}
func (r *ResourceStarter) getOrCreateResourceSink(originalTarget string, handlerResponseChannel
    responseChannel) chan responseChannel {
    var resourceSinkChannel chan responseChannel
    r.resourceSinkMutex.Lock()
    defer r.resourceSinkMutex.Unlock()
    if _, found := r.resourceSinksMap[originalTarget]; found {  // 查看全局 Map 对象中是否存在目的
                                                                // 地址 Map 对象
        resourceSinkChannel = r.resourceSinksMap[originalTarget]
    } else {
        resourceSinkChannel = make(chan responseChannel)
        r.resourceSinksMap[originalTarget] = resourceSinkChannel
        r.logger.DebugWith("Created resource sink", "target", originalTarget)
        go r.startResource(resourceSinkChannel, originalTarget) // 启动资源并监听资源接收管道
    }
    return resourceSinkChannel
}
```

在启动资源并监听资源接收管道过程中，Nuclio 会启动一个协程等待资源就绪的处理函数，在该函数中，Nuclio 会通过扩容接口将资源从零开始扩容，扩容接口最终是通过 Nuclio 函数客户端更新操作来完成的。更新函数状态核心代码如下所示。

```
func (n *NuclioResourceScaler) updateFunctionStatus(namespace string, functionName string,functionState
    functionconfig.FunctionState, functionScaleEvent scalertypes.ScaleEvent) error {
    function, err := n.nuclioClientSet.NuclioV1beta1().NuclioFunctions(namespace).Get(context.
        Background(), functionName, metav1.GetOptions{})   // 获取当前函数状态
    now := time.Now()
    function.Status.State = functionState               // 设置函数状态（调式写入）
    function.Status.ScaleToZero = &functionconfig.ScaleToZeroStatus{LastScaleEvent: functionScaleEvent,
        LastScaleEventTime: &now,}                      // 记录函数当前状态扩缩容事件和时间信息
    if _, err := n.nuclioClientSet.NuclioV1beta1().NuclioFunctions(namespace).Update(context.Background(),
         function, metav1.UpdateOptions{}); err != nil {      // 函数更新
```

```
        n.logger.WarnWith("Failed to update function", "functionName", functionName, "err", err)
        return errors.Wrap(err, "Failed to update nuclio function")
    }
    return nil
}
```

更新函数完成，接下来 Nuclio 启动一个 for 循环，每隔 3s 就查询一下函数的状态是否为 ready。函数状态为 ready 后跳出循环，并再次校验函数状态是否是 ready。校验函数状态是否为 ready 是访问函数的健康接口。核心代码如下所示。

```
func (n *NuclioResourceScaler) waitFunctionReadiness(namespace string, functionName string) error {
    var function *Nuclioio.NuclioFunction, err error
    for {
        function, err = n.nuclioClientSet.NuclioV1beta1().NuclioFunctions(namespace).Get(context.
            Background(), functionName, metav1.GetOptions{})        // 获取函数信息
        if err != nil {return errors.Wrap(err, "Failed getting nuclio function")
        }
        if function.Status.State == functionconfig.FunctionStateReady {    // 如果函数状态为 ready
            n.logger.InfoWith("Function is ready", "functionName", functionName)
            break
        }
        time.Sleep(3 * time.Second)                                     // 休息 3s
    }
    return n.verifyReadiness(function)                                  // 校验函数状态是否为 ready
}
```

当 Nuclio 协程等待资源就绪处理函数时，Nuclio 也会对资源就绪超时时间和资源就绪两个管道进行监听，以处理事件的响应。核心代码如下所示。

```
select {
    case <-time.After(r.resourceReadinessTimeout):      // 超时信号
        defer r.deleteResourceSink(resourceName)        // 删除此次事件
        resultStatus = ResourceStatusResult{ Error:errors.New("Timed out waiting for resource to
            be ready"),
            Status:http.StatusGatewayTimeout, ResourceName: resourceName,
        }
    case err := <-resourceReadyChannel:                  // 资源处理结果信号
        r.logger.InfoWith("Resource ready", "target", target, "err", errors.GetErrorStackString(err, 10))
        if err == nil { resultStatus = ResourceStatusResult{  Status:http.StatusOK, ResourceName:
            resourceName,
            } // 资源从零开始扩容成功
        } else { resultStatus = ResourceStatusResult{  Status:http.StatusInternalServerError, ResourceName:
            resourceName, Error: err,
            } // 资源从零开始扩容失败
        }
    }
    // now handle all pending requests for a minute
    tc := time.After(1 * time.Minute)
    for {
        select {
        case channel:= <-resourceSinkChannel:  // 对应于上面将 responseChannel 赋值给 resourceSinkChannel
```

```
            channel <- resultStatus         // 最终结果赋值给 channel（即 responseChannel）
        case <-tc:                          // 1min 释放该资源
            r.logger.Debug("Releasing resource sink")
            r.deleteResourceSink(resourceName)
            return
        }
    }
```

5.3.3 选取目的地址

若上述启动资源就绪没有错误，下一步就是从目的地址 Map 对象（resourceTargetURLMap）中选取对应资源的目的地址。在该函数中，Nuclio 首先查看资源名称数组（resourceNames）长度是否为 1，如果是，直接取 resourceTargetURLMap 中的第 0 号元素，如果不等于 2 则直接报错。也就是说，对于一次请求，Nuclio 目前只支持资源名称数组长度为 1 或 2 的情况。当 resourceNames 长度为 2 时，Nuclio 下一步会进入多目标选择 switch 函数，这里会有三种情况：一种是随机选取；一种是取主要的函数，即取资源数组第 0 号元素对应的目的地址；最后一种是取第二个函数，在 Nuclio 中又叫金丝雀部署的函数。核心代码如下所示。

```
func (h *Handler) selectTargetURL(resourceNames []string, resourceTargetURLMap map[string]*url.
    URL) (*url.URL, error) {
    if len(resourceNames) == 1 {  return resourceTargetURLMap[resourceNames[0]], nil   // 返回第 0 号元素
    } else if len(resourceNames) != 2 {                // 不大于 2 的多目标策略
        h.logger.WarnWith("Unsupported amount of targets", "targetsAmount", len(resourceNames))
        return nil, errors.Errorf("Unsupported amount of targets: %d", len(resourceNames))
    }
    switch h.multiTargetStrategy {
    case scalertypes.MultiTargetStrategyRandom:        // 随机策略
        rand.Seed(time.Now().Unix())
        return resourceTargetURLMap[resourceNames[rand.Intn(len(resourceNames))]], nil
    case scalertypes.MultiTargetStrategyPrimary:       // 取第 0 号元素，即主函数版本
        return resourceTargetURLMap[resourceNames[0]], nil
    case scalertypes.MultiTargetStrategyCanary:        // 取第 1 号元素
        return resourceTargetURLMap[resourceNames[1]], nil
    default:                                           // 不支持多目标策略
        h.logger.WarnWith("Unsupported multi target strategy","strategy", h.multiTargetStrategy)
        return nil, errors.Errorf("Unsupported multi target strategy: %s", h.multiTargetStrategy)
    }
}
```

5.3.4 转发请求

DLX 转发请求的实质是一个反向代理，它采用 Golang httputil 库的 NewSingleHost-ReverseProxy 方法实现反向代理。在此过程中，Nuclio 重写了反向代理的错误处理程序，因为原始的错误程序会生成很多垃圾日志文件，干扰定位问题的速度，所以“上下文已取消”日志最多每小时出现一次。核心代码如下所示。

```
proxy := httputil.NewSingleHostReverseProxy(targetURL)                    // 声明反向代理函数
proxy.ErrorHandler = func(rw http.ResponseWriter, req *http.Request, err error) { // 重写错误处理函数
    timeSinceLastCtxErr := time.Since(h.lastProxyErrorTime).Hours() > 1
```

```
    if strings.Contains(err.Error(), "context canceled") && timeSinceLastCtxErr {   // 包含目标日志且时间相
                                                                                     // 差 1h
        h.lastProxyErrorTime = time.Now()
    }
    if !strings.Contains(err.Error(), "context canceled") || timeSinceLastCtxErr {
        h.logger.DebugWith("http: proxy error", "error", err)
    }
    rw.WriteHeader(http.StatusBadGateway)
}
proxy.ServeHTTP(res, req)                                                            // 转发请求
```

至此，详细地介绍完了 DLX 的核心代码实现过程。在该部分代码中还存在两个概念：Resource 和 Resource-scaler。这两个概念同样也适用于 AutoSacler 服务。

Resource 是扩缩容服务通用组件的一种称呼，该名称结合 Kubernetes 来讲，主要包括 k8s 的一些概念，如 Pod、deployment、daemon、replica、Service。

Resource-scaler 是定义在 scaler 类型中的 ResourceScaler 接口的实现。使用 Go 插件，它被移植到 AutoScaler 和 DLX，并对特定资源执行操作。例如，当自动缩放程序决定它需要将某个资源缩为零时，它将执行资源缩放程序的 SetScale 函数，该函数具有将特定资源缩为零的能力。

5.4　扩缩容服务组件 AutoScaler 的启动流程

AutoScaler 启动过程和 DLX 相似，区别在于：AutoScaler 在启动过程中，会加载自定义指标的客户端，该客户端主要用于访问 k8s，并从中获取对应的函数指标信息；另外一个区别是启动了一个 AutoScaler 实例对象，该对象也和 DLX 实例对象相似，只是多了一个获取自定义指标的客户端和一个记录正在缩容为零函数过程的 map 对象（inScaleToZeroProcessMap: make(map[string]bool)）。

加载完毕，AutoScaler 开始启动，其本质上就是启动一个定时器，该定时器不断地开启一个协程去检查资源是否达到可以缩容为零的条件，达到的话就会缩容为零。定时器的间隔时间配置来源于平台配置，如下所示。

```
scaleToZero:
    scaleResources:
    - metricName: nuclio_processor_handled_events      # 指标名称
        threshold: 0                                   # 配置 QPS 阈值
        windowSize: 10m                                # 统计窗口
    scalerInterval: 1m                                 # 定时器间隔时间
```

AutoScaler 启动的核心代码如下所示。

```
func (as *AutoScaler) Start() error {
    as.ticker = time.NewTicker(as.scaleInterval.Duration) // 定时器
    go func() { // 协程定时检测函数资源是否满足缩容为零的条件
        for range as.ticker.C {
            if err := as.checkResourcesToScale(); err != nil {
```

```
                    as.logger.WarnWith("Failed to check resources to scale","err", errors.
                        GetErrorStackString(err, 10))
                    }
                }
                as.ticker = nil
        }()
            return nil
    }
```

上面描述了 AutoScaler 启动过程中，协程定时检查资源缩放的流程。最后，为了防止 main( ) 函数退出，代码使用了 select{} 进行阻塞。源码如下所示。

```
func Run(platformConfigurationPath string, namespace string, kubeconfigPath string) error {
    //创建自动缩放器
    autoScaler, err := createAutoScaler(platformConfigurationPath, namespace, kubeconfigPath)
    if err != nil {
        return errors.Wrap(err, "Failed to create autoscaler")
    }

    //启动自动缩放器并保持运行
    if err := autoScaler.Start(); err != nil {
        return errors.Wrap(err, "Failed to start autoscaler")
    }
    select { }
}
```

5.5 扩缩容服务组件 AutoScaler 的运行

当定时器的时间到达时，检查资源是否缩容为零函数就会以一个协程的方式触发（如第 5.4 节中的 check-ResourcesToScale()）。在该函数中，首先，系统会获取函数资源；其次，根据获取的资源得到指标名称，这个指标名称是平台配置的，可配置多个，例如 nuclio_processor_handled_events；然后，根据每个函数指标获取对应每个函数指标数据，数据结构为 map 对象数组（map[string]map[string]int)，最外面的 string 为 key 函数名，map 值的 key 为指标名称，值为 prometheus 采集的 QPS 值，例如 hello-nodejs-test:{"nuclio_processor_handled_events_per_10m":0}；最后，系统遍历每个函数用以判断是否需要将函数实例缩容为零。图 5-3 描述了检查资源函数的执行过程。

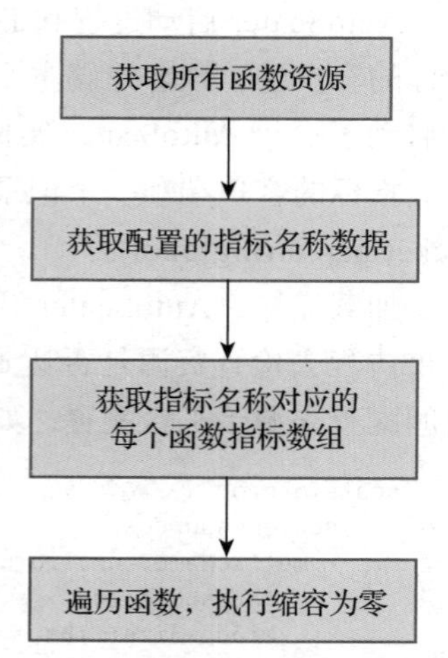

图 5-3　检查资源函数的执行过程

在获取资源函数过程中，系统会使用 Nuclio 的 k8s 客户端获取同一命名空间下的所有函数，然后遍历函数，对 Replicas≤0 且函数状态为 ready 的函数进行处理，并且在这其中，函数还必须设置 scaleToZero 参数，否则也会被过滤不被处理。接下来一步就是根据函数生成对应的扩缩容资源（来自函数配置的 scaleToZero）和函数上次一扩缩容事件标识及时间。这里的标识有 resourceUpdated、scaleFromZeroStarted、scaleFromZeroCompleted、scaleToZeroStarted、scaleToZeroCompleted 五个值。

获取配置指标名称数组，就是从上面获取的函数资源对象中，将配置指标名称全部提取出来，组装成一个 map 数组。

获取指标名称对应的每个函数指标，就是遍历每个函数指标，使用指标客户端（metricsClient）获取 Group 为 nuclio.io、Kind 为 NuclioFunction 的匹配所有标签的数据；并按照对应的结构体，遍历数据进行组装（resourceMetricsMap）。

遍历函数执行缩容为零的过程：首先，查看全局 map 对象里有没有指定的资源，若有则忽略，表明函数正在执行缩容为零的过程；其次，判断该函数资源的上次扩缩容事件是否为空，且扩缩容事件是否为 resourceUpdated、scaleFromZeroStarted、scaleFromZeroCompleted 这个三个中的一个值，且扩缩容的时间必须与当前时间差一个扩缩容间隔时间窗；然后，再一次检查资源是否需要缩容为零，这里判断的条件有两个，一个是检查 resourceMetricsMap 是否含有该函数对象值，一个是判断获得的指标值是否小于配置的阈值（threshold）；最后，将满足条件的函数执行缩容为零过程，在这里系统会把函数状态设置为 waitingForScaleResourceToZero，由 Nuclio 客户端进行函数的更新。遍历函数执行缩容为零的过程如图 5-4 所示。

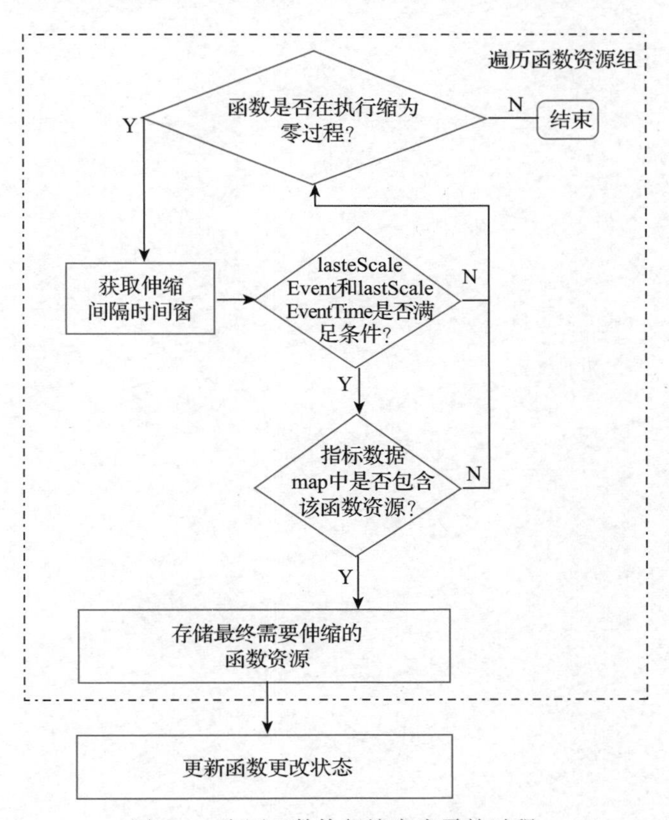

图 5-4　遍历函数执行缩容为零的过程

本章小结

扩缩容服务包含 DLX 和 AutoScaler 两个组件。DLX 负责从 0～N 的函数请求，AutoScaler 负责将函数缩为零。两者是通过修改函数 Service 的 Selector 参数来达到控制并路由函数请求的。此外，本章还从架构和源码两个角度对 DLX 和 AutoScaler 的启动和运行流程进行了详细分析。

函数处理器

函数处理器（Processor）为执行函数提供沙箱环境，为函数提供事件、上下文和数据，收集日志和统计信息，并管理函数生命周期。

处理器可以编译成单个二进制文件，也可以编译打包到Docker容器中。每一个编译好的处理器容器既可以作为独立的Docker容器运行时，也可以在Kubernetes等容器编排平台之上运行。函数处理器支持多数据源，通过对外提供日志、指标等数据内容，并结合Prometheus、扩缩容服务组件来自动扩缩容横向扩展（通过添加更多容器实例）用以解决QPS或CPU、内存过高的问题。

6.1 函数处理器的架构

Nuclio独特的处理器架构旨在最大限度地提高性能，并提供抽象、跨平台、多事件源和数据服务。Nuclio函数处理器架构如图6-1所示。

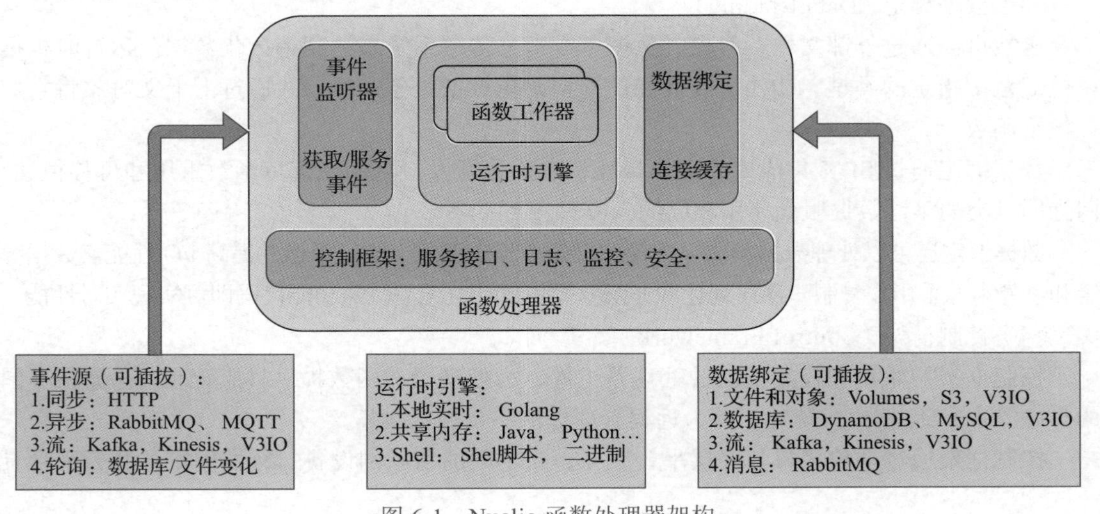

图6-1 Nuclio函数处理器架构

6.2 函数处理器的组件

函数处理器主要有四个组件。

（1）事件源监听器（Event-source listener）

事件源监听器可以监听套接字和消息队列，或者定期从外部事件、数据源获取事件。接收到的事件共享一个通用模式，将功能逻辑与事件源实现解耦，并推送到一个或多个运行时工作者。

事件监听器还保证执行一次或者至少一次事件并处理。例如，通过存储流检查、确认或重试消息队列事件，或响应 HTTP 客户端请求。

（2）运行时引擎（Runtime Engine）

运行时引擎（简称运行时）初始化函数环境（变量、上下文、日志、数据绑定等），将事件对象提供给函数工作者，并将响应返回给事件源。

运行时可以有多个独立的并行工作程序（例如 Go routines、Python asyncio、Akka、threads）以启用非阻塞操作并最大化 CPU 利用率。

Nuclio 目前支持三种类型的处理器运行时实现。

1）本机：通过协程用于实时和内联 Go。

2）shmem：用于共享内存语言，例如 Python、Java 和 Node.js。处理器通过零复制共享内存通道与 shmem 函数运行时通信。

3）Shell：用于命令行执行函数或者二进制文件（又称可执行文件）。接收到事件后，处理器在命令行 Shell 中运行可执行文件，使用相关的命令和环境变量，然后将可执行文件的标准输出（stdout）或者标准错误（stderr）日志映射到函数结果。

注意 Shell 运行时仅支持文件数据绑定。

（3）数据绑定（Data Binding）

函数可以通过外部文件、对象、数据库或消息传递系统来达到持久化数据。运行时根据函数规范中指定的类型、URL、属性和凭据初始化数据服务连接，并通过上下文对象将它们提供给函数。

数据绑定通过 SDK 集成或管理连接秘钥来简化开发。它们还支持函数重用和可移植性，因为同一类的不同数据服务使用相同的 API 映射到函数。

数据绑定还可以处理数据预取、缓存和批处理等，以减少执行延迟并提高 I/O 性能。数据绑定和事件来源采用零复制、零序列化和非阻塞操作设计，无需特殊功能代码即可实现实时性能。

（4）控制框架（Control Framework）

控制框架初始化和控制不同的处理器组件，为处理器和函数提供日志记录（存储在不同的日志流中），监控执行统计，并为远程管理提供一个端口服务。

控制框架通过抽象接口与底层平台交互，在不同的物联网设备、容器编排器和云平台具有可移植性。特定于平台的处理器配置是通过工作目录中的 processor.yaml 文件完成的。函数开发人员不应该修改该文件。功能处理器所需平台服务的底层接口都以能够在不同部署类型之间移植相同功能处理器的方式进行抽象。

6.3　函数处理器的启动

函数处理器配置项通过 .yaml 文件进行配置。如果没有指定路径，默认的处理器配置文件和平台配置文件分别是 /etc/nuclio/config/processor/processor.yaml 和 /etc/nuclio/config/platform/platform.yaml。入口在 cmd/processor/main.go 路径下。

函数处理器的启动过程主要分为以下几个步骤。

1）读取函数处理器配置和平台配置。

2）创建日志和健康检查服务。

3）创建触发器（trigger）。如果触发器设置超时时间，会设置协程进行监控。

4）创建管理服务。

5）创建指标服务。

6）函数处理器开始运行，该步骤里面主要包含触发器、管理服务、指标接收器的启动。

6.3.1　读取函数处理器配置和平台配置

读取平台配置与在 DashBoard 中读取是一样的处理流程，具体可参见第 3.4.1 小节。读取处理器配置是将 processor.yaml 中的内容转化为 processorConfiguration 对象。下面是 processor.yaml 中的内容。

```yaml
PlatformConfig: null
metadata:
    labels:
        nuclio.io/app: functionres
        nuclio.io/class: function
        nuclio.io/function-name: hello-java
        nuclio.io/function-version: latest
        nuclio.io/project-name: default
    name: hello-java
    namespace: nuclio
spec:
    alias: latest
    build:
        codeEntryType: sourceCode
        functionSourceCode: 函数源码 Base64 编译
        registry: docker.io/dockerHub 用户名
        runtimeAttributes:
            repositories: []
        timestamp: 1664271558
    eventTimeout: ""
```

```
    handler: Handler
    image: 镜像名称
    imageHash: "1664271472443117803"
    imagePullSecrets: registry-credentials
    loggerSinks:
    - level: debug
    platform: {}
    resources:
        requests:
            cpu: 25m
            memory: 1Mi
    runRegistry: docker 运行时仓库
    runtime: java
    scaleToZero:
        scaleResources:
        - metricName: nuclio_processor_handled_events
            threshold: 0
            windowSize: 10m
    securityContext: {}
    triggers:
        default-http:
            attributes:
                serviceType: ClusterIP
            class: ""
            kind: http
            maxWorkers: 3
            name: default-http
    version: -1
```

由上述 processor.yaml 内容可知，它是一个标准的 k8s 文件，查看源码可知处理器配置项对象是有配置对象和处理器函数对象两个。处理器函数对象就是 k8s 的标准定义，如下所示。

```
type Configuration struct {
    functionconfig.Config
    PlatformConfig *platformconfig.Config
}
//functionconfig.Config
type Config struct {
    Meta Meta 'json:"metadata,omitempty"'
    Spec Spec 'json:"spec,omitempty"'
}
```

在 processor.yaml 中 PlatformConfig 为 null，获取配置对象后会将平台配置项设置为前面获取的平台配置项。

```
processorConfiguration.PlatformConfig = platformConfiguration
```

6.3.2 创建日志和健康检查服务

创建日志：首先获取平台配置项配置的日志接收器名称，然后根据日志接收器名称创建日志实例。目前支持的日志接收器类型有标准输出（stdout）和亚马逊平台的输出（appinsights）两种类型，具体可参见 3.4.2 节。

健康检查服务是一个 Web 服务接口，包含就绪（/ready）和存活（/live）两个接口。这两个接口目的是确保函数处理器能够对外提供正常的服务，具体可参见第 2.4.4 小节。

6.3.3 创建触发器

系统会根据平台类型及是否启用 k8s CronJob 任务，决定是否跳过普通 CronJob 任务，创建 k8s CronJob 任务。然后使用 errGroup 协程创建触发器，成功后添加到触发器数组队列里，最后返回触发器数组。核心代码如下。

```
func (p *Processor) createTriggers(processorConfiguration *processor.Configuration) ([]trigger.
    Trigger, error) {                          // 省略部分代码
    for triggerName, triggerConfiguration := range processorConfiguration.Spec.Triggers {
            triggerName, triggerConfiguration := triggerName, triggerConfiguration
            // 触发器类型为 cron，平台类型为 kube，触发器创建类型为 kube 时，创建 k8s cron
            if triggerConfiguration.Kind == "cron" &&platformKind == "kube" &&
        processorConfiguration.PlatformConfig.CronTriggerCreationMode == platformconfig.
            KubeCronTriggerCreationMode {
            continue
            }
            errGroup.Go("Creating trigger", func() error {
                // 基于事件源配置和运行时配置创建触发器事件
            triggerInstance, err := trigger.RegistrySingleton.NewTrigger(p.logger, triggerConfi-
                guration.Kind, triggerName,
                &triggerConfiguration,
                &runtime.Configuration{
                    Configuration:processorConfiguration,
                    FunctionLogger:p.functionLogger,
                    ControlMessageBroker: abstractControlMessageBroker,
                }, p.namedWorkerAllocators,  p.restartTriggerChan)
                if triggerInstance != nil {   // 将触发器添加到数组中
                    lock.Lock()
                    triggers = append(triggers, triggerInstance)
                    lock.Unlock()
                }
                return nil
            })
        }
        if err := errGroup.Wait(); err != nil {
            return nil, errors.Wrap(err, "Failed to create triggers")
        }
        return triggers, nil                        // 返回触发器数组
}
```

在 errGroup 协程中，系统会根据类型获取创建触发器工厂对象，触发器配置项名称设置为触发器名称。如果没有工作分配器，则运行时属于单个触发器；如果有，则属于多个工作线程，因此需要传递工作线程分配器名称。

```
        registree, err := r.Get(kind)
        triggerConfiguration.Name = name
        if triggerConfiguration.WorkerAllocatorName == "" {// 单个触发器
            runtimeConfiguration.TriggerKind = kind
            runtimeConfiguration.TriggerName = name
        } else {                                         // 多个工作线程
            runtimeConfiguration.TriggerKind = ""
            runtimeConfiguration.TriggerName = triggerConfiguration.WorkerAllocatorName
        }
    // 触发器创建
    registree.(Creator).Create(logger, name, triggerConfiguration, runtimeConfiguration,
        namedWorkerAllocators, restartTriggerChan)
```

创建触发器调用的是触发器统一接口。这里 Nuclio 实现的触发器接口如图 6-2 所示。

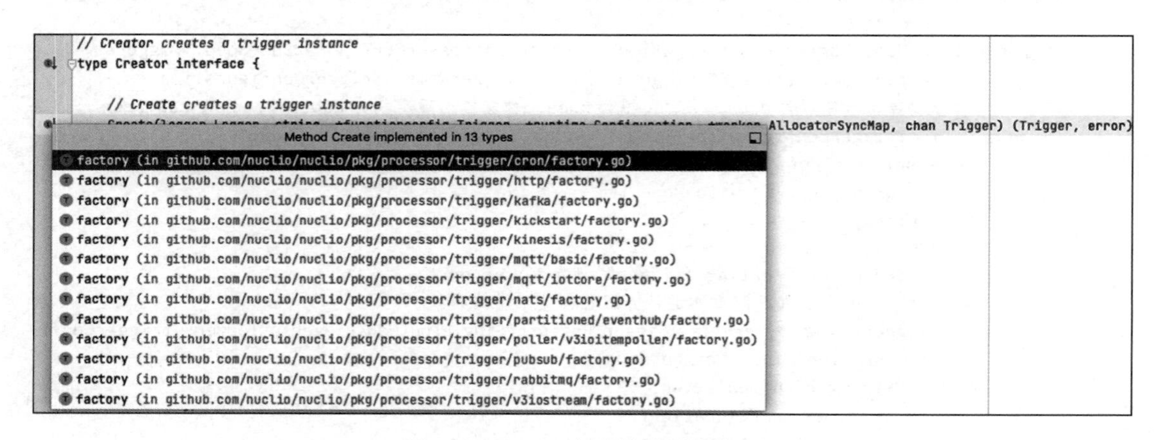

图 6-2　Nuclio 实现的触发器接口

以 HTTP 触发器为例，创建 HTTP 触发器主要是创建工作器（worker）分配器，worker 分配器会根据配置 worker 数量创建对应的 worker。不同语言运行时对应于不同 worker 实现方式，如图 6-3 所示是 worker 运行时的 Nuclio 实现类型。

```
// Creator creates a runtime instance
type Creator interface {

    // Create creates a runtime instance
    Create(logger.Logger, *Configuration) (Runtime, error)
```

Method Create implemented in 7 types

```
factory (in github.com/nuclio/nuclio/pkg/processor/runtime/dotnetcore/factory.go)
factory (in github.com/nuclio/nuclio/pkg/processor/runtime/golang/factory.go)
factory (in github.com/nuclio/nuclio/pkg/processor/runtime/java/factory.go)
factory (in github.com/nuclio/nuclio/pkg/processor/runtime/nodejs/factory.go)
factory (in github.com/nuclio/nuclio/pkg/processor/runtime/python/factory.go)
factory (in github.com/nuclio/nuclio/pkg/processor/runtime/ruby/factory.go)
factory (in github.com/nuclio/nuclio/pkg/processor/runtime/shell/factory.go)
```

图 6-3　worker 运行时的 Nuclio 实现类型

该部分内容可以参考 6.5 节函数语言运行时的内容。worker 创建完毕后，创建一个固定的 worker 分配器池（workerAllocator）。核心代码如下所示。

```
workerAllocator, err := f.GetWorkerAllocator(triggerConfiguration.WorkerAllocatorName,
    namedWorkerAllocators,
    func() (worker.Allocator, error) {
        return worker.WorkerFactorySingleton.CreateFixedPoolWorkerAllocator(triggerLogger,
            configuration.MaxWorkers,
            runtimeConfiguration)
    }) //创建固定的 worker 分配器池
```

最后，根据上述信息创建新的触发器。首先创建一个日志缓冲池，然后获取工作器数量，并新建一个抽象的触发器对象（该对象包含日志、工作分配器池、配置项、同步标识、HTTP 类型、配置名称、是否重启管道)，最后创建 HTTP 触发器。核心代码如下所示。

```
func newTrigger(logger logger.Logger, workerAllocator worker.Allocator, configuration *Configuration,
    restartTriggerChan chan trigger.Trigger) (trigger.Trigger, error) { //省略部分代码
    bufferLoggerPool, err := nucliozap.NewBufferLoggerPool(8, configuration.ID, "json", nucliozap.
        DebugLevel)
    // 需要一个可共享的分配器支持 Go 写成
    if !workerAllocator.Shareable() {
        return nil, errors.New("HTTP trigger requires a shareable worker allocator")
    }
    numWorkers := len(workerAllocator.GetWorkers())                    // worker 数量
    abstractTrigger,err:=trigger.NewAbstractTrigger(logger,workerAllocator,&configuration.Config-
        uration, "sync","http",
        configuration.Name, restartTriggerChan)                        // 公共抽象的触发器对象
    newTrigger := http{
        AbstractTrigger:    abstractTrigger,                           // 抽象触发器对象
        configuration:      configuration,                             //配置项
        bufferLoggerPool:   bufferLoggerPool,                          //日志缓冲池
        status:             status.Initializing,                       //状态设置为初始化
        activeContexts:     make([]*fasthttp.RequestCtx, numWorkers),// 事件请求上下文
        timeouts:           make([]uint64, numWorkers),// worker 超时标识，1 代表超时，0 代表正常
        answering:          make([]uint64, numWorkers), // worker 应答标识，1 代表已响应请求，0 表
                                                        // 示可以处理请求
        internalHealthPath: []byte(InternalHealthPath),// 健康路径
    }
    newTrigger.AbstractTrigger.Trigger = &newTrigger   // 设置触发器对象
    newTrigger.allocateEvents(numWorkers)              // 分配事件
    return &newTrigger, nil
}
```

6.3.4 创建管理服务

函数处理器在运行过程中会启动一个管理服务，该服务是为需要的资源提供增删改查服务的。它和 DashBoard 对外开放接口共用一套代码，如果没有指定端口，默认容器内端口为 8081。注意：最终默认部署成功的函数镜像 Service 并没有添加开放该接口。Kubernetes 中默认生成的 Service YAML 文件如下。

```
apiVersion: v1
kind: Service
metadata:
    creationTimestamp: "2022-08-01T07:28:42Z"
    labels:
        nuclio.io/app: functionres
        nuclio.io/class: function
        nuclio.io/function-name: hello-nodejs
        nuclio.io/function-version: latest
        nuclio.io/project-name: default
    name: nuclio-hello-nodejs
    namespace: nuclio
    resourceVersion: "3036940"
    uid: 88d62ea0-9f71-487b-85fe-0c5386f5e641
spec:
    clusterIP: 166.10.130.7
    clusterIPs:
    - 166.10.130.7
    internalTrafficPolicy: Cluster
    ipFamilies:
    - IPv4
    ipFamilyPolicy: SingleStack
    ports:
    - name: http
        port: 8080
        protocol: TCP
        targetPort: 8080
    selector:
        nuclio.io/app: functionres
        nuclio.io/class: function
        nuclio.io/function-name: hello-nodejs2
        nuclio.io/function-version: latest
        nuclio.io/project-name: default
    sessionAffinity: None
    type: ClusterIP
status:
    loadBalancer: {}
```

可以看到，默认生成的服务只提供 8080 trigger（触发器）服务，如果想使用管理服务需要在 Service 文件中添加。

```
- name: http-web
    port: 8080
    protocol: TCP
    targetPort: 8080
```

此处可以手动添加一下，采用 NodePort 方式暴露服务，访问查看返回的内容。接口地址为 http://IP:port/reources。其中，reources 代指启动时注册资源的名称，这里是 http trigger。

```
{
    "default-http": {
```

```
        "CORS": null,
        "MaxRequestBodySize": 4194304,
        "ReadBufferSize": 16384,
        "ReduceMemoryUsage": false,
        "RuntimeConfiguration": {...},
        "attributes": {
            "serviceType": "ClusterIP"
        },
        "class": "",
        "kind": "http",
        "maxWorkers": 3,
        "name": "default-http",
        "url": ":8080",
        "workerAvailabilityTimeoutMilliseconds": 10000
    }
}
```

可以看到，HTTP 触发器返回的信息包含了触发器的详细信息和运行时的详细配置，因为 RuntimeConfiguration 信息过多，这里就忽略了，感兴趣的读者可以从源码地址下载。

这里采用的是手动修改方式，如果想要让函数服务自动添加，一种方式是修改源码，在创建 Service 的地方加入管理服务容器端口，代码路径在 pkg/platform/kube/functionres/lazy.go 中。

```
spec.Ports = []v1.ServicePort{                    // 找到此处位置
    {
        Name: ContainerHTTPPortName,
        Port: int32(abstract.FunctionContainerHTTPPort),
},
// 添加管理服务端口
{
        Name: ContainerHTTPWebPortName,           // http-web 名称
        Port: int32(abstract.FunctionContainerHTTPWebPort), //8080
    },
}
```

管理服务的启动方式与 DashBoard 启动共用一套代码，此处不再赘述，不同之处在于，管理服务指定的路由资源不一样。

```
for _, resourceName := range s.resourceRegistry.GetKinds() {
    resolvedResource, _ := s.resourceRegistry.Get(resourceName)
    resourceInstance := resolvedResource.(Resource)
    // 创建路由资源，并添加
    resourceRouter, err := resourceInstance.Initialize(s.Logger, s.server)
    // 把路由注册到根路由下，此处的 resourceName 在示例中指的是 triggers
    s.Router.Mount("/"+resourceName, resourceRouter)
}
```

6.3.5　创建指标服务

创建指标（metric）服务首先要读取平台配置的 metric 配置项，然后根据 metric 配置项

内容创建不同的 metric 对象。Nuclio 支持三种指标服务：亚马逊平台的输出（appinsights）、Prometheus 拉取服务和 Prometheus 推送服务。创建指标服务的相关代码在 pkg/processor/metricsink 目录下。

Prometheus 拉取服务的默认的端口号是 8090，Prometheus 推送服务和拉取服务的指标类型一样，事件基本的标签有实例名称、触发器类型、触发器 ID、命名空间、函数名称、触发器名称，代码如下所示。

```
labels := prometheus.Labels{
    "instance":instanceName,
    "trigger_kind":trigger.GetKind(),
    "trigger_id":trigger.GetID(),
    "namespace":trigger.GetNamespace(),
    "function":trigger.GetFunctionName(),
    "project":trigger.GetProjectName(),
}
```

拉取服务采用的是 Prometheus Counter 类型（Prometheus 的指标有四种类型，分别是 Counter、Gauge、Histogram 和 Summary）。Counter 表示单调递增计数器的累积量，其值只能增加或在重启时重置为零。因此，可以使用计数器来表示服务的总请求数、完成的任务数或错误总数等，但不能表示进程、CPU、内存等的使用量，因为它们的值有增有减。Counter 主要有两个方法。

```
// 将 Counter 值加 1
Inc()
// 将指定值加到 Counter 值上，如果指定值 < 0 会抛出异常
Add(float64)
```

触发器（Trigger）指标数据使用指标类型 CounterVec 的有

nuclio_processor_worker_allocation_count

nuclio_processor_worker_allocation_wait_duration_milliseconds_sum

nuclio_processor_worker_allocation_workers_available_percentage

分别代表的是函数工作器分配总数、等待工作进程所用的毫秒数、分配时可使用的函数工作器百分比。

还有另外一种 Counter 指标类型 CounterVec，它是一组计数器，这些计数器具有相同的描述，但它们的变量标签具有不同的值。使用 CounterVec 的指标数据有

nuclio_processor_handled_events_total

nuclio_processor_worker_allocation_total

分别代表处理事件的总数、按结果列出的函数工作器分配总数。

工作器（Worker）指标数据使用指标类型 Counter 的有

nuclio_processor_handled_events_duration_milliseconds_sum

nuclio_processor_handled_events_duration_milliseconds_count

分别代表的是处理事件持续时间毫秒总和、处理事件持续时间毫秒计数。

编写 Counter 指标容器主要有三个步骤：首先初始化一个 metric 容器，其次注册容器（Register），最后处理容器中的值。下面通过这三个步骤，介绍 Trigger 指标容器的核心代码。

（1）初始化 Trigger 指标容器

```
//Trigger 指标
    newTriggerGatherer.handledEventsTotal = prometheus.NewCounterVec(prometheus.CounterOpts{
        Name:        "nuclio_processor_handled_events_total",
        Help:        "Total number of handled events",
        ConstLabels: labels,
    }, []string{"result"})   //step1: 初始化一个 counter
    newTriggerGatherer.workerAllocationTotal = prometheus.NewCounterVec(prometheus.CounterOpts{
        Name:        "nuclio_processor_worker_allocation_total",
        Help:        "Total number of worker allocations, by result",
        ConstLabels: labels,
    }, []string{"result"})
    newTriggerGatherer.workerAllocationCount = prometheus.NewCounter(prometheus.CounterOpts{
        Name:        "nuclio_processor_worker_allocation_count",
        Help:        "Total number of worker_allocations",
        ConstLabels: labels,
        })
    newTriggerGatherer.workerAllocationWaitDurationMilliSecondsSum = prometheus.NewCounter(prometheus.
        CounterOpts{
        Name:        "nuclio_processor_worker_allocation_wait_duration_milliseconds_sum",
        Help:        "Total number of milliseconds spent waiting for a worker",
        ConstLabels: labels,
    })
    newTriggerGatherer.workerAllocationWorkersAvailablePercentage = prometheus.NewCounter(prometheus.
        CounterOpts{
        Name:        "nuclio_processor_worker_allocation_workers_available_percentage",
        Help:        "Percent of workers available when an allocation occurred",
        ConstLabels: labels,
    })
//worker 指标
    newWorkerGatherer.handledEventsDurationMillisecondsSum = prometheus.NewCounter(prometheus.
        CounterOpts{
        Name:        "nuclio_processor_handled_events_duration_milliseconds_sum",
        Help:        "Total sum of milliseconds it took to handle events",
        ConstLabels: labels,
    })
    newWorkerGatherer.handledEventsDurationMillisecondsCount = prometheus.NewCounter(prometheus.
        CounterOpts{
        Name:        "nuclio_processor_handled_events_duration_milliseconds_count",
        Help:        "Number of measurements taken for nuclio_processor_handled_events_duration_sum",
        ConstLabels: labels,
    })
```

（2）注册容器

```
// Trigger 注册
for _, collector := range []prometheus.Collector{
```

```
        newTriggerGatherer.handledEventsTotal,
        newTriggerGatherer.workerAllocationTotal,
        newTriggerGatherer.workerAllocationCount,
        newTriggerGatherer.workerAllocationWaitDurationMilliSecondsSum,
        newTriggerGatherer.workerAllocationWorkersAvailablePercentage,
    }
        if err := metricRegistry.Register(collector); err != nil {
            return nil, errors.Wrap(err, "Failed to register collector")
        }
```

（3）处理容器中的值

处理容器中的值包括两部分：一部分是向容器中添加值；另一部分是查询容器中的值。

每当工作器被分配，函数工作器分配总数（nuclio_processor_worker_allocation_count）加 1。代码如下所示。

```
func (fp *fixedPool) Allocate(timeout time.Duration) (*Worker, error) {
    atomic.AddUint64(&fp.statistics.WorkerAllocationCount, 1) // 函数分配器加 1
    ...
}
```

分配时可使用的函数工作器百分比为 nuclio_processor_worker_allocation_workers_available_percentage。当函数工作器被分配到时，会获取工作器总数、当前可获得的工作器数量，计算两者的比值，就是当前可使用的函数工作器百分比。代码如下所示。

```
func (fp *fixedPool) Allocate(timeout time.Duration) (*Worker, error) {
    totalNumberWorkers := len(fp.workers)                          // 获取全部工作器数量
    currentNumberOfAvailableWorkers := len(fp.workerChan)          // 获取当前可用工作器数量
    // 计算可用工作器数量占全部工作器数量的比值
    percentageOfAvailableWorkers := float64(currentNumberOfAvailableWorkers*100.0) / float64
        (totalNumberWorkers)
    // 计算分配工作器队列中有多少工作器可以使用
    atomic.AddUint64(&fp.statistics.WorkerAllocationWorkersAvailablePercentage, uint64(percen
        tageOfAvailableWorkers))
    …
}
```

处理事件的总数（nuclio_processor_handled_events_total）在 Nuclio 中有两个标签值：事件失败总数（EventsHandledFailureTotal）和事件成功总数（EventsHandledSuccessTotal）。当事件到来后，失败时调用 UpdateStatistics(false), 成功时调用 UpdateStatistics(true)。代码如下所示。

```
func (at *AbstractTrigger) UpdateStatistics(success bool) {
    if success {
        atomic.AddUint64(&at.Statistics.EventsHandledSuccessTotal, 1)   // 成功事件总数加 1
    } else {
        atomic.AddUint64(&at.Statistics.EventsHandledFailureTotal, 1)   // 失败事件总数加 1
    }
}
```

等待工作进程所用的毫秒数为 nuclio_processor_worker_allocation_wait_duration_milliseconds_sum。当工作管道有信息，会触发该指标，该指标的值为在管道中等待的时间加上工作器执行的时间。

按结果列出函数工作器分配总数（nuclio_processor_worker_allocation_total）。它在 Nuclio 中有三个标签值：函数工作器分配立即成功总数（WorkerAllocationSuccessImmediateTotal）、函数工作器分配等待一段时间成功总数（WorkerAllocationSuccessAfterWaitTotal），以及函数工作器分配超时失败总数（WorkerAllocationTimeoutTotal）。函数工作器分配均通过 Golang 语言 chan 通道机制通知。代码如下所示。

```
select {
case workerInstance := <-fp.workerChan:                          // 函数工作器分配成功，总数加 1
    atomic.AddUint64(&fp.statistics.WorkerAllocationSuccessImmediateTotal, 1)
    return workerInstance, nil
default:
    // 如果没有超时时间设置，立即返回，分配超时总数加 1
    if timeout == 0 {
        atomic.AddUint64(&fp.statistics.WorkerAllocationTimeoutTotal, 1)
        return nil, ErrNoAvailableWorkers
    }
    waitStartAt := time.Now()
    // 如果设置超时时间，需要等待，超时时间一到，还没成功，则立即返回
    select {
    case workerInstance := <-fp.workerChan:
        atomic.AddUint64(&fp.statistics.WorkerAllocationSuccessAfterWaitTotal, 1)   // 成功等待次数
        atomic.AddUint64(&fp.statistics.WorkerAllocationWaitDurationMilliSecondsSum,
            uint64(time.Since(waitStartAt).Nanoseconds()/1e6)) // 工作进程执行使用毫秒数
        return workerInstance, nil
    case <-time.After(timeout):
        atomic.AddUint64(&fp.statistics.WorkerAllocationTimeoutTotal, 1)
        return nil, ErrNoAvailableWorkers
    }
}
```

worker 处理事件持续时间毫秒总和（nuclio_processor_handled_events_duration_milliseconds_sum）、处理事件持续时间毫秒计数（nuclio_processor_handled_events_duration_milliseconds_count）使用的是 worker 的指标，当事件处理完成后，会对这两个指标数据进行设值。代码如下所示。

```
func (s *shell) processEvent(context context.Context, command []string, event nuclio.Event, responseChan
    chan nuclio.Response) { …
    callDuration := time.Since(startTime)  // 计算运行时长
    s.Statistics.DurationMilliSecondsSum += uint64(callDuration.Nanoseconds() / 1000000)
        // 将运行时长添加到总和
    s.Statistics.DurationMilliSecondsCount++
…}
```

查询容器中的值只需要调用一个 Gatherer 接口，它是处理器（如触发器、运行时、工作

器）包含 Prometheus 指标的一个反射接口，核心代码如下所示。当该接口被调用时，将会获得函数处理器资源的基本统计信息。

```
func (tg *TriggerGatherer) Gather() error {            // Prometheus 触发器实现方式
    currentStatistics := *tg.trigger.GetStatistics()   // 读取当前统计信息
    // DiffFrom 返回统计信息的完整副本，可直接访问无须考虑原子性
    diffStatistics := currentStatistics.DiffFrom(&tg.prevStatistics)
    tg.handledEventsTotal.With(prometheus.Labels       // 处理事件的总数（成功）
        "result": "success",
    }).Add(float64(diffStatistics.EventsHandledSuccessTotal))
    tg.handledEventsTotal.With(prometheus.Labels{      // 处理事件的总数（失败）
        "result": "failure",
    }).Add(float64(diffStatistics.EventsHandledFailureTotal))
    tg.workerAllocationCount.Add(                      // 函数工作器分配总数
        float64(diffStatistics.WorkerAllocatorStatistics.WorkerAllocationCount))
    tg.workerAllocationWaitDurationMilliSecondsSum.Add( // 等待工作进程所用的毫秒数
        float64(diffStatistics.WorkerAllocatorStatistics.WorkerAllocationWaitDurationMilliSec
            ondsSum))
    tg.workerAllocationWorkersAvailablePercentage.Add( // 分配时可使用的函数工作器百分比
        float64(diffStatistics.WorkerAllocatorStatistics.WorkerAllocationWorkersAvailablePerc
            entage))
    tg.workerAllocationTotal.With(prometheus.Labels{   // 按结果列出函数工作器分配总数（立即成功）
        "result": "success_immediate",
    }).Add(float64(diffStatistics.WorkerAllocatorStatistics.WorkerAllocationSuccessImmediateT
        otal))
    tg.workerAllocationTotal.With(prometheus.Labels{   // 按结果列出函数工作器分配总数（等待一段时间成功）
        "result": "success_after_wait",
    }).Add(float64(diffStatistics.WorkerAllocatorStatistics.WorkerAllocationSuccessAfterWaitT
        otal))
    tg.workerAllocationTotal.With(prometheus.Labels{   //// 按结果列出函数工作器分配总数（超时失败）
        "result": "error_timeout",
    }).Add(float64(diffStatistics.WorkerAllocatorStatistics.WorkerAllocationTimeoutTotal))
    tg.prevStatistics = currentStatistics              // 保存指标
    return nil
}
func (wg *WorkerGatherer) Gather() error {             // worker Prometheus 指标
    currentRuntimeStatistics := *wg.worker.GetRuntime().GetStatistics() // 读取当前统计信息
    // DiffFrom 返回统计信息的完整副本，可直接访问无须考虑原子性
    diffRuntimeStatistics := currentRuntimeStatistics.DiffFrom(&wg.prevRuntimeStatistics)
    // 获取工作器处理时间和数量，并相加
    durationMilliSecondsSum := atomic.LoadUint64(&diffRuntimeStatistics.DurationMilliSecondsSum)
    durationMilliSecondsCount := atomic.LoadUint64(&diffRuntimeStatistics.DurationMilliSecondsCount)
    wg.handledEventsDurationMillisecondsSum.Add(float64(durationMilliSecondsSum))
    wg.handledEventsDurationMillisecondsCount.Add(float64(durationMilliSecondsCount))
    wg.prevRuntimeStatistics = currentRuntimeStatistics// 保存指标
    return nil
}
```

函数查询接口的 Nuclio 实现方式如图 6-4 所示。

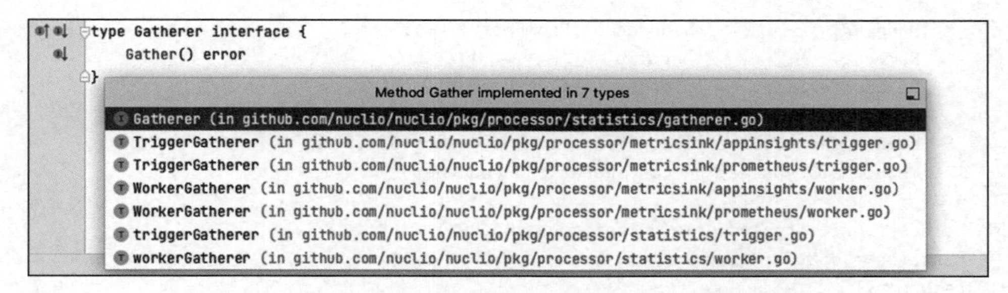

图 6-4　函数查询接口的 Nuclio 实现方式

6.3.6　函数处理器开始运行

函数处理器的启动主要分四大步：首先，开启一个协程来监听触发器是否需要重启；其次，遍历所有触发器并启动；然后，启动管理服务；最后，遍历指标接收器队列，并启动每一个指标接收器。

（1）监听是否重启触发器

监听重启触发器是一个 for 循环协程。当有重启管道信号到来时，系统会先重启触发器，然后再重启工作器。核心代码如下所示。

```
for {  //省略部分代码
    select {
    case triggerInstance := <-p.restartTriggerChan:
        if err := p.restartTrigger(triggerInstance); err != nil {
            if err := p.hardRestartTriggerWorkers(triggerInstance); err != nil {
                // 将 worker 运行时状态设置为错误
                p.setWorkersStatus(triggerInstance, status.Error)
            }
        }
    // 监听初期处理器停止信号
    case <-p.stopRestartTriggerRoutine:
        return
    }
}
```

（2）遍历所有触发器并启动

遍历所有触发器，启动时调用的是触发器的公共接口，该接口可以实现多个触发器。该触发器的接口 Nuclio 实现方式如图 6-5 所示。

这里以 HTTP 为例来说明触发器的启动过程。HTTP 触发器采用的是 Golang fasthttp 框架。首先，声明 fasthttp server 服务对象，server 服务对象包含处理请求的函数、名称、读取缓冲区大小、日志、最大请求体大小、是否启用内存减少标识；其次，启动协程服务并监听，成功后将状态置为 ready。核心代码如下所示。

```
func (h *http) Start(checkpoint functionconfig.Checkpoint) error {
    h.server = &fasthttp.Server{
```

```
        Handler:            h.onRequestFromFastHTTP(),
        Name:               "nuclio",
        ReadBufferSize:     h.configuration.ReadBufferSize,
        Logger:             NewFastHTTPLogger(h.Logger),
        MaxRequestBodySize: h.configuration.MaxRequestBodySize,
        ReduceMemoryUsage:  h.configuration.ReduceMemoryUsage,
    }
    go h.server.ListenAndServe(h.configuration.URL) // 开始监听
    h.status = status.Ready
    return nil
}
```

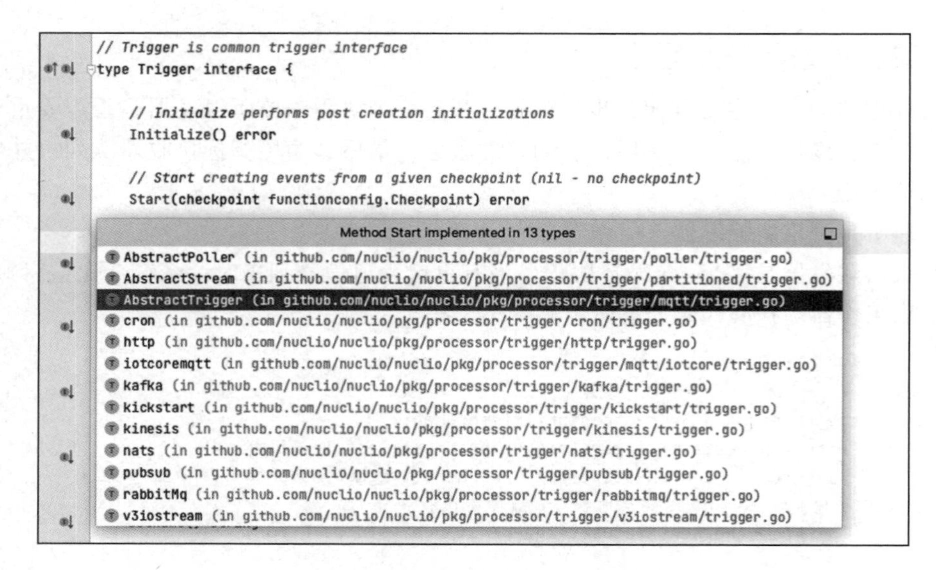

图 6-5　触发器接口的 Nuclio 实现方式

（3）启动管理服务

管理服务也是标准的 HTTP 服务，它的启动方式和 HTTP 触发器的启动方式类似，只是管理服务加了一个开关，如果为开启该开关，系统将不会启动管理服务。核心代码如下。

```
func (s *AbstractServer) Start() error {
    // 开关未开启时，管理服务不启动
    if !s.Enabled {
        s.Logger.Debug("AbstractServer disabled, not listening")
        return nil
    }
    go http.ListenAndServe(s.ListenAddress, s.Router) // 启动并监听
    return nil
}
```

（4）启动指标接收器

指标接收器有可能存在多个，因此需要遍历指标接收器数组，启动每一个指标接收器。启

动指标接收器也是调用启动接口，该接口的 Nuclio 实现方式如图 6-6 所示。

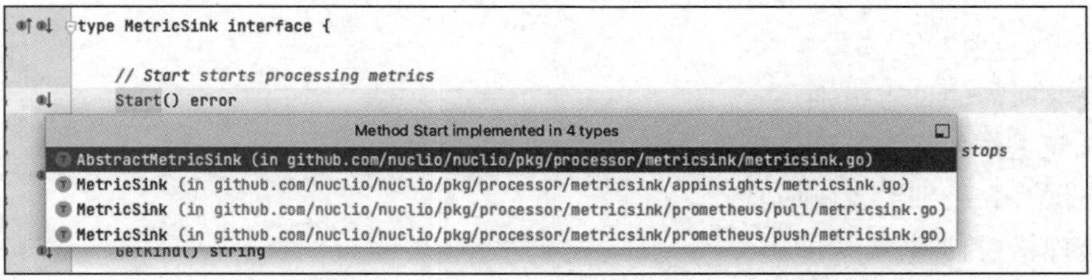

```
type MetricSink interface {

    // Start starts processing metrics
    Start() error
                                        stops
    GetKind() string
```

Method Start implemented in 4 types
AbstractMetricSink (in github.com/nuclio/nuclio/pkg/processor/metricsink/metricsink.go)
MetricSink (in github.com/nuclio/nuclio/pkg/processor/metricsink/appinsights/metricsink.go)
MetricSink (in github.com/nuclio/nuclio/pkg/processor/metricsink/prometheus/pull/metricsink.go)
MetricSink (in github.com/nuclio/nuclio/pkg/processor/metricsink/prometheus/push/metricsink.go)

图 6-6　指标接口的 Nuclio 实现方式

对于 Prometheus 拉取方式，处理器会启动一个 HTTP server 服务器用以等待 Prometheus 获取指标。核心代码如下所示。

```
func (ms *MetricSink) Start() error {                                          // 省略部分代码
    if !*ms.configuration.Enabled {                                            // 根据配置项判断是否开启
        return nil
    }
    ms.httpServer = &http.Server{Addr: ms.configuration.URL, Handler: nil} // 创建 server 对象
    go ms.listen()                                                             // 启动并监听
    return nil
}
```

Prometheus 推送方式同拉取方式一样，处理器会根据配置项判断是否开启推送模式，推送模式开启一个协程来定时向指定的地址推送相关数据。核心代码如下所示。

```
func (ms *MetricSink) pushPeriodically() {
    select {
        case <-time.After(ms.configuration.parsedInterval):
            // 从触发器收集指标
        if err := ms.gather(); err != nil {
                ms.Logger.WarnWith("Failed to gather metrics", "err", err)
            continue
        }
        // 推送数据
        if err := push.New(ms.configuration.URL, ms.configuration.JobName).Gatherer(ms.metricRegistry).
            Add(); err != nil {
                ms.Logger.WarnWith("Failed to push metrics", "err", err)
        }
        case <-ms.StopChannel:
                done = true
    }
}
```

6.4　函数处理器处理请求

函数处理器可以支持多种触发器，下面以 HTTP 请求为例介绍处理器处理请求的流程。

当请求到来时，系统会先检查是否是跨域请求（CORS），如果是则进入预检请求逻辑，如果不是则进入下一步请求处理中。请求处理主要分为以下几个步骤。

1）请求信息校验。

2）获取所需的日志级别。

3）分配工作器并提交请求事件进行处理。

4）根据日志级别设置响应日志。

5）处理错误日志。

6）根据事件响应类型设置相应内容。

预检请求逻辑是，当所有请求规范都满足时有效，否则被视为错误的请求。校验逻辑：首先，从请求中获取访问控制请求方法和请求头信息；其次，从请求头中获取 Origin 值，通过 CORS 配置项来判断是否允许 Origin 通过；再次，通过 CORS 配置项判断访问控制请求方法是否被允许通过；最后，如果访问请求控制头有值的话，需要用逗号分隔，并通过 CORS 配置项来判断是否被允许通过。处理器请求处理流程如图 6-7 所示。

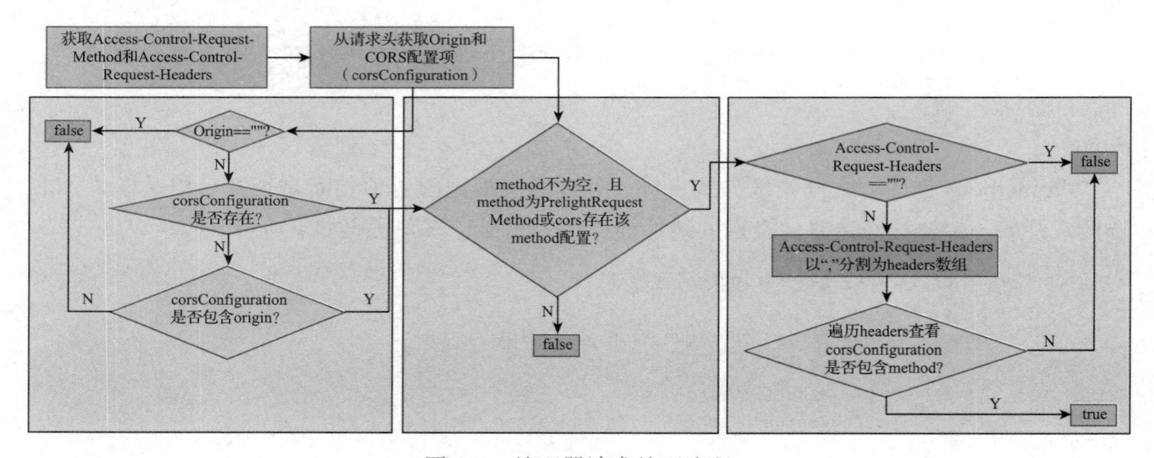

图 6-7 处理器请求处理流程

6.4.1 请求信息校验

请求信息校验：首先，判断 server 服务是否运行，如果没有运行则设置响应码为 503（StatusServiceUnavailable）、响应信息为 Server not ready；其次，判断是否开启 CORS 验证，如果开启验证且 Origin 是否被允许的，那么会根据 CORS 的配置项设置响应消息头信息（如 Access-Control-Allow-Credentials: true，Access-Control-Expose-Headers: Content-Length, X-nuclio-logs: log），否则校验失败。

6.4.2 获取所需的日志级别

从消息头（X-nuclio-log-level）中获取函数的日志级别，日志级别有 Error、Warning、Info

和 Debug。当获取的日志级别不为空时，会检查是否需要将日志作为响应的一部分返回。核心代码如下所示。

```
responseLogLevel := ctx.Request.Header.Peek("X-nuclio-log-level")        // 消息头中获取日志级别
if responseLogLevel != nil {                                    // 检查是否需要将日志作为响应的一部分返回
    bufferLogger, _ = h.bufferLoggerPool.Allocate(nil) // 函数运行时日志缓冲对象
    bufferLogger.Logger.SetLevel(nucliozap.GetLevelByName(string(responseLogLevel))) // 设置日志级别
    bufferLogger.Buffer.Write([]byte("["))          // 写 JSON 的左括号
    // 将函数日志设置为上面缓冲区日志对象
        functionLogger, _ = nucliozap.NewMuxLogger(bufferLogger.Logger, h.Logger)
}
```

6.4.3　分配工作器并提交请求事件进行处理

分配工作器（worker）并提交请求事件进行处理主要三个步骤。

1）获取一个可用的实例工作器。

2）提交事件给实例工作器。

3）释放实例工作器。

（1）获取一个可用的实例工作器

系统会提供一个可配置的超时时间，在规定的时间内没有获得实例工作器就会报错。获取过程是：首先设置工作器分配数加 1，并计算可获得工作器的百分比，然后尝试获取工作器，如果立即获取会更新工作器立即成功获取指标，否则在等待时间内再次获取工作器，时间超过后还没有获取到则设置分配工作器超时指标。具体内容可参考第 6.3.5 小节对指标的介绍。

（2）提交事件给实例工作器

提交事件给工作器主要分为两步：第一步是校验事件类型，这主要是对云事件进行特殊处理。如果事件中的 ContentType 前缀包含 application/cloudevents，则需要使用存储在工作器中的结构化 cloudevent 包装当前事件；如果事件消息头中包含 CE-CloudEventsVersion 内容，则需要使用存储在工作器中的二进制 cloudevent 包装当前事件。第二步是将规整好的事件提交给工作器进行处理，即调用运行时处理事件接口（response, err := w.runtime.ProcessEvent(event, functionLogger)）。运行时处理事件接口主要有三种类型，分别为共享内存语言、Golang、Shell，如图 6-8 所示。

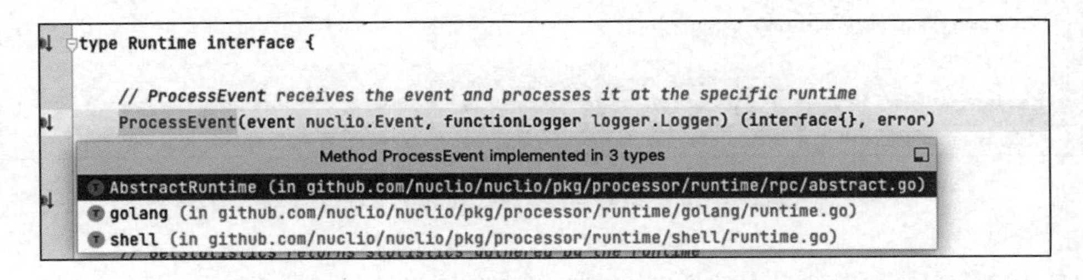

图 6-8　运行时处理事件接口的 Nuclio 实现方式

1）共享内存语言。

首先检查运行时状态，如果状态不是 ready 时需要抛出“Processor not ready (current status: %s)”。然后调用事件编码器接口（eventEncoder.Encode(event)），将事件消息通过 Socket 与运行时通信。Socket 发送消息完毕后，通过一个 resultChan 管道等待消息。当收到 resultChan 消息后，将对应的消息组装为 nuclio.Response 返回。核心代码如下所示。

```
func (r *AbstractRuntime) ProcessEvent(event nuclio.Event, functionLogger logger.Logger) (interface{},
    error) {
    if currentStatus := r.GetStatus(); currentStatus != status.Ready { // 判断运行时状态是否 ready
        return nil, errors.Errorf("Processor not ready (current status: %s)", currentStatus)
    }
    r.functionLogger = functionLogger                                    // 设置日志
    if err := r.eventEncoder.Encode(event); err != nil {                 // 发送事件信息
        r.functionLogger = nil                                           // 日志设置为 nil
        return nil, errors.Wrapf(err, "Can't encode event: %+v", event) // 抛出异常
    }
    result, ok := <-r.resultChan                                         // 等待处理结果
    r.functionLogger = nil                                               // 日志设置为 nil
    if !ok {
        msg := "Client disconnected"                                     // 设置响应异常信息
        r.Logger.Error(msg)
        r.SetStatus(status.Error)                                        // 设置错误状态
        r.functionLogger = nil                                           // 日志设置为 nil
        return nil, errors.New(msg)                                      // 抛出异常
    }
    return nuclio.Response{
        Body:        result.DecodedBody,                                 // 响应 body 体内容
        ContentType: result.ContentType,                                 // 响应类型
        Headers:     result.Headers,                                     // 消息头
        StatusCode:  result.StatusCode,                                  // 状态码
    }, nil
}
```

事件编码器接口在 Nuclio 中的实现有两种方式：一种是转化为二进制格式，相比其他格式，二进制格式更节省空间；另一种是转化为 JSON 格式。实现类型如图 6-9 所示。核心代码如下所示。

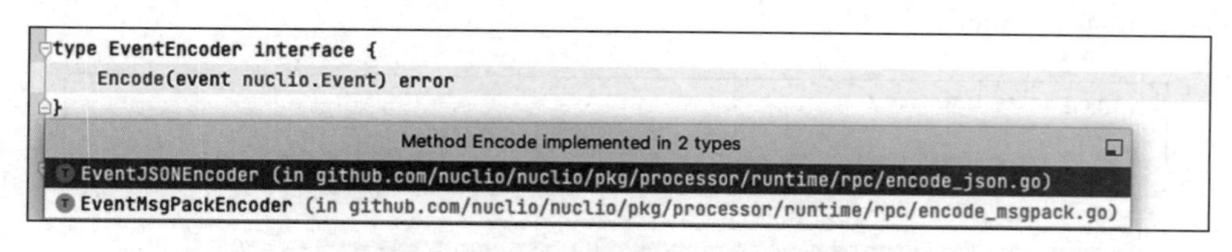

图 6-9　事件编码器接口的 Nuclio 实现方式

```
func (e *EventJSONEncoder) Encode(event nuclio.Event) error {  // 转化为 JSON 格式发送
    eventToEncode := eventAsMap(event)                         // 将事件转化为 event 的 Map 对象
```

```
    // 如果 body 体是 map[string]interface{} 接口，可能会得到一个带有结构化数据成员的云事件
    if bodyObject, isMapStringInterface := event.GetBodyObject().(map[string]interface{});
        isMapStringInterface {
        eventToEncode["body"] = bodyObject
    } else {
        // 否则，将 body 编码为 Base64
        eventToEncode["body"] = base64.StdEncoding.EncodeToString(event.GetBody())
    }
    return json.NewEncoder(e.writer).Encode(eventToEncode)      //JSON 编码发送
}
func (e *EventMsgPackEncoder) Encode(event nuclio.Event) error {  // 转化为二进制格式发送
    eventToEncode := eventAsMap(event)                          // 将事件转化为 event 的 Map 对象
    // 如果 body 体是 map[string]interface{} 接口，可能会得到一个带有结构化数据成员的云事件
    if bodyObject, isMapStringInterface := event.GetBodyObject().(map[string]interface{});
        isMapStringInterface {
        eventToEncode["body"] = bodyObject
    } else {
        eventToEncode["body"] = event.GetBody()
    }
    e.buf.Reset()                                               //bytes 缓冲区重置
    if err := e.encoder.Encode(eventToEncode); err != nil {     // 事件编码
        return errors.Wrap(err, "Failed to encode message")
    }
    if err := binary.Write(e.writer, binary.BigEndian, int32(e.buf.Len())); err != nil {
        // 将消息大小写入 Socket
        return errors.Wrap(err, "Failed to write message size to socket")
    }
    bs := e.buf.Bytes()
    if _, err := e.writer.Write(bs); err != nil {               // 消息内容写入 Socket
        return errors.Wrap(err, "Failed to write message to socket")
    }
    return nil
}
```

2）Golang。

Golang 语言运行时采用的是 Go 语言的插件系统（加载详情请参看第 6.5.2 小节）。当请求到达时，工作器只需要将上下文和事件通过函数插件入口传入即可。核心代码如下所示。

```
startTime := time.Now()                                    // 开始调用时，记录开始时间（方便记录函数执
                                                           // 行时长）
response, responseErr = g.entrypoint(g.Context, event) // 通过 Go 插件系统，调用函数入口
callDuration := time.Since(startTime)                      // 计算函数调用时长
```

3）Shell。

Shell 语言分分为 Shell 脚本和 Shell 可执行文件两种情况。Shell 可执行文件需要使用参数“-c”；Shell 脚本，需要使用 sh，这将使 Shell 读取脚本并将其作为 Shell 脚本运行。最后结合 Golang cmd 的用法将执行结果等返回即可。核心代码如下所示。

```
var cmd *exec.Cmd
if s.commandInPath {
```

```
        // 如果是可执行文件，加 -c
        cmd = exec.CommandContext(context, "sh", "-c", strings.Join(command, " "))
    } else {
        cmd = exec.CommandContext(context, "sh", command...)   // 加 sh 会将 Shell 从文件中读取并执行
    }
    cmd.Stdin = strings.NewReader(string(event.GetBody())) // 获取 Body 当作 cmd 的输入
    cmd.Env = s.env
    cmd.Env = append(cmd.Env, s.getEnvFromEvent(event)...) // 将事件内容添加到 Env
    out, err := cmd.CombinedOutput()                       // cmd 执行
    response.StatusCode = http.StatusOK                    // 状态码
    response.Body = out                                    // 响应内容
```

（3）释放实例工作器

工作器使用完毕后，需要将其释放以供后面的请求使用。释放工作器比较简单，就是将工作器重新放入管道中。

```
func (fp *fixedPool) Release(worker *Worker) {
    fp.workerChan <- worker
}
```

6.4.4 根据日志级别设置响应日志

如果日志级别不为空，首先会通过日志缓冲区读取日志。如果有日志，去掉日志尾部内容设置“]”(因为前面设置日志时已经设置了“[”)；如果日志长度小于或等于4096，直接将日志内容加入消息头的X-nuclio-logs中，否则输出告警日志“Skipped setting logs in header cause of size limit”。最后释放日志缓冲对象。核心代码如下所示。

```
if responseLogLevel != nil {                              // 日志级别不为空
    logContents := bufferLogger.Buffer.Bytes()            // 读取日志内容
    if len(logContents) > 1 {                             // 去掉日志尾部内容
        logContents = logContents[:len(logContents)-1]
    }
    logContents = append(logContents, byte(']'))          // 写入 JSON 数据的右括号
    if len(logContents) < 4096 {                          // 日志长度大于 4096，告警
        ctx.Response.Header.SetBytesV("X-nuclio-logs", logContents)
    } else {
        h.Logger.Warn("Skipped setting logs in header cause of size limit")
    }
    h.bufferLoggerPool.Release(bufferLogger)              // 释放日志缓冲对象
}
```

6.4.5 处理错误日志

在提交事件到工作器的过程中出现错误（即submitError不为nil），如果submitError为ErrNoAvailableWorkers（即errors.New("No available workers")）则设置响应码为503（StatusServiceUnavailable），其他情况设置响应码500（StatusInternalServerError），并输出告警日志“Failed to submit event...”。

在事件处理的过程中出现错误（即processError不为nil），如果processError的类型为Nuclio

的状态错误码类型，则最终响应码为 Nuclio 的状态错误码类型，否则最终响应码为 500（StatusInternalServerError），响应 body 体设置为 processError 的错误信息（即 processError.Error()）。

6.4.6 根据事件响应类型设置相应内容

事件响应类型分为三种类型：nuclio.Response、byte 数组和 string。

byte 数组和 string 类型比较简单，直接将 response.(type)（即 typedResponse）的内容设置为响应内容即可，分别为 ctx.Response.SetBodyRaw(typedResponse) 和 ctx.WriteString(typedResponse)。

对于 nuclio.Response 类型，首先会遍历响应头信息，如果响应头信息有文件流删除后发送（X-nuclio-filestream-delete-after-send），则设置 fileStreamDeleteAfterSend 为 true，否则根据消息头的值类型（headerValue.(type)）执行不同的操作。当消息头的值类型为 string 类型且消息头为 X-nuclio-filestream-path 时，将 headerValue.(type) 赋值给 fileStreamPath，否则将消息头和内容设置为最终响应头信息；当消息头的值类型为 int 类型时，将消息头内容转化为 int 内容加入最终响应头信息中。其次判断 fileStreamPath 是否为空，如果不为空，则将文件内容打开，赋值给响应消息 body 流，否则直接将 typedResponse.body 设置为响应 body 体。最后当 typedResponse.ContentType 不为空时，将该值设置为响应的类型；当 typedResponse.StatusCode 不为 0 时，将该值设置为响应的响应码。

6.5 函数语言运行时

6.5.1 共享内存语言

（1）原理

共享内存语言是通过 Socket 连接来实现的，函数处理器作为统一的处理框架，一边对接 Trigger 等事件源，一边对接具体的语言运行时，因此每个语言都有一个对应的实现。共享内存语言原理如图 6-10 所示。

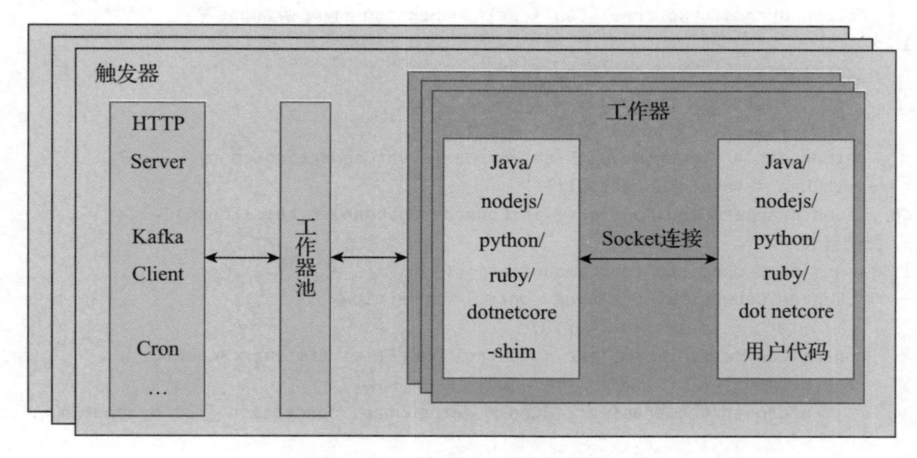

图 6-10 共享内存语言原理

下面以 Java 为例深入剖析共享内存语言的实现方式。以默认的 HTTP 触发器为例，Nuclio 函数处理器在启动过程中会创建 HTTP 触发器，用以接收外部的请求，同时也会创建或获取工作器的分配器，在创建工作器时，会启动包装器 wrapper。启动 wrapper 的函数代码如下所示。

```
func (r *AbstractRuntime) startWrapper() error {
    var (
        err error
        eventConnection, controlConnection socketConnection
    )
    // 创建 Socket 连接
    if err := r.createSocketConnection(&eventConnection); err != nil {
        return errors.Wrap(err, "Failed to create socket connection")
    }
    if r.runtime.SupportsControlCommunication() {
        if err := r.createSocketConnection(&controlConnection); err != nil {
            return errors.Wrap(err, "Failed to create socket connection")
        }
    }
    r.processWaiter, err = processwaiter.NewProcessWaiter()
    if err != nil {
        return errors.Wrap(err, "Failed to create process waiter")
    }
    // 开始运行 wrapper
    wrapperProcess, err := r.runtime.RunWrapper(eventConnection.address, controlConnection.address)
    if err != nil {
        return errors.Wrap(err, "Can't run wrapper")
    }
    r.wrapperProcess = wrapperProcess
    go r.watchWrapperProcess()
    // 事件连接
    eventConnection.conn, err = eventConnection.listener.Accept()
    if err != nil {
        return errors.Wrap(err, "Can't get connection from wrapper")
    }
    r.Logger.InfoWith("Wrapper connected",
        "wid", r.Context.WorkerID,
        "pid", r.wrapperProcess.Pid)
    r.eventEncoder = r.runtime.GetEventEncoder(eventConnection.conn)
    r.resultChan = make(chan *result)
    go r.eventWrapperOutputHandler(eventConnection.conn, r.resultChan)
    // 控制连接
    if r.runtime.SupportsControlCommunication() {
        r.Logger.DebugWith("Creating control connection",
            "wid", r.Context.WorkerID)
        controlConnection.conn, err = controlConnection.listener.Accept()
        if err != nil {
            return errors.Wrap(err, "Can't get control connection from wrapper")
        }
```

```
        r.controlEncoder = r.runtime.GetEventEncoder(controlConnection.conn)
        // 初始化控制消息代理
        r.ControlMessageBroker = NewRpcControlMessageBroker(r.controlEncoder, r.Logger,
        r.configuration.ControlMessageBroker)

        go r.controlOutputHandler(controlConnection.conn)

        r.Logger.DebugWith("Control connection created",
            "wid", r.Context.WorkerID)
    }
    // 等待启动
    if r.runtime.WaitForStart() {
        r.Logger.Debug("Waiting for start")

        <-r.startChan
    }
    r.Logger.Debug("Started")
    return nil
}
```

可以看到，该函数主要是创建 Socket 连接及接收响应的消息管道，然后运行 Java 语言包装器，看传入包装器中的参数是 Socket 的地址，就是 Java 语言包装器会作为客户端与工作器进行连接。连接成功后，开启一个协程去监听接收的包装器进程。接下来启动 event 消息的连接监听，并用一个 for 循环不断处理响应消息。代码如下所示。

```
func (r *AbstractRuntime) eventWrapperOutputHandler(conn io.Reader, resultChan chan *result) {
    // 重置可能会关闭管道，这样会导致发送异常
    defer common.CatchAndLogPanicWithOptions(context.Background(), // 错误检查
        r.Logger,
        "event wrapper output handler (Restart called?)",
        &common.CatchAndLogPanicOptions{
            Args:          nil,
            CustomHandler: nil,
        })
    outReader := bufio.NewReader(conn)
    // 读取日志并输出
    for {
        unmarshalledResult := &result{}
        var data []byte
        data, unmarshalledResult.err = outReader.ReadBytes('\n')
        if unmarshalledResult.err != nil {
            r.Logger.WarnWith(string(common.FailedReadFromConnection), "err", unmarshalledResult.
                err)
            resultChan <- unmarshalledResult
            continue
        }
        switch data[0] {
        case 'r':
            // 处理结果
            if unmarshalledResult.err = json.Unmarshal(data[1:], unmarshalledResult); unmarshalledResult.
```

```
                err != nil {
                r.resultChan <- unmarshalledResult
                continue
            }
            switch unmarshalledResult.BodyEncoding {
            case "text":
                unmarshalledResult.DecodedBody = []byte(unmarshalledResult.Body)
            case "base64":
                unmarshalledResult.DecodedBody, unmarshalledResult.err = base64.StdEncoding.
                    DecodeString(unmarshalledResult.Body)
            default:
                unmarshalledResult.err = fmt.Errorf("Unknown body encoding - %q", unmarshalled-
                    Result.BodyEncoding)
            }
            // 将结果写回管道
            resultChan <- unmarshalledResult
        case 'm':
            r.handleResponseMetric(data[1:])
        case 'l':
            r.handleResponseLog(data[1:])
        case 's':
            r.handleStart()
        }
    }
}
```

在启动 Java 包装器的过程中使用“java -jar”命令启动。传入的参数有 jar 包名、handler 函数名、port 端口号和 workerID。这里的 jar 包就是包含用户函数代码的 jar，用户在编写业务函数时，需要依赖 Nuclio 的 Java SDK。Nuclio 为了保持框架统一，对接不同语言时，需要实现不一样的代码来和对应的 SDK 通信，这里借用开源界的统一说法将这段代码称为垫片（shim）。其位置在 /pkg/processor/runtime/java，入口在 io.nuclio.processor.Wrapper.java。这是一个 main 函数，它会读取 Processor 传给它的值，如 handler 为函数入口名称、port 为 TCP 连接服务器的端口号、workerID 为对接数据流的 workerID。接下来创建 Socket 连接，声明上下文，加载用户函数代码类，声明事件流、响应流。最后通过一个 for 循环来不断地处理 Processor 传过来的事件信息流。主要代码如下所示。

```
while (true) {
    try {
        Event event = eventReader.next();
        if (event == null) {
            break;
        }
        start = System.currentTimeMillis();
        response = handler.handleEvent(context, event);
    } catch (Exception err) {
        StringWriter stringWriter = new StringWriter();
        PrintWriter printWriter = new PrintWriter(stringWriter);
        printWriter.format("Error in handler: %s\n", err.toString());
```

```
            err.printStackTrace(printWriter);
            printWriter.flush();
            response = new Response().setBody(stringWriter.toString())
                .setStatusCode(500);
        } finally {
            end = System.currentTimeMillis();
        }
        responseEncoder.encode(response);
        responseEncoder.encodeMetrics(end - start);
    }
```

Java 函数的处理流程如图 6-11 所示。

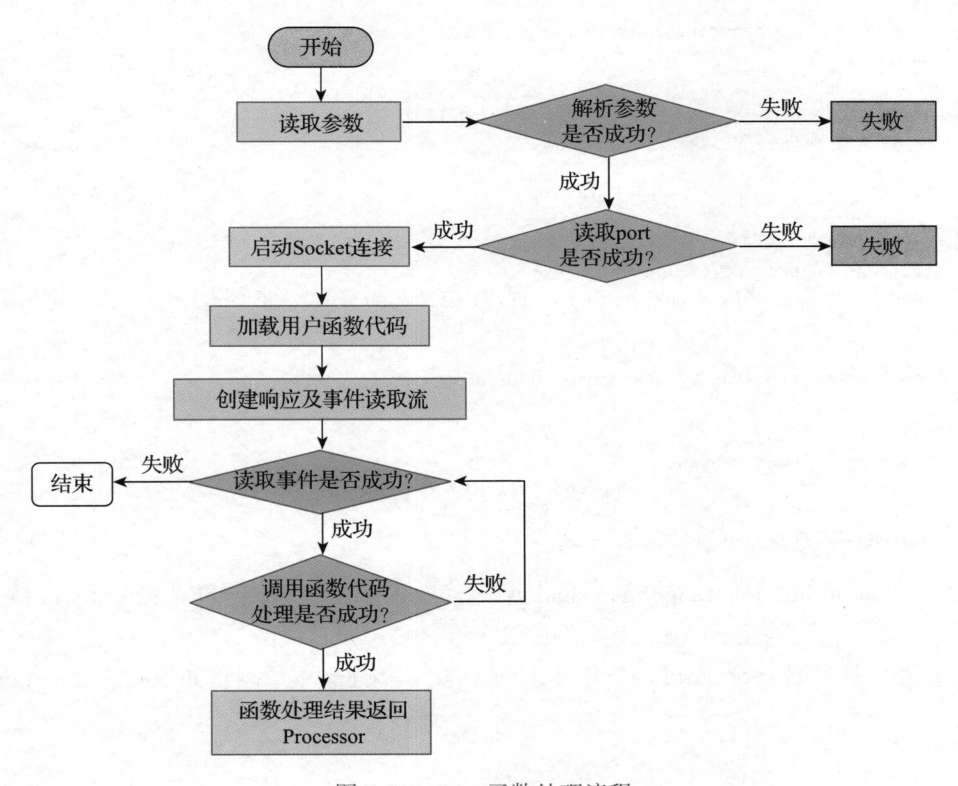

图 6-11　Java 函数处理流程

（2）共享内存语言的使用

1）Java。

对于 Java SDK 目前 Nuclio 官方提供的只有 v1.1.0 版本，它用于编写 Nuclio Java 处理程序。

要实现一个处理程序，需要实现一个 io.nuclio.EventHandler 的类。

```
import io.nuclio.Context;
```

```
import io.nuclio.Event;
import io.nuclio.EventHandler;
import io.nuclio.Response;
public class EmptyHandler implements EventHandler {
    @Override
    public Response handleEvent(Context context, Event event) {
        return new Response().setBody("");
    }
```

当指示构建用户的处理程序（创建一个用户处理程序 .jar）时，Java 运行时将从以下模板生成 Gradle 构建脚本。

```
plugins {
    id 'com.github.johnrengelman.shadow' version '2.0.2'
    id 'java'
}
repositories {
    {{ range .Repositories }}
    {{ . }}
    {{ end }}
}
dependencies {
    {{ range .Dependencies }}
    compile group: '{{.Group}}', name: '{{.Name}}', version: '{{.Version}}'
    {{ end }}

    compile files('./nuclio-sdk-java-1.0.0.jar')
}
shadowJar {
    baseName = 'user-handler'
    classifier = null  // Don't append "all" to jar name
}
task userHandler(dependsOn: shadowJar)
```

SDK、com.github.johnrengelman.shadow 等依赖的第三方 jar 包包含在 onbuild 镜像中，并且会根据用户代码构建 jar 包，不需要互联网访问。

Java 运行时将把 spec.build 的依赖传递到 Gradle 构建脚本中，例如下面的 function.yaml 文件。

```
spec:
    build:
        dependencies:
        - "group: com.fasterxml.jackson.core, name: jackson-databind, version: 2.9.0"
        - "group: com.fasterxml.jackson.core, name: jackson-core, version: 2.9.0"
        - "group: com.fasterxml.jackson.core, name: jackson-annotations, version: 2.9.0"
```

生成的 gradle 脚本如下所示。

```
dependencies {
    compile group: 'com.fasterxml.jackson.core', name: 'jackson-databind', version: '2.9.0'
    compile group: 'com.fasterxml.jackson.core', name: 'jackson-core', version: '2.9.0'
```

```
    compile group: 'com.fasterxml.jackson.core', name: 'jackson-annotations', version: '2.9.0'
}
```

通过提供仓库运行时属性，可以覆盖 build.gradle 中的仓库部分。如果该字段为空，则使用 mavenCentral ()。例如，下面 function. yaml 文件中的部分。

```
spec:
    build:
        runtimeAttributes:
            repositories:
            - mavenCentral()
            - jcenter()
```

生成的 gradle 脚本如下所示。

```
repositories {
    mavenCentral()
    jcenter()
}
```

2）NodeJs。

NodeJs 函数处理器如下所示。

```
exports.handler = function(context, event) {
    context.callback('');
};
```

处理程序字段的格式为 <package>:<entrypoint>。其中，<package> 是点 (.) 分隔的路径（例如，foo.bar 等同于 foo/bar.js）；<entrypoint> 是函数名。在上面的示例中，假设文件名为 handler.js，那么处理程序是 handler:handler。

3）Python。

Python 函数处理器如下所示。

```
def handler(context, event):
    return ""
```

handler 字段的格式为 < package > : < entrypoint >。其中，< package > 是一个点 (.) 分隔路径（例如，foo.bar 等同于 foo/bar.py）；<entrypoint > 是函数名。在上面的示例中，假设文件名为 main.py，处理程序是 main: handler。

函数配置文件是通过 .yaml 文件的 spec 字段指定的。

```
spec:
    handler: main:handler
    runtime: python:3.6
```

6.5.2　Golang 语言

（1）原理

Golang 语言运行时采用的是 Go 语言的插件系统，Go 语言的插件系统基于 C 语言动态库实现。动态库或者共享对象可以在多个可执行文件之间共享，减少内存的占用，其链接的过程往往也都是在装载或者运行期间触发的，所以可以包含一些可以热插拔的模块并降低内存的占用。

在现今内存比较充足的情况下，动态链接带来的低内存占用优势虽然已经不太明显，但是动态链接机制却可以提供更多的灵活性，主程序可以在编译后动态加载共享库实现热插拔的插件系统。Golang 运行结构如图 6-12 所示。

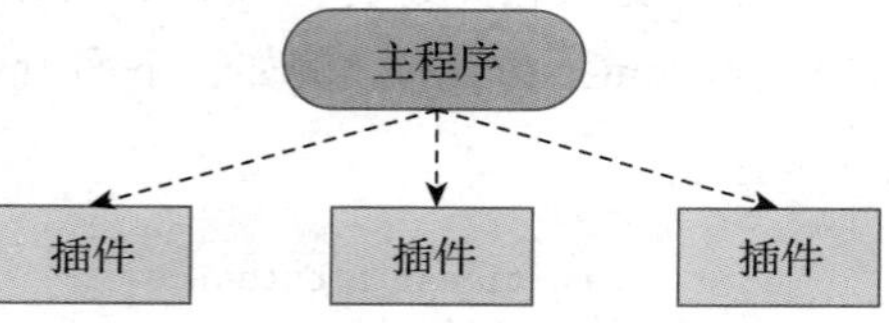

图 6-12　Golang 运行结构

Go 语言插件系统的全部实现都包含在 plugin 包中，这个包实现了系统的加载和运行。插件是一个带有公开函数和变量的包，要使用下面的命令编译插件。

```
go build -buildmode=plugin ...
```

在 Nuclio 中使用如下命令进行编译。

```
ONBUILD RUN GOOS=linux GOARCH=amd64 go build -mod=mod -buildmode=plugin -o /home/nuclio/bin/
    handler.so
```

加载插件的核心代码如下所示。

```
func (phl *pluginHandlerLoader) load(configuration *runtime.Configuration) error {
    // 加载配置项
    if err := phl.abstractHandler.load(configuration); err != nil {
        return errors.Wrap(err, "Failed to load handler")
    }
    // entrypoint 存在时返回空，设置为默认值
    if phl.entrypoint != nil {
        return nil
    }
    handlerPlugin, err := plugin.Open(configuration.Spec.Build.Path) // 通过路径加载 SO 文件
    if err != nil {
        return errors.Wrapf(err, "Can't load plugin at %q", configuration.Spec.Build.Path)
    }
    _, handlerName, err := phl.parseName(configuration.Spec.Handler)  // 解析入口 handler 的名称
    if err != nil {
        return errors.Wrap(err, "Failed to parse handler name")
    }
    handlerSymbol, err := handlerPlugin.Lookup(handlerName)     // 查找插件中 handlerName 名称的符号
    if err != nil {
        return errors.Wrapf(err, "Can't find handler %q in %q", handlerName, configuration.Spec.
            Build.Path)
    }
    var ok bool
    phl.entrypoint, ok = handlerSymbol.(func(*nuclio.Context, nuclio.Event) (interface{}, error))
        // 插件入口
    if !ok {
        return fmt.Errorf("%s:%s is of wrong type - %T",configuration.Spec.Build.Path,handlerName,
            handlerSymbol)
```

```
    }
    contextInitializerSymbol, err := handlerPlugin.Lookup("InitContext")  //插件中初始化函数符号标识
    if err != nil {                         //初始化不是必须存在的，如果不存在，忽略
        return nil
    }
    phl.contextInitializer, ok = contextInitializerSymbol.(func(*nuclio.Context) error)
        //插件初始化函数
    if !ok {
        return fmt.Errorf("InitContext is of wrong type - %T", contextInitializerSymbol)
    }
    return nil
}
```

可以看到，plugin.Open 就是加载插件。加载完毕，Golang 运行时会将函数入口当作参数启动一个 Golang 运行时，这样当请求到来时函数就可以接收到请求了。

```
//加载函数插件调用代码，load 指的是上面加载插件的核心代码
if err := handler.load(configuration); err != nil {
    return nil, errors.Wrap(err, "Failed to load handler")
}
//创建 Golang 运行时
newGoRuntime := &golang{
    AbstractRuntime: abstractRuntime,
    configuration:   configuration,
    entrypoint:      handler.getEntrypoint(),          // 加载插件核心代码中的函数入口 phl.entrypoint
}
contextInitializer := handler.getContextInitializer()     // 获取函数插件初始化代码，如果不存在跳过
if contextInitializer != nil {
    newGoRuntime.AbstractRuntime.Logger.DebugWith("Calling context initializer")

    if err := contextInitializer(newGoRuntime.Context); err != nil {
        return nil, errors.Wrap(err, "Failed to initialize context")
    }
}
newGoRuntime.SetStatus(status.Ready)                    // 将函数插件设置为 ready（就绪）状态
```

（2）Golang 语言的使用

Golang 函数处理器如下所示。

```
package main
import (
    "github.com/nuclio/nuclio-sdk-go"
)
func Handler(context *nuclio.Context, event nuclio.Event) (interface{}, error) {
    return nil, nil
}
```

函数包必须是 main，因为代码会编译成 Go 插件。Handler 字段可以是空的，因为 Go 运行时通过解析 AST 并查找具有预期签名的导出函数来支持自动处理程序检测。如果希望提供一个一致性处理程序，那么它应该采用 < package > : < entrypoint > 的形式。在上面的示例中，处理程序是 main: Handler。

6.5.3 Shell 语言

（1）原理

Shell 语言是命令行执行方式，通过 cmd.Stdin 读取 Shell 处理内容，并返回给 process worker。核心代码如下所示。

```
func (s *shell) processEvent(context context.Context,
    command []string,
    event nuclio.Event,
    responseChan chan nuclio.Response) {
    response := nuclio.Response{
        StatusCode: http.StatusInternalServerError,
        Headers:    s.configuration.ResponseHeaders,
    }
    // 将响应写入管道中
    defer func() {
        responseChan <- response
    }()
    var cmd *exec.Cmd
    if s.commandInPath {
        // 如果命令是可执行文件，使用 sh -c 将其作为命令运行
        cmd = exec.CommandContext(context, "sh", "-c", strings.Join(command, " "))
    } else {
        // 如果命令是一个 Shell 脚本，使用 sh( 不带 -c) 运行它，读取脚本并将其作为 Shell 脚本运行
        cmd = exec.CommandContext(context, "sh", command...)
    }
    cmd.Stdin = strings.NewReader(string(event.GetBody()))
    cmd.Env = s.env
    cmd.Env = append(cmd.Env, s.getEnvFromEvent(event)...)
    startTime := time.Now()
    // 执行，并获取响应
    out, err := cmd.CombinedOutput()
    if err != nil {
        s.Logger.ErrorWith("Failed to run shell command",
            "name", s.configuration.Meta.Name,
            "version", s.configuration.Spec.Version,
            "eventID", event.GetID(),
            "bodyLen", len(event.GetBody()),
            "command", command,
            "err", err)
        response.Body = []byte(fmt.Sprintf(ResponseErrorFormat, err, out))
        return
    }
    // 计算时长
    callDuration := time.Since(startTime)
    // 将持续时间添加到总和中
    s.Statistics.DurationMilliSecondsSum += uint64(callDuration.Nanoseconds() / 1000000)
    s.Statistics.DurationMilliSecondsCount++
    s.Logger.DebugWith("Shell executed",
        "eventID", event.GetID(),
```

```
        "callDuration", callDuration)
    response.StatusCode = http.StatusOK
    response.Body = out
}
```

（2）Shell 语言的使用

Shell 运行时允许函数开发人员在每个接收到的事件上创建一个进程。开发人员可以选择提供可执行脚本或运行容器镜像中的任何可执行二进制文件。

为了实现这一点，可以调用 rev 并将 stdin 作为输入传递（事件体在 shell 函数中显示为 stdin）。

使用以下代码创建 /tmp/nuclio-shell-script/everser.sh 文件。

```
#!/bin/sh
# @nuclio.configure
#
#  function.yaml:
#    apiVersion: "nuclio.io/v1"
#    kind: "NuclioFunction"
#    spec:
#      runtime: "shell"
#      handler: "reverser.sh"
#
rev /dev/stdin
```

函数配置需要包括以下内容。

1）Runtime：设置为 Shell。

2）Handler：设置为可执行文件的名称。在本示例中，文件名称为 main.sh，如图 6-13 所示。

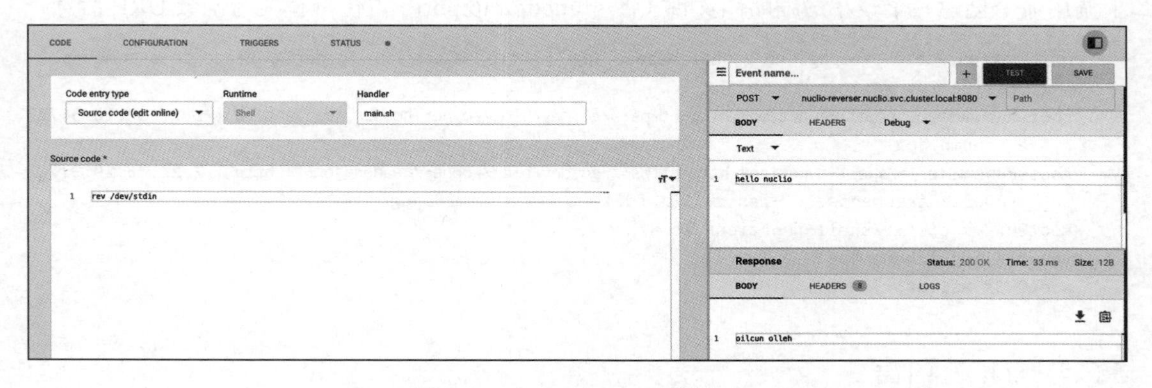

图 6-13 Nuclio shell 函数界面

（3）二进制文件处理事件

由于 Shell 运行时是一个子进程，因此可以利用它来运行容器镜像中的任何可执行二进制文件。这意味着不需要向 Shell 运行时提供任何代码，只需一个函数配置即可。在下面的示例中，安装 ImageMagick 实用程序并在每个事件上调用其转换可执行文件。然后，发送函数 images 并使用 convert 将响应中的图像缩小 50%。可以通过调用 nuctl 来执行此操作，如下所示。

```
nuctl deploy -p /dev/null convert \
    --runtime shell \
    --build-command "apk --update --no-cache add imagemagick" \
    --handler convert \
    --runtime-attrs '{"arguments": "- -resize 50% fd:1"}'
```

1）-p /dev/null：不需要传递路径，只需指示 nuctl 从 /dev/null 读取。

2）--build-command "apk --update --no-cache add imagemagick"：指示构建器通过 APK 在 build 上安装 ImageMagick。

3）--handler convert：处理程序必须设置为可执行文件的名称或路径。在此示例中，convert 位于环境 PATH 中，因此不需要完整路径。

4）--runtime-attrs '{"arguments": "- -resize 50% fd:1"}'：通过运行时特定属性可以指定可执行文件的参数。在此示例中，- 指示运行时从标准输入读取，其余参数指定如何转换接收到的图像。

因为调用不能发送图像，所以使用 HTTPie 创建一个缩略文件（用函数 URL 信息替换 <function ip: port> 占位符）。

```
http https://blog.golang.org/gopher/header.jpg | http <function ip:port> > thumb.jpg
```

Shell 运行时允许事件通过使用 header 信息头来覆盖默认参数。这意味着可以将 x-nuclio-arguments 作为 header 信息头，并为每个事件提供希望的任何转换参数。因此，可以使用以下调用命令创建一个较小的缩略图文件（将 <function ip:port> 占位符替换为函数 URL 信息）。

```
http https://blog.golang.org/gopher/header.jpg | http <function ip:port> x-nuclio-arguments:"-
    -resize 20% fd:1" > thumb.jpg
root@k8s-master:~/shell-function# http https://go.dev/blog/gopher/header.jpg  | http 172.24.33.20:31723
    >  thumb.jpg
root@k8s-master:~/shell-function# http https://go.dev/blog/gopher/header.jpg  | http 172.24.33.20:31723
    x-nuclio-arguments:"- -resize 20% fd:1"    >  thumb20.jpg
root@k8s-master:~/shell-function# ls
thumb20.jpg  thumb.jpg
root@k8s-master:~/shell-
```

6.5.4 .NET 语言

.Net Core 函数处理器的简单示例如下所示。

```
using System;
using Nuclio.Sdk;
```

```
public class nuclio
{
    public object empty(Context context, Event eventBase)
    {
        return new Response()
        {
            StatusCode = 200,
            ContentType = "application/text",
            Body = ""
        };
    }
}
```

处理程序字段的格式为 < class > : < entrypoint >。在本示例中是 nuclio:empty。

（1）项目文件

如果要使用或导入外部依赖项，应在函数处理程序文件旁创建一个 handler.csproj 文件，在其中列出所需的依赖项。

例如，下面的文件定义了 Microsoft.NET.Sdk 包的依赖项。

```
<Project Sdk="Microsoft.NET.Sdk">
    <PropertyGroup>
        <TargetFramework>netcoreapp3.1</TargetFramework>
        <GenerateAssemblyInfo>false</GenerateAssemblyInfo>
        <LangVersion>8.0</LangVersion>
    </PropertyGroup>
    <ItemGroup>
        <PackageReference Include="Newtonsoft.Json" Version="12.0.2" ></PackageReference>
    </ItemGroup>
</Project>
```

使用这个 handler.csproj 示例文件，可以按照以下方式使用 Newtonsoft. Json 包。

```
using Newtonsoft.Json;
...
JsonConvert.SerializeObject(...);
```

使用 dotnet add package < package name > 可以方便地添加更多依赖项。有关 dotnet add 包的详细信息，请参阅 Microsoft 文档。

（2）.NET Core 的使用

下面通过一个简单的示例，来完整地说明 .NET Core 的使用。此示例是将传入进来的请求 body 体进行反转。

```
// @nuclio.configure
//
// function.yaml:
//   spec:
//     runtime: dotnetcore
//     handler: nuclio:reverser
```

```
using System;
using Nuclio.Sdk;

public class nuclio
{
    public string reverser(Context context, Event eventBase)
    {
        var charArray = eventBase.GetBody().ToCharArray();
        Array.Reverse(charArray);
        return new string(charArray);
    }
}
```

将上面的代码保存为 reverser.cs。

函数配置需要包括以下内容。

1）Runtime：设置为 dotnetcore。

2）handler：设置为类的名称和方法的名称。在上述例子中，处理程序是 nuclio: reverser。

使用 Nuclio CLI（nuctl）部署和调用函数，命令如下所示。

```
nuctl deploy -p /tmp/nuclio-dotnetcore-script/reverser.cs --runtime dotnetcore --handler
    nuclio:reverser reverser

nuctl invoke reverser -m POST -b reverse-me

> Response headers:
Date = Sun, 03 Dec 2017 12:53:51 GMT
Content-Type = text/plain; charset=utf-8
Content-Length = 10
Server = nuclio

> Response body:
em-esrever
```

本章小结

函数处理器最终与函数打包在一起，是函数接收请求的前置处理单元。它主要对接各种触发器、监控、函数运行时。本章从架构层面介绍了事件源监听器、运行时引擎、数据绑定、控制框架；然后又从源码角度介绍了函数处理器的启动流程和处理函数请求的流程；最后又分别介绍了共享内存语言（Java、NodeJs、Python）、Golang、Shell、.Net 的函数运行时实现方式。

Nuclio 的命令行客户端

nuctl 是 Nuclio 的命令行界面（CLI），它提供对 Nuclio 特性的命令行访问环境。要安装 nuctl，只需访问 Nuclio 发布页面（https://github.com/nuclio/nuclio/releases）并下载适合本机操作系统的 CLI 二进制文件（例如，运行 macOS 的机器下载 nuctl-< version >-darwin-amd64）即可。也可以使用以下命令下载最新版的 nuctl。

```
curl -s https://api.github.com/repos/nuclio/nuclio/releases/latest \
    | grep -i "browser_download_url.*nuctl.*$(uname)" \
    | cut -d : -f 2,3 \
    | tr -d \" \
    | wget -O nuctl -qi - && chmod +x nuctl
```

7.1 nuctl 的用法

使用以下语法在终端窗口运行 nuctl 命令。

```
nuctl  [command] [type] [name] [flags]
```

1）command 用于指定要对一个或多个资源执行的操作，例如 create、get、describe、delete。

2）type 用于指定资源类型，如 functions/function、apigateways/apigateway、functionevents/functionevent、projects/project。

3）name 用于指定资源的名称。名称区分大小写。 如果省略名称，则显示所有资源的详细信息。在对多个资源执行操作时，可以按类型和名称指定每个资源，也可指定一个或多个文件。

4）flags 用于指定可选的参数。例如，可以使用 -n/--namespace 指定命名空间；使用 --platform 指定平台标识符，如 kube、local、auto，默认是 auto；使用 -h 查看帮助文档。

如果需要更详细的帮助，执行“nuctl --help”命令。

```
root@k8s-master:~# nuctl --help
Nuclio command-line interface
Usage:
    nuctl [command]
Available Commands:
    build       Build a function
    create      Create resources
    delete      Delete resources
    deploy      Build and deploy a function, or deploy from an existing image
    export      Export functions or projects
    get         Display resource information
    help        Help about any command
    import      Import functions or projects
    invoke      Invoke a function
    update      Update resources
    version     Display the version number of the nuctl CLI
Flags:
    -h, --help help for nuctl
    -k, --kubeconfig string Path to a Kubernetes configuration file (admin.conf)
    -n, --namespace string Namespace
        --platform string Platform identifier - "kube", "local", or "auto" (default "auto")
    -v, --verbose Verbose output
Use "nuctl [command] --help" for more information about a command.
```

7.2 nuctl 运行平台

nuctl 自动识别运行它的平台，也可以使用 --platform 指定特定的平台，以确保在特定平台上运行。

要强制 nuctl 在本地 Docker 运行，应使用 Docker 守护程序，将 --platform local 添加到 CLI 命令。

要强制 nuctl 在 Kubernetes 上运行实例，可以在 CLI 命令中添加 Platform kube。

当在 Kubernetes 上运行时，nuctl 需要在 Kubernetes 集群上运行并访问 kubeconfig 文件，kubeconfig 文件可以指定文件路径和文件，也可以使用 Kubernetes 默认的环境变量文件。

但是为了方便，一般使用 nuctl 的自动识别功能。

7.3 Cobra 的用法

Cobra 是一个用于创建强大的 CLI 的应用程序库。许多的 Go 项目都使用 Cobra 构建自己的 CLI 程序，如 Kubernetes 的 kubctl、Hugo 的 hugo 和 Nuclio 的 nuctl 等。Cobra 具有以下功能。

1）简单的基于子命令的 CLI，如 app server、app fetch 等。

2）完全符合 POSIX 的标志。

3）嵌套子命令。

4）支持全局、本地和级联的命令行标志参数（flag）。

5）命令行和 flag 自动生成。

6）子命令的分组帮助文档。

7）-h、--help 等参数自动识别。

8）支持 Shell 命令自动完成功能（bash、zsh、fish、powershell）。

9）支持应用程序自动生成帮助手册。

10）支持命令行别名设置。

11）支持定义自己的帮助和使用方式，具有很大的灵活性。

12）可与 viper 无缝集成，用于 12 要素应用程序。

7.3.1　Cobra 命令行参数

Cobra 建立在命令、参数和标志的结构之上。命令代表动作，参数是事物，标志是这些动作的修饰符。最好的应用程序在使用时读起来像句子，因此，用户可以直观地知道如何与它们交互。Cobra 遵循的模式是 APPNAME VERB NOUN --ADJECTIVE 或 APPNAME COMMAND ARG --FLAG。

在下面的例子中，server 是命令行，port 是标志。

```
hugo server --port=1313
```

命令是应用程序的中心点。应用程序支持的每个交互都将包含在命令中。命令可以有子命令，并且可以选择运行操作。

标志是一种修改命令行为的方法。Cobra 支持完全符合 POSIX 的标志及 Go 标志包。Cobra 命令可以定义持续到子命令的标志和仅对该命令可用的标志。标志功能由 pflag 库提供，它是标志标准库的一个分支，它在添加 POSIX 合规性的同时保持相同的接口。

7.3.2　Cobra 使用示例

（1）Cobra 的使用

cobra-cli 是一个命令行程序，使用它可以快速开发基于 Cobra 的应用程序。这是将 Cobra 合并到应用程序中的最简单的方法。

它可以通过运行以下命令进行安装。

```
go install github.com/spf13/cobra-cli@latest
```

Cobra 应用程序的组织结构如下所示。

```
▾ appName/             // 应用程序名称
  ▾ cmd/               // 命令行文件
      add.go
      your.go
      commands.go
      here.go
  main.go              //main 入口
```

（2）使用示例

要动手实现一个 Cobra 应用程序，需要先安装 cobra-cli，执行下面的命令。

```
go install github.com/spf13/cobra-cli@latest
```

运行 cobra-cli 可以查看帮助文档，初始化一个 go mod example 空项目，再运行 cobra-cli init 就可以得到一个刚初始化的 Cobra CLI 程序，如图 7-1 所示。

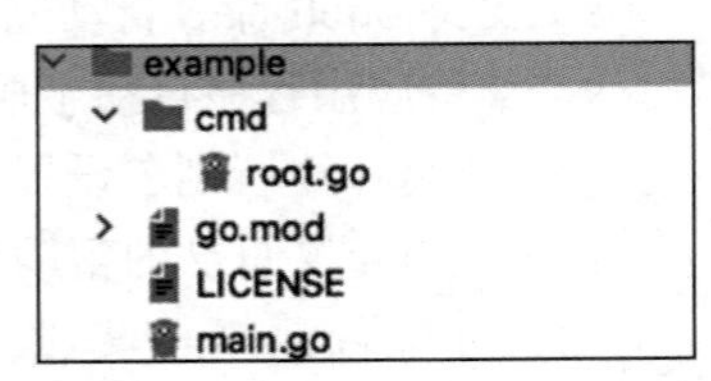

图 7-1　Cobra 示例代码目录结构

下面对 rootCmd 进行简单改写，使其能接收参数并打印，还能添加 version 文件和命令。核心代码如下所示。

```
var rootCmd = &cobra.Command{
    Use:   "example",                                  // 使用参数
    Short: "A brief description of your application",  // 简短描述
    Long: 'A longer description that spans multiple lines and likely contains examples and
        usage of using your application. For example: Cobra is a CLI library for Go that
        empowers applications. This application is a tool to generate the needed files to
        quickly create a Cobra application.',          // 长描述
    Args: cobra.MinimumNArgs(1),
    Run: func(cmd *cobra.Command, args []string) {     // 打印输入的参数
        fmt.Println("Print args: " + strings.Join(args, " "))
    },
}
---version.go 文件
func init() {
    rootCmd.AddCommand(versionCmd)
}
var versionCmd = &cobra.Command{
    Use:   "version",                                  // 使用参数
    Short: "Print the version number of example",      // 短描述
    Long:  'All software has versions. This is example's', // 长描述
    Run: func(cmd *cobra.Command, args []string) {     // 输出当前版本
        fmt.Println("example version  v1.0 -- HEAD")
    },
}
```

将代码编译为 example 二进制文件，执行相应的命令即可得到预期的结果。

```
(base) williamlee@MacBook-Pro example % ./example  version
example version  v1.0 -- HEAD
(base) williamlee@MacBook-Pro example % ./example  example
Print: example
(base) williamlee@MacBook-Pro example % ./example  hello
Print: hello
```

7.3.3　nuctl Cobra 命令行参数实现

nuctl 的实现也遵循上述 Cobra 规范，其中 rootCmd 是 pkg/nuctl/command/nuctl.go，在该文件里会加入各个子命令，每个子命令都是单独的文件（类似于上面的 version.go）。核心代码如下所示，文件结构如图 7-2 所示。

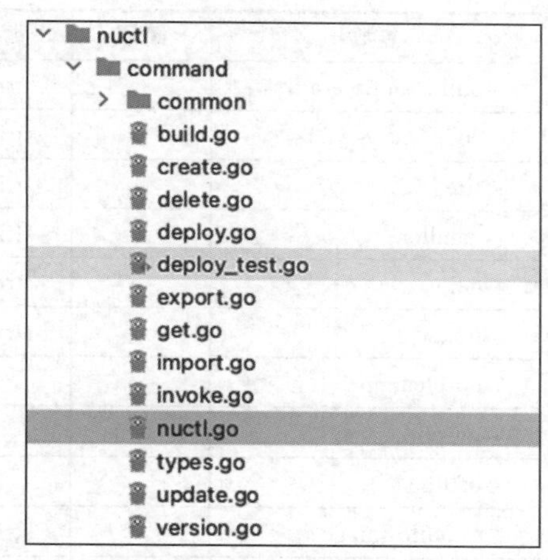

图 7-2　nuctl 代码目录结构

```
func NewRootCommandeer() *RootCommandeer {
    commandeer := &RootCommandeer{}
    cmd := &cobra.Command{
        Use:          "nuctl [command]",
        Short:        "nuclio command-line interface",
        SilenceUsage: true,
        SilenceErrors:true,
    }
    // 添加子命令
    cmd.AddCommand(
        newBuildCommandeer(commandeer).cmd,
        newDeployCommandeer(ctx, commandeer).cmd,
        newInvokeCommandeer(ctx, commandeer).cmd,
        newGetCommandeer(ctx, commandeer).cmd,
        newDeleteCommandeer(ctx, commandeer).cmd,
        newUpdateCommandeer(ctx, commandeer).cmd,
        newVersionCommandeer(commandeer).cmd,
        newCreateCommandeer(ctx, commandeer).cmd,
        newExportCommandeer(ctx, commandeer).cmd,
        newImportCommandeer(ctx, commandeer).cmd,
    )
    commandeer.cmd = cmd
    return commandeer
}
```

7.4　nuctl 示例

7.4.1　构建函数

```
nuctl build function-name [options] [flags]
```

其中，build 也可以简写为 bu；flags 参数及含义见表 7-1。

表 7-1　nuctl build 相关参数

参数	简写	类型	描述
--base-image		string	基础镜像的名称（默认为每个运行时的默认值）
--build-code-entry-attrs		string	函数 JSON 编码构建代码入口属性（默认为 {}）
--build-command		string	构建处理器镜像时要运行的命令

（续）

参数	简写	类型	描述
--build-runtime-attrs		string	函数 JSON 编码构建运行时属性（默认为 {}）
--code-entry-type		string	代码入口的类型（例如 url、github、image）
--file	-f	string	函数配置文件的路径
--handler		string	函数处理程序的名称
--help	-h	string	帮助
--image	-i	string	容器镜像名称
--no-cleanup			不要清理临时目录
--no-pull			不要拉取基础镜像
--offline			离线，不连接互联网
--onbuild-image		string	用于构建处理器镜像的运行时 onbuild 镜像
--output-image-file		string	构建输出容器镜像的路径
--path	-p	string	函数源代码路径
--registry	-r	string	容器仓库地址（env: NUCTL_REGISTRY）
--runtime		string	运行时，例如 golang、python:3.7
--source		string	函数的源代码（覆盖路径）

7.4.2　创建资源

```
nuctl create [command]
```

其中，create 可以简写为 cre；command 支持三种类型，即网关、函数事件、项目。

（1）API 网关

```
nuctl create apigateway name [flags]
```

其中，apigateway 可以简写为 agw；flags 参数及含义见表 7-2。

表 7-2　API 网关创建相关参数

参数	简写	类型	描述
--attrs		string	API 网关的 JSON 编码属性（覆盖所有其他属性），默认为 {}
--authentication-mode		string	API 网关认证方式 ['none', 'basicAuth', 'accessKey']
--basic-auth-password		string	基础的身份验证密码
--basic-auth-username		string	基础的身份验证用户名
--canary-function		string	API 网关金丝雀函数
--canary-percentage		string	金丝雀函数百分比
--description		string	API 网关描述

（续）

参数	简写	类型	描述
--function		string	API 网关主要函数
--help	-h		帮助
--host		string	API 网关主机地址
--path		string	API 网关路径（将作为端点连接到主机的 URI）
--project		string	API 网关的项目（默认为 " 项目 "）

（2）函数事件

```
nuctl create functionevent name [flags]
```

其中，functionevent 可以简写为 fe；flags 参数及含义见表 7-3。

表 7-3　函数事件创建相关参数

参数	简写	类型	描述
--attrs		string	函数事件的 JSON 编码属性（默认为 "{}"）
--body		string	调用函数体的内容
--display-name		string	显示名称
--function		string	事件所属函数
--help	-h		帮助
--trigger-kind		string	要调用的触发器类型
--trigger-name		string	要调用的触发器名称

（3）项目

```
nuctl create project name [flags]
```

其中，project 可以简写为 proj 或者 prj；flags 参数及含义见表 7-4。

表 7-4　项目创建相关参数

参数	简写	类型	描述
--description			项目描述
--help	-h		帮助
--owner			项目所有者

7.4.3　删除资源

```
nuctl delete [command]
```

其中，delete 可以简写为 del；command 支持四种类型，即 API 网关、函数事件、函数、项目。

（1）API 网关

```
nuctl delete apigateways name [flags]
```

其中，apigateways 可以简写为 agw 或者 apigateway；这里的 flags 参数只有帮助属性。

（2）函数事件

```
nuctl delete functionevents name [flags]
```

其中，functionevents 可以简写为 fe 或者 functionevent；这里的 flags 参数只有帮助属性。

（3）函数

```
nuctl delete functions [name[:version]] [flags]
```

其中，functions 可以简写为 fu、fn 或者 function；这里的 flags 参数只有帮助属性。

（4）项目

```
nuctl delete projects name [flags]
```

其中，projects 可以简写为 proj、prj 或者 project；flags 参数及含义见表 7-5。

表 7-5 项目删除相关参数

参数	简写	类型	描述
--strategy		string	项目删除策略：restricted（默认）、cascading
--wait			是否等到所有项目相关资源被移除
--wait-timeout		duration	等待超时，直到所有项目相关资源被移除（与等待一起，默认为 3min）
--help	-h		帮助

7.4.4 部署资源

```
nuctl deploy function-name [flags]
```

该命令主要用于编译和部署一个函数，也可以直接部署一个已经存在的函数镜像。flags 参数及含义见表 7-6。

表 7-6 flags 参数及含义

参数	简写	类型	描述
--annotations		string	附加函数注释，如 ant1=val1[,ant2=val2,...]
--base-image		string	基础镜像的名称（默认为每个运行时的默认值）
--build-code-entry-attrs		string	函数的 JSON 编码构建代码入口属性（默认为 {}）
--build-command		string	构建处理器镜像时要运行的命令
--build-runtime-attrs		string	函数的 JSON 编码构建运行时属性（默认为 {}）
--code-entry-type		string	代码入口的类型（例如，url、github、image）

（续）

参数	简写	类型	描述
--data-bindings		string	函数的 JSON 编码数据绑定
--desc		string	描述说明
--disable	-d		以禁用状态启动该功能（尚未运行）
--env	-e	string	环境变量 env1 = val1
--file	-f	string	函数配置文件的路径
--fsgroup		int	使用定义补充的 group 运行函数进程（默认为 –1）
--handler		string	函数处理程序的名称
--help	-h		帮助
--http-trigger-service-type		string	应用于 HTTP 触发器的 Kubernetes ServiceType
--image	-i	string	容器镜像的名称（默认为函数名称）
--input-image-file		string	输入函数镜像的 Docker 归档文件路径
--labels	-l	string	附加函数标签，如 lbl1 = val1[,lbl2 = val2,...]
--logger-level		string	调试、信息、警告、错误日志。默认情况下，使用平台配置
--max-replicas		int	函数副本的最大数量（默认为 1）
--min-replicas		int	函数副本的最小数量（默认为 1）
--no-cleanup			不要清理临时目录
--no-pull			不要拉取基础镜像，使用本地镜像
--nodeName		string	通过名称匹配选择约束在节点上运行函数 Pod
--nodeSelector		string	通过 key = value 选择约束在节点上运行函数 Pod，如 key1 = val1[,key2 = val2,...]
--offline			不连接互联网
--onbuild-image		string	用于构建处理器镜像的运行时 onbuild 镜像
--path	-p	string	函数源代码的路径
--platform-config		string	平台特定配置
--preemptionPolicy		string	函数 Pod 抢占策略
--priorityClassName		string	表示一个函数 Pod 相对于其他函数 Pod 的重要性
--project-name		string	函数的项目名称
--publish			发布功能
--readiness-timeout		int	函数准备就绪的最大等待时间，以秒（s）为单位（默认为 –1）
--registry	-r	string	容器镜像的 URL（环境变量为 NUCTL_REGISTRY）
--replicas		int	设置为任何非负整数以使用静态副本数（默认为 –1）

（续）

参数	简写	类型	描述
--resource-limit		string	'<resource name>=<quantity>' 格式的资源限制（例如，'cpu=3'）
--resource-request		string	请求的资源格式为 '<resource name>=<quantity>'（例如，'cpu=3'）
--run-as-group		int	使用组 ID 运行函数进程（默认为 -1）
--run-as-user		int	使用用户 ID 运行函数进程（默认为 -1）
--run-image		string	要部署的现有镜像的名称（默认为构建要部署的新镜像）
--run-registry		string	用于拉取镜像的仓库 URL，如果不同于指定的构建存储镜像仓库 URL，可以在 env 中指定运行时仓库（env: NUCTL_RUN_REGISTRY）
--runtime		string	运行时（例如 golang、python:3.7）
--runtime-attrs		string	函数编码运行时属性
--source		string	函数的源代码（覆盖 " 路径 "）
--target-cpu		int	自动缩放时的目标 CPU 使用百分比（默认为 -1）
--triggers		string	函数触发器
--volume		string	部署函数的卷

7.4.5 导出资源

```
nuctl export [command]
```

导出功能主要有两种，分别是导出函数和导出项目。

（1）导出函数

```
nuctl export functions [<function>] [flags]
```

导出环境中已部署的 Nuclio 函数的配置。其中，function 指函数名称；functions 可以简写为 function、fn 或者 f；flags 除了具有全局 flags 参数外，其他参数及含义见表 7-7。

表 7-7 导出函数相关参数

参数	简写	类型	描述
--output	-o	string	输出格式为 JSON 或 YAML，默认为 YAML
--no-scrub			导出所有函数数据，包括敏感和不必要的数据
--help	-h		帮助

（2）导出项目

```
nuctl export projects [<project>] [flags]
```

导出特定项目的配置（包括所有函数、函数事件和 API 网关），以 JSON 或 YAML 格式输出到标准输出。其中，projects 可以简写为 project、prj 或者 proj ；project 指项目名称；flags 除了具有全局 flags 参数外，其他参数及含义见表 7-8。

表 7-8 导出项目相关参数

参数	简写	类型	描述
-output	-o	string	输出格式为 JSON 或 YAML，默认为 YAML
--help	-h		帮助

7.4.6 展示资源详情

```
nuctl get [command]
```

用于展示资源详情。其中，command 包括 API 网关、函数事件、函数、项目。

（1）API 网关

```
nuctl get apigateways name [flags]
```

其中，apigateways 可以简写为 agw 或 apigateway；flags 参数及含义见表 7-9。

表 7-9 展示 API 网关相关参数

参数	简写	类型	描述
--help	-h		帮助
--output	-o	string	输出格式有 Text、Wide、YAML、JSON，默认为 Text

（2）函数事件

```
nuctl get functionevents name [flags]
```

其中，functionevents 可以简写为 fe 或 functionevent；flags 参数及含义见表 7-10。

表 7-10 展示函数事件相关参数

参数	简写	类型	描述
--function	-f	string	按拥有函数过滤
--help	-h		帮助
--output	-o	string	输出格式有 Text、Wide、YAML、JSON，默认为 Text

（3）函数

```
nuctl get functions [name[:version]] [flags]
```

其中，functions 可以简写为 fu、fn 或者 function；flags 参数及含义见表 7-11。

表 7-11 展示函数相关参数

参数	简写	类型	描述
--labels	-l	string	函数标签，如 lbl1=val1[,lbl2=val2,...]
--output	-o	string	输出格式有 Text、Wide、YAML、JSON；默认是 Text
--help	-h		帮助

（4）项目

```
nuctl get projects name [flags]
```

其中，projects 可以简写为 proj、prj 或者 project；flags 参数及含义见表 7-12。

表 7-12 展示项目相关参数

参数	简写	类型	描述
--output	-o	string	输出格式有 Text、Wide、YAML、JSON；默认是 Text
--help	-h		帮助

7.4.7 导入资源

导入资源指从标准文件或者标准输入中，导入一个或多个资源配置。这里的资源包括函数、项目两种类型。

（1）函数

```
nuctl import functions [<config file>] [flags]
```

其中，functions 可以简写为 function 、fn 或者 fu ；config file 指的是文件的路径；这里的 flags 参数只有 help。

（2）项目

```
nuctl import projects [<config file>] [flags]
```

其中，projects 可以简写为 project、prj 或者 proj；flags 参数及含义见表 7-13。

表 7-13 导入项目相关参数

参数	简写	类型	描述
--skip		strings	要跳过的项目名称，是以逗号分隔的列表形式
--skip-label-selectors		string	通过 Kubernetes 标签选择器过滤要跳过的项目
--help	-h		帮助

7.4.8 调用函数

```
nuctl invoke function-name [flags]
```

该命令实现通过函数名称调用函数。其中，flags 参数及含义见表 7-14。

表 7-14 调用函数相关参数

参数	简写	类型	描述
--body	-b	string	HTTP 请求消息体
--content-type	-c	string	HTTP 请求类型
--external-ips		string	用于调用函数的外部 IP 地址（以逗号分隔）

（续）

参数	简写	类型	描述
--headers	-d	string	HTTP 请求头，如 name = val1[,name = val2,...]
--help	-h		帮助
--log-level	-l	string	日志级别（包含 none、debug、info、warn、error），默认是 info
--method	-m	string	调用函数的 HTTP 方法
--path	-p	string	调用函数的路径
--timeout	-t	duration	调用函数的超时时间，默认是 1min0s
--via		string	调用函数的途径，包以下几种： any：loadbalancer 或者 external-ip loadbalancer：负载均衡器 external-ip：外部 IP

7.4.9　更新资源

```
nuctl update [command]
```

其中，update 可以简写为 upd；目前 command 只有 function，即

```
nuctl update function [name[:version]] [flags]
```

其中，function 可以简写为 fu 或者 fn；此处 flags 参数只有帮助（--help）。

7.4.10　显示版本

```
nuctl version [flags]
```

其中，version 可以简写为 ver。

本章小结

本章介绍了 Nuclio 命令行客户端的使用方式，并结合 Nuclio 的资源类型进行了详细说明。nuctl 作为 Nuclio 命令行客户端，使用它可以方便地进行函数等资源的部署、导入和导出等。

第 8 章 |Chapter 8|

Nuclio 的事件源映射和触发器

函数是事件驱动的，它们响应从事件源接收并推送到函数运行时引擎的事件触发器、数据消息或记录。

8.1 Nuclio 支持的事件类型

事件源可以根据它们的行为和流管理分为以下几类。每一类可以包含多个事件源。

Nuclio 支持以下事件类型。

1）同步请求 / 响应：客户端发出请求并等待立即响应。例如，HTTP 请求或者远程过程调用（RPC）。

2）异步消息队列请求：消息发布到队列并分发给订阅者。例如，RabbitMQ、MQTT、电子邮件或预定事件。

3）消息或记录流：按顺序处理一组有序的消息或者记录更新。例如，Kafka、AWS Kinesis 或 Iguazio V3IO 流。

4）记录或数据轮询（ETL）：从外部数据源或者数据库检索一组过滤的记录或数据对象。检索可以定期进行，也可以由数据更新触发。

Nuclio 支持的事件类型如图 8-1 所示。

同时，Nuclio 还支持将新的事件类型和事件源添加到处理器框架中。

1. 事件源映射

事件源映射指将事件源映射到特定的函数版本。例如，API 网关 Web URL “/”可以映射到生产版本，而 URL “/beta”可以映射到相同功能的 Beta 版本。用户需要在函数规范中指定事件映射，或者使用事件映射 CRUD API 调用或 CLI 命令。（当前的 CLI 版本还不支持事件源映射，仍然需要进行一些手动配置。）

同一个函数可以关联到多个事件源，同一个事件源可以触发多个函数调用。

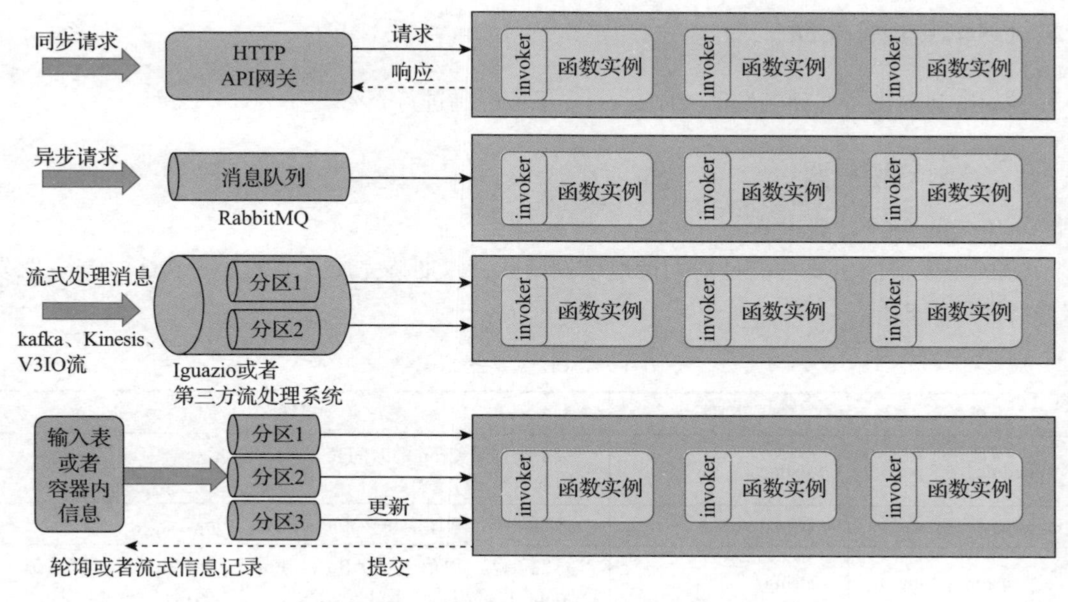

图 8-1　Nuclio 支持的事件类型

事件源映射可以使用确切的函数版本或别名（具体查看版本控制下面的详细信息）。映射还包括函数名称、类、类型、凭据和特定于类的属性等信息。

2. 事件负载平衡、分片和分发器

一些工作涉及跨多个函数处理器实例分布数据或工作项。例如，一个 Kafka 流可以划分为多个分区，并且每个分区在任何给定时间只能由单个处理器处理。或者在分片数据集的情况下，可能希望跨多个处理元素横向扩展数据集的处理。这些需要资源调度实体将数据分区分配到可用处理器并跟踪执行和完成。

Nuclio 有一个“分发器”实体，它可以将 *N* 个资源（分片、分区、任务等）动态地分配给 *M* 个处理器，并且可以处理故障及资源和处理器扩缩容方面的问题。

3. 事件对象

函数使用两个元素调用，即上下文对象和事件对象。事件对象描述传入事件的元数据，它以一种将实际事件源与函数分离的方式进行描述。单个函数可以由多种类型的事件源驱动，即函数可以接收单个事件或事件数组（例如，当使用流时）。上下文对象是指在一次请求过程中，将请求对象数据及中间处理过程数据传递给后续逻辑处理的过程。

访问事件对象可以通过接口（方法）。事件对象既可以作为 JSON 对象使用也可以作为 MsgPack 对象使用。MsgPack 是一个基于二进制的高效的对象序列化类库，比 JSON 更快速、更轻巧，它支持 Python、Golang、Java 等许多语言。常见的事件对象接口有 EventID、Body、ContentType、Headers、Fields 和 AsJSON，还有特定于类的事件对象接口。

8.2 Nuclio 触发器

Nuclio 目前支持九种触发器（Trigger）。下面分别进行介绍。

8.2.1 Cron 触发器

（1）Cron 触发器概述

Cron 触发器的主要功能是周期性地触发函数，以期待完成具体的业务功能。Cron 触发器的属性见表 8-1。

表 8-1 Cron 触发器的属性

属性	类型	描述
schedule	string	一个类似于 Cron 的时间表 例如，*/5 * * * *
interval	string	时间间隔，例如，1s、30min、1h、10day
concurrencyPolicy	string	并发策略，取值包括 Allow、Forbid 或 Replace；默认值为 Forbid。仅适用于在 Kubernetes 平台上使用的 CronJobs
jobBackoffLimit	int32	任务失败的重试次数，默认值为 2。只适用于在 Kubernetes 平台上使用的 CronJobs（参见 Kubernetes 说明）
event.body	string	CronJob 事件的 Body 消息体
event.headers	map of string/int	CronJob 事件的 Header 消息体

注意：

1）schedule 和 interval 是互斥的，因此使用时只能使用一个。

2）事件的 Body 消息体和 Header 消息体是可选的。

3）在 Kubernetes 平台上，可以将 cronTriggerCreationMode 平台配置字段设置为“kube”，以将触发器作为 Kubernetes CronJobs 运行，而不是默认从 Nuclio 处理器运行 Cron 触发器。

CronJob 根据函数配置的时间间隔或调度计划，使用 wget 调用默认 HTTP 触发器的函数。

wget 请求使用 head"x-nuclio-invoke-trigger: cron" 发送。

可以使用 concurrencyPolicy 和 jobBackoffLimit 属性来配置 CronJobs。

（2）使用示例

Cron 3s 定时触发调度示例如下。

```
triggers:
    myCronTrigger:
        kind: cron
        attributes:
            interval: 3s
```

下面的示例演示了将 Cron 触发器作为 Kubernetes CronJobs 运行的配置，它需要设置

concurrencyPolicy 和 jobBackoffLimit 属性。注意：这个实现需要将 cronTriggerCreationMode 平台配置字段设置为“kube”。

```
triggers:
    myCronTrigger:
        kind: cron
        attributes:
            interval: 10s
            concurrencyPolicy: "Allow"
            jobBackoffLimit: 2
```

8.2.2　HTTP 触发器

（1）HTTP 触发器概述

创建函数时触发器如果没有配置，Nuclio 会为函数默认创建一个 HTTP 触发器（默认情况下，它有 1 个工作器）。触发器开放容器端口 8080，当 HTTP 请求到达时会分配给工作器传入请求。如果工作器不可用，则返回一个 503 错误。

HTTP 触发器的属性见表 8-2。

表 8-2　HTTP 触发器的属性

属性	类型	描述
port	int	函数将在其上提供 HTTP 请求的端口号（或等效项）
ingresses.(name).host	string	请求映射的主机名
ingresses.(name).hostTemplate	string	映射的主机模板
ingresses.(name).paths	list of strings	请求路径列表
readBufferSize	int	读取请求的每个链接缓冲区大小
maxRequestBodySize	int	最大请求正文大小
reduceMemoryUsage	bool	如果设置为 true，则以更高的 CPU 使用率为代价减少内存的使用量
cors.enabled	bool	如果设置为 true，则启用跨域资源共享（CORS），默认值为 false
cors.allowOrigins	list of strings	表示 CORS 响应可以与来自指定源的请求代码共享（Access-Control-Allow-Origin 响应头）。默认值为 ['*'] 表示对于没有凭据的请求，允许与任何来源共享
cors.allowMethods	list of strings	允许的 HTTP 方法，可以在访问资源时使用（Access-Control-Allow-Methods 响应头），取值包括 HEAD、GET、POST、PUT、DELETE、OPTIONS
cors.allowHeaders	list of strings	允许的 HTTP 头，在访问资源时可以使用（Access-Control-Allow-Headers 响应头），取值包括 Accept、Content-Length、Content-Type、X-nuclio-log-level
cors.allowCredentials	bool	请求中的用户凭据，默认为 false
cors.preflightMaxAgeSeconds	int	请求结果可以缓存的时间秒数，默认值为 –1，表示没有结果缓存
serviceType	string	Kubernetes ServiceType，由 Kubernetes 服务用于公开触发器

（2）使用示例

1）配置 4 个工作器和最大 Body 消息体（1KB）。

```
triggers:
    myHttpTrigger:
        maxWorkers: 4
        kind: "http"
        attributes:
            maxRequestBodySize: 1024
```

2）配置自定义端口。

```
triggers:
    myHttpTrigger:
        kind: "http"
        attributes:
            port: 32001
```

3）Ingress 配置。

```
triggers:
    myHttpTrigger:
        kind: "http"
        attributes:

            # See "Invoking Functions By Name With Kubernetes Ingresses" for more details
            # on configuring ingresses
            ingresses:
                templated-host:

                    # e.g.: "my-func.some-namespace.nuclioio.com
                    hostTemplate: "{{ .ResourceName }}.{{ Namespace }}.nuclioio.com"
                    paths:
                        - "/"

                http:
                    host: "host.nuclio"
                    paths:
                        - "/first/path"
                        - "/second/path"
                http2:
                    paths:
                        - "MyFunctions/{{.Name}}/{{.Version}}"
```

4）CORS 配置。

```
triggers:
    myCORSHttpTrigger:
        kind: "http"
        attributes:
            cors:
                enabled: true
                allowOrigins:
```

```
        - "foo.bar"
    allowHeaders:
        - "Accept"
        - "Content-Length"
        - "Content-Type"
        - "X-nuclio-log-level"
        - "MyCustomAllowedRequestHeader"
    allowMethods:
        - "GET"
        - "HEAD"
        - "POST"
        - "PATCH"
    allowCredentials: false
    preflightMaxAgeSeconds: 3600
```

8.2.3 Kafka 触发器

（1）Kafka 触发器概述

Kafka 触发器允许用户处理发送给 Kafka 的消息，即将消息发送到一个 Kafka 流（跨主题和分区），告诉 Nuclio 从这个流中读取，然后对每个流消息调用函数处理程序一次。

在实际中，人们希望根据消息处理占用 Nuclio 函数的多少来上下调整消息处理的大小。为了支持动态扩展，函数的几个实例（“副本”）必须一起工作，以尽可能公平地在它们之间分割流消息，同时不丢失任何消息，也不会多次处理同一消息。

为此，Nuclio 使用了 Kafka 的消费者组。当一个或多个函数副本加入一个消费组时，Kafka 通知 Nuclio 它应该处理流的哪一部分。它通过使用一个称为“再平衡”的过程为每个函数副本分配一个或多个 Kafka 分区来读取和处理。Kafka 触发器的结构如图 8-2 所示。

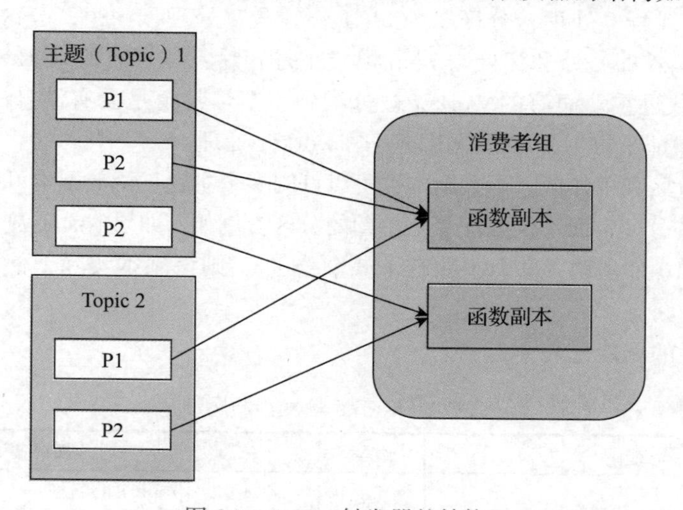

图 8-2　Kafka 触发器的结构

当一个函数副本被分配到一组分区时，它可以开始使用 Nuclio 工作器从分区中读取并处理它们。当前保证了一个给定的分区只由一个副本处理，并且消息是按顺序处理的。也就是说，只有在分区中前一个消息处理完成之后，才能读取和处理后一个消息。然而，在重新平衡期间，一个分区可能被迁移到另一个函数副本，同时仍然需要按顺序执行。

当一个分区被分配给一个副本时，分区消息由一个或多个工作器按顺序处理；每个消息由一个工作器处理。可以配置一个副本包含多少工作线程，以及如何分配工作线程来处理分区消息。

目前，给定副本的工作程序数由用户静态确定。更少的工作线程意味着副本消耗的内存更少，但是如果工作线程正在处理消息，那么新消息等待的时间会变长。一个较好的经验法则是将 worker 的数量设置为（分区数量 ÷ 最大副本数量）× 1.2。

例如，如果有 16 个分区，且副本的最大数量设置为 4，那么在稳定状态下，每个副本处理 16÷4 = 4 个分区。但是如果其中一个副本出现故障，每个副本将处理 16÷3 = 5 或 6 个分区。根据建议的公式，工作线程的最大数量应该是（16÷4）× 1.2 = 5。这意味着在稳定状态期间有一个额外的未使用的工作器，但是如果副本出现故障，消息处理将不会显著停滞。

Nuclio 支持两种工作分配模式，可以通过 workerAllocationMode 配置项进行配置。

1）池（Pool）模式。在这种模式中，分区是按照先到先得的原则动态分配给 worker 的。每当副本的一个分区接收到消息时，消息就被分配给第一个可用的工作者。这样做的好处是，当有消息要在复制的分区上进行处理时，worker 永远不会处于空闲状态。但代价是，给定分区的消息可能由不同的 worker 处理（尽管总是按顺序处理）。对于无状态函数，这不是问题。但是，如果函数保持状态，则可以通过使用“静态”分配模式将特定的工作线程“固定”到特定的分区。

2）静态（Static）模式。在这种模式下，分区被静态地分配给特定的工作线程，每个工作线程被分配处理特定分区的消息。例如，如果副本处理 20 个分区，并且有 5 个工作线程，分区 0～3 由工作线程 0 处理，分区 3～6 由工作线程 1 处理，……，分区 16～19 由工作线程 4 处理。这种模式的好处和坏处与 Pool 模式正好相反：尽管有的 worker 可能被分配到繁忙的分区导致负载过重，而有的 worker 被分配到不繁忙甚至是没有消息的分区导致负载停滞，但这种模式保证了每个分区总是由同一个 worker 处理。

上面讨论了分区和工作区。函数副本也可以订阅多个主题。函数副本可以使用它的 worker 来处理多个主题的分区，而不仅处理单个主题的分区。例如，如果 Nuclio 副本有 10 个 worker，并且配置为处理 10 个主题（每个主题有 100 个分区），则该副本实际上使用 10 个 worker 来处理 1000 个分区。

Kafka 触发性的属性见表 8-3。

表 8-3 Kafka 触发器的属性

属性	类型	描述
topic	string	监听主题（Topic）的名称
brokers	[]string	代理 IP 地址列表
partitions	[]int	函数接收事件的分区列表
consumerGroup	string	Kafka 消费者组的名称

（续）

属性	类型	描述
initialOffset	string	首次从分区读取消息时的位置（偏移量）。目前，可以设置最早或最近位置开始消息处理 注意：一旦从消息者组读取并连接到一个分区，随后的读取总是从前一次读取停止的偏移量进行，并忽略 initialOffset 配置。 可配置的值包括 earliest 和 latest 默认值为 earliest
sasl	object	简单的认证和安全对象 enable(bool)：启用身份验证 User (string)：用于身份验证的用户名 Password (string)：用于身份验证的密码
sessionTimeout (kafka-session-timeout)	string	检测消费者故障超时。例如，300ms
heartbeatInterval (kafka-heartbeat-interval)	string	心跳与消费者之间的预期间隔时间。心跳用于确保消费者的会话保持活动，并在新消费者加入或离开组时促进重新平衡。该值必须低于 sessionTimeout 配置，但通常不应高于该值的 1/3。它可以进一步调低，以控制正常再平衡的预期时间
workerAllocationMode (kafka-worker-allocation-mode)	string	可选值包括 pool 和 static 默认值为 pool

（2）使用示例

```
triggers:
    myKafkaTrigger:
        kind: kafka-cluster
        attributes:
            initialOffset: earliest
            topics:
                - mytopic
            brokers:
                - 10.0.0.2:9092
            consumerGroup: my-consumer-group
            sasl:
                enable: true
                user: "nuclio"
                password: "s3rv3rl3ss"
```

8.2.4 RabbitMQ 触发器

RabbitMQ 触发器的功能相对来说比较简单，就是从 RabbitMQ 队列中读取消息。RabbitMQ 触发器的属性见表 8-4。

表 8-4 RabbitMQ 触发器的属性

属性	类型	描述
exchangeName	string	交换队列的名称
queueName	string	如果指定了，触发器将从此队列读取消息
topics	list of strings	如果指定了，触发器会创建一个具有唯一名称的队列并订阅这些主题

RabbitMQ 触发器的使用示例如下所示。

```
triggers:
    myNatsTopic:
        kind: "rabbit-mq"
        url: "amqp://user:pass@10.0.0.1:5672"
        attributes:
            exchangeName: "myExchangeName"
            queueName: "myQueueNameName"
```

8.2.5 MQTT 触发器

MQTT 触发器的功能相对来说也比较简单，就是从 MQTT 队列中读取消息。MQTT 触发器的属性见表 8-5。

表 8-5 MQTT 触发器的属性

属性	类型	描述
subscriptions	subscription (topic, qos)	一个 MQTT 的订阅

MQTT 触发器的使用示例如下所示。

```
triggers:
    myMqttTrigger:
        kind: "mqtt"
        url: "10.0.0.3:1883"
        attributes:
            subscriptions:
            - topic: house/living-room/temperature
                qos: 0
            - topic: weather/humidity
                qos: 0
```

8.2.6 NATS 触发器

函数副本订阅来自 NATS 主题的消息，并且跨副本进行消息负载平衡。若要加入该工作组，要在触发器配置中指定队列名称属性。

队列名称可以是 Go 模板，该模板可以包含的字段见表 8-6。

表 8-6 NATS 触发器相关字段

名称	类型	描述
Id	string	触发器 ID
Namespace	string	函数 deployment 的命名空间
Name	string	函数名称
Labels	map	函数元数据的特定 label 值
Annotations	map	函数元数据的特定注释

NATS 触发器的属性见表 8-7。

表 8-7　NATS 触发器的属性

属性	类型	描述
topic	string	要监听的主题
queueName	string	要加入的共享工作队列的名称。默认是每个触发器自动生成的名称

NATS 触发器的使用示例如下所示。

```
triggers:
    myNatsTopic:
        kind: "nats"
        url: "nats://10.0.0.3:4222"
        attributes:
            "topic": "my.topic"
            "queueName": "{{ .Namespace }}.{{ .Name }}.{{ .Id }}"
```

8.2.7　Kinesis 触发器

Kinesis 触发器的功能是从亚马逊 Kinesis 流平台中读取数据。Kinesis 触发消费者消息时需要配置策略。下面是最小的策略操作。

kinesis:GetShardIterator

kinesis:GetRecords

kinesis:DescribeStream

```
{
    "Version": "2012-10-17",
    "Statement": [
        {
            "Sid": "VisualEditor0",
            "Effect": "Allow",
            "Action": [
                "kinesis:GetShardIterator",
                "kinesis:GetRecords",
                "kinesis:DescribeStream"
            ],
            "Resource": "arn:aws:kinesis:<region-name>:<user-unique-id>:stream/<specific-stream>"
        }
    ]
}
```

Kinesis 触发器的属性见表 8-8。

表 8-8　Kinesis 触发器的属性

属性	类型	描述
accessKeyID	string	需要 AWS Kinesis 提供的接入 ID
secretAccessKey	string	需要 AWS Kinesis 提供的接入 key

（续）

属性	类型	描述
regionName	string	需要 AWS Kinesis 提供的接入区域名称
streamName	string	需要 AWS Kinesis 提供的接入流名称
shards	string	函数接收事件的分片列表

Kinesis 触发器的使用示例如下所示。

```
triggers:
    myKinesisStream:
        kind: kinesis
        attributes:
            accessKeyID: "my-key"
            secretAccessKey: "my-secret"
            regionName: "eu-west-1"
            streamName: "my-stream"
            shards: [shard-0, shard-1, shard-2]
```

8.2.8 EventHub 触发器

EventHub 触发器用于从微软 Azure 事件中心读取事件。其属性见表 8-9。

表 8-9 EventHub 触发器的属性

属性	类型	描述
sharedAccessKeyName	string	需要从 Azure Event Hub 获取
sharedAccessKeyValue	string	需要从 Azure Event Hub 获取
namespace	string	需要从 Azure Event Hub 获取
eventHubName	string	需要从 Azure Event Hub 获取
consumerGroup	string	需要从 Azure Event Hub 获取
partitions	string	函数接收事件的分区列表

EventHub 触发器的使用示例如下所示。

```
triggers:
    eventhub:
        kind: eventhub
        attributes:
            sharedAccessKeyName: < your value here >
            sharedAccessKeyValue: < your value here >
            namespace: < your value here >
            eventHubName: fleet
            consumerGroup: < your value here >
            partitions:
            - 0
            - 1
```

8.2.9 V3IO 流触发器

当 V3IO 流触发器的函数副本启动时，它将读取存储在流分片旁边的流状态对象。此对象对每个消费者组都有一个属性，该属性包含以下信息。

1）消费者组中当前活动的成员（在本例中为 Nuclio 函数副本）。

2）每个成员最后一次刷新 keep-alive 字段（last_heartbeat）。

3）每个成员正在处理的分片。

在会话超时中设置的分配时间范围内没有刷新 last_heartbeat 字段的副本会被从状态对象的消费者组属性中删除。对于副本检查未被任何成员处理的分片，通过在消费者组属性中添加一个条目，向消费者组注册为这些分片的所有者。

在收到其分片分配后，副本为每个分片生成一个 Go 协程。每个 Go 协程识别副本消费者组中的当前分片偏移量（存储为分片中的属性），并开始从该偏移量中提取消息。当没有偏移信息时（例如，对于从消费者组分片的第一次读取），副本根据函数的查找配置执行查找最早或最新的分片记录。每次读取的消息都会调用函数处理程序。

对于每条已读消息，Nuclio 将序列号“标记”为已处理。周期性地将每个分片的最新标记序列号“提交”（即写入分片的偏移属性）。这样，未来的副本在不影响性能的情况下可从前一个副本中断的地方开始。

下面来说明消费机制。假设一个已部署的 Nuclio 函数，最小和最大副本配置为 3，该函数配置为使用消费者组 cg0 从具有 12 个分片的 /my-stream 流中读取信息。

第一个副本出现并读取流状态对象，但发现它不包含有关消费者组的信息。因此，它向状态对象添加了一个新的消费者组属性，将自己注册为消费者组的成员（通过向消费者组属性添加相关条目），并垄断了 1/3 的分片（12 / 3 = 4）。

第一个副本生成 4 个 Go 协程以从 4 个分片中读取。每个 Go 协程读取存储在分片中的偏移属性，却发现它不存在，因为这是第一次通过消费者组 cg0 读取分片。所以，它会寻找最早或最新的分片记录（取决于函数配置）并开始读取批量消息，将每条消息作为事件发送到函数处理程序。然后，副本定期执行以下操作。

1）将偏移量提交回分片的偏移量属性。

2）将 last_heartbeat 字段更新为 now () 时间以表明它是工作的。

3）标识并删除过期成员。

第二个和第三个副本以类似的方式出现并注册自己，执行类似的步骤。

下面配置说明了上述情况。

```
[
    {
        "member_id": "replica1",
        "shards": "0-3",
        "last_heartbeat": "t0"
    },
```

```
    {
        "member_id": "replica2",
        "shards": "4-7",
        "last_heartbeat": "t1"
    },
    {
        "member_id": "replica3",
        "shards": "8-11",
        "last_heartbeat": "t2"
    }
]
```

有时候，用户会决定重新部署该函数。在默认情况下，Nuclio 使用滚动更新部署策略，而 Kubernetes 逐个终止副本。一个 replica1 Pod 停止，另一个新的 replica1 Pod 被启动，并遵循相同的启动过程：它读取 state 对象的 Consumer-group 属性，并寻找可以接管的空闲分片，最初，它不会找到任何分片内容，因为 replica1 的 last _heart 字段仍然处于会话超时期间内，而 replica2 和 replica3 继续更新它们的 last _ heart 字段。

在这个阶段，repica1 会退出并定期重试，直到它最终检测到 repica1 的 last _ heart 字段开始运行的时间超过了会话的超时时间。然后，repica1 从消费者组中删除前一个 repica1 实例（通过从流的状态对象中的组属性中删除其条目）。当它检测到存在空闲的分片时，向状态对象的 Consumer-group 属性添加一个 repica1 条目，以将自己注册为成员，并接管空闲分片的一部分。

通过 repica2 或 repica3 从消费者组中删除 repica1 也是可能的，因为每个副本在更新 last_heart 字段时都会清除所有陈旧的组成员。

对于分片 0～3，replica1 的新实例读取分片的偏移量属性，该属性表示分片中前一个 replica1 实例停止的位置；在分片中寻找读取偏移量，并继续从这个位置读取消息。对 replica2 和 replica3 执行相同的过程。

有时候，“自动提交”特性可能存在问题。例如有状态函数，它们可能需要在函数失败时使用已经接收到的记录。

为此，Nuclio 提供了一种接收新事件而不提交它们的方法，并且在处理完成后，在相关的流分片上显式标记偏移量。这使得该函数能够同时接收和处理更多的事件。

要启用这个特性，请将触发器规范中的 ExpliciAckMode 设置为 enabled 或者 explicitOnly。Explici Ack Mode 的可选模式包括：

enabled：x-nuclio-stream-no-ack 头信息允许显式和隐式 ACK 功能。

disable：禁用显式的 ACK 特性，并且只允许隐式的 ACK。此为默认模式。

explicitOnly：只允许显式的 ACK 机制。

要接收更多事件而不提交它们，函数处理程序必须使用 Nuclio 响应对象进行响应，在请求中将 x-nuclio-stream-no-ack 头设置为 true。这可以通过调用响应的 sure_no_ack () 方法来实现：

```
response = nuclio_sdk.Response()
response.ensure_no_ack()
```

要显式提交事件的偏移量，应将相关事件信息保存在 QualifiedOffset 对象中，并将其传递给上下文响应对象的异步函数 display_ack() 方法：

```
qualified_offset = nuclio.QualifiedOffset.from_event(event)
await context.platform.explicit_ack(qualified_offset)
```

在重新平衡期间，该函数仍然可以处理事件。这时，可以使用下述方法注册一个回调，以便在重新平衡即将发生时删除或提交正在处理的事件。

```
context.platform.on_signal(callback)
```

注意事项：

1）目前，显式 ACK 功能仅适用于具有 Kafka 触发器的 Python 运行时和函数。

2）只有在使用静态工作分配模式时才能启用显式 ACK 功能。这意味着函数元数据必须具有注释 "nuclio.io/kafka-worker-allocation-mode":"static"。

3）QualifiedOffset 对象可以保存在持久存储中，并用于在以后调用该函数时提交偏移量。

4）explicit_ack() 必须等待对该方法的调用，这意味着处理程序必须是异步函数，或者提供事件循环来运行该方法。代码如下所示。

```
import asyncio
import nuclio
def handler(context, event):
    qualified_offset = nuclio.QualifiedOffset.from_event(event)
    loop = asyncio.get_event_loop()
    loop.run_until_complete(context.platform.explicit_ack(qualified_offset)
    return "acked"
```

本章小结

本章首先介绍了 Nuclio 事件源映射，Nuclio 支持同步 / 异步请求响应、消息数据流、数据轮询，以及函数事件对象如何使用和负载均衡；然后又分别介绍了 Cron、HTTP、Kafka、RabbitMQ、MQTT、NATS、Kinesis、EventHub、V3IO 流九个触发器及其使用示例。

第 9 章 |Chapter 9|

Nuclio API 网关

API 网关是一项允许将函数公开为 Web 服务的技术。本质上，它是将请求转发到函数并返回响应的代理。它可以用来调用函数，也可以提供身份验证、金丝雀部署和其他功能。

Nuclio 创建调用 API 网关的方式有三种：UI、nuctl 和 HTTP Client。Nuclio 的 API 网关是建立在 Kubernetes Ingress 之上。在第一篇章中，讲解了 Ingress 的概念，搭建了 Nginx 和 Traefik 两种 Ingress，但并没有对 Ingress 的使用进行介绍。所以在介绍 Nuclio API 网关之前，有必要先了解一下 Ingress 的使用方式。

9.1 Ingress 路由系统

Ingress 是从集群外部到集群内服务的 HTTP 和 HTTPS 路由。流量路由则是由 Ingress 资源上定义的规则进行控制。Ingress 的结构如图 9-1 所示。

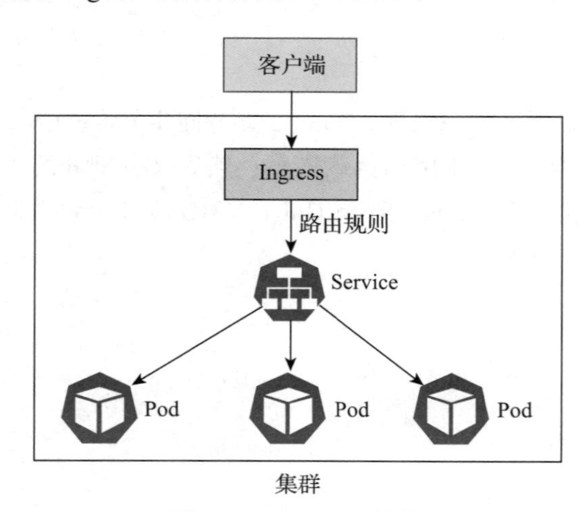

图 9-1 Ingress 的结构

Ingress 可为 Service 提供外部访问的 URL、负载均衡流量、SSL/TLS 等。Ingress 不会将 HTTP 和 HTTPS 以外的服务公开到互联网，它通常使用 Service.Type = NodePort 或 Service.Type = LoadBalancer 类型的 Service。

一个最小的 Ingress 资源示例如下所示。

```
apiVersion: networking.k8s.io/v1
kind: Ingress
metadata:
    name: minimal-ingress
    annotations:
        nginx.ingress.kubernetes.io/rewrite-target: /
spec:
    ingressClassName: nginx-example
    rules:
    - http:
        paths:
        - path: /testpath
            pathType: Prefix
            backend:
                service:
                    name: test
                    port:
                        number: 80
```

Ingress 需要指定 apiVersion、kind、metadata 和 spec 字段。Ingress 对象的名称必须是合法的 DNS 子域名。DNS 子域名需要满足以下规则。

1）不能超过 253 个字符。

2）只能包含小写字母、数字，以及 - 和 .。

3）必须以字母或数字开头。

4）必须以字母或数字结尾。

如果 ingressClassName 被省略，那么需要有一个默认的 Ingress 类。有一些 Ingress 控制器不需要定义默认的 IngressClass。例如，Ingress-NGINX 控制器可以通过参数 --watch-ingress-without-class 来配置。

Ingress 每个 HTTP 规则包含如下信息。

1）可选的 host。在上面的示例中，未指定 host，因此该规则适用于通过指定 IP 地址的所有入站 HTTP 通信。 如果提供了 host（例如 nuclio.com），则规则适用于该 host。

2）路径（path）列表（例如 /testpath）。每个路径都有一个由 serviceName 和 servicePort 定义的关联后端。在负载均衡器将流量定向到引用的服务之前，主机和路径都必须匹配传入请求的内容。

3）backend（后端）是 Service 文档中所述的服务和端口名称的组合。与规则的 host 和 path 匹配，将 Ingress 的 HTTP（和 HTTPS）请求发送到列出的 backend。

没有设置规则的 Ingress 将所有流量发送到同一个默认后端，而 .spec.defaultBackend 则是在这种情况下处理请求的那个默认后端。defaultBackend 通常是 Ingress 控制器的配置选项，而非在 Ingress 资源中指定。如果未设置任何的 .spec.rules，那么必须指定 .spec.defaultBackend。如果未设置 defaultBackend，那么如何处理所有与规则不匹配的流量将交由 Ingress 控制器决定。

Service 后端是指定请求转发的服务；而 Resource 后端是一个引用，指向同一命名空间中的另一个 Kubernetes 资源，将其作为 Ingress 对象。Resource 后端与 Service 后端是互斥的，在二者均被设置时会无法通过合法性检查。Resource 后端的一种常见用法是将所有入站数据导向带有静态资源的对象存储后端。

```
apiVersion: networking.k8s.io/v1
kind: Ingress
metadata:
    annotations:
        kubernetes.io/ingress.class: nginx
        nginx.ingress.kubernetes.io/configuration-snippet: proxy_set_header X-Nuclio-Target
            "en-to-zh";
        nginx.ingress.kubernetes.io/proxy-body-size: "0"
        nginx.ingress.kubernetes.io/ssl-redirect: "false"
    creationTimestamp: "2022-08-09T09:16:59Z"
    generation: 2
    labels:
        nuclio.io/apigateway-name: translation
        nuclio.io/app: ingress-manager
        nuclio.io/class: apigateway
        nuclio.io/project-name: default
    name: nuclio-agw-translation
    namespace: nuclio
    resourceVersion: "3044060"
    uid: 56b0a7da-50ad-4417-ab75-7272dd4f7261
spec:
    ingressClassName: nginx
    rules:
    - host: translation.api.gateway
        http:
            paths:
            - backend:
                service:
                    name: nuclio-en-to-zh
                    port:
                        number: 8080
                path: /en-to-zh
                pathType: ImplementationSpecific
status:
    loadBalancer: {}
```

Ingress 中的每个路径都需要有对应的路径类型（pathType）。未明确设置 pathType 的路径无法通过合法性检查。当前支持的路径类型有以下三种。

1）ImplementationSpecific ：对于这种路径类型，匹配方法取决于 IngressClass。具体实

现：可以将其作为单独的 pathType 处理或者与 Prefix 或 Exact 类型做相同处理。

2）Exact：精确匹配 URL 路径，且区分大小写。

3）Prefix：基于以“/”分隔的 URL 路径前缀匹配。匹配区分大小写，并且对路径中的元素逐个完成。路径元素指的是由“/”分隔符分隔路径中的标签列表。如果每个 p 都是请求路径 p 的元素前缀，则请求需要与路径 p 匹配。

在某些情况下，Ingress 中的多条路径会匹配同一个请求，这时，最长的匹配路径优先。如果仍然有两条同等的匹配路径，则精确路径类型优先于前缀路径类型。

（1）主机名通配符

主机名可以是精确匹配（例如“nuclio.domain.ingress”），也可以使用通配符来匹配（例如“*.domain.ingress”）。精确匹配要求 HTTP host 头部字段与 host 字段值完全匹配。通配符匹配则要求 HTTP host 头部字段与通配符规则中的后缀部分相同，见表 9-1。.yaml 文件示例如下所示。

表 9-1　通配符匹配示例

主机	host 头部	匹配与否
*.domain.ingress	nuclio.domain.ingress	基于相同的后缀匹配
*.domain.ingress	function.nuclio.domain.ingress	不匹配，通配符仅覆盖一个 DNS 标签
*.domain.ingress	domain.ingress	不匹配，通配符仅覆盖一个 DNS 标签

```
apiVersion: networking.k8s.io/v1
kind: Ingress
metadata:
    name: ingress-nuclio-host
spec:
    rules:
    - host: "nuclio.domain.ingress"
        http:
            paths:
            - pathType: Prefix
                path: "/nodejs"
                backend:
                    service:
                        name: service1
                        port:
                        number: 80
    - host: "*.domain.ingress"
        http:
            paths:
            - pathType: Prefix
                path: "/function"
                backend:
                    service:
                        name: service2
                        port:
                            number: 80
```

（2）Ingress 类

Ingress 可以由不同的控制器实现，通常使用不同的配置。每个 Ingress 应当指定一个类，也就是一个对 IngressClass 资源的引用。IngressClass 资源包含额外的配置，其中包括应当实现该类的控制器名称。示例代码如下所示。

```
apiVersion: networking.k8s.io/v1
kind: IngressClass
metadata:
    name: external-lb
spec:
    controller: example.com/ingress-controller
    parameters:
        apiGroup: k8s.example.com
        kind: IngressParameters
        name: external-lb
```

IngressClass 中的 .spec.parameters 字段可用于引用其他资源以提供额外的相关配置。参数（Parameter）的具体类型取决于 .spec.controller 字段中指定的 Ingress 控制器。

IngressClass 的参数默认是集群范围的。如果设置了 .spec.parameters 字段但未设置 .spec.parameters.scope 字段，或是将 .spec.parameters.scope 字段设为了 Cluster，那么该 IngressClass 所指代的即是一个集群作用域的资源。参数的类型（kind）（和 apiGroup 一起）指向一个集群作用域的 API（可能是一个定制资源（Custom Resource）)，而它的名称（name）则为此 API 确定了一个具体的集群作用域的资源。示例代码如下所示。

```
apiVersion: networking.k8s.io/v1
kind: IngressClass
metadata:
    name: external-lb-1
spec:
    controller: example.com/ingress-controller
    parameters:
        # 此 IngressClass 的配置定义在一个名为 external-config-1 的
        # ClusterIngressParameter（API 组为 k8s.example.net）资源中
        # 这项定义告诉 Kubernetes 去寻找一个集群作用域的参数资源
        scope: Cluster
        apiGroup: k8s.example.net
        kind: ClusterIngressParameter
        name: external-config-1
```

如果设置了 .spec.parameters 字段且将 .spec.parameters.scope 字段设为了 Namespace，那么该 IngressClass 将会引用一个命名空间作用域的资源。.spec.parameters.namespace 必须和此资源所处的命名空间相同。

参数的 kind（和 apiGroup 一起）指向一个命名空间作用域的 API（例如 ConfigMap），而它的 name 则确定了一个位于指定的命名空间中的具体资源。

命名空间作用域的参数帮助集群将控制细分到用于工作负载的各种配置中（例如，负载均衡设置、API 网关定义)。如果使用集群作用域的参数，则必须从以下两项中选择一项执行。

1）每次修改配置，集群操作角色需要批准其他角色的修改。

2）集群操作定义具体的准入控制，如 RBAC 角色与角色绑定，以使应用程序团队可以修改集群作用域的配置参数资源。

IngressClass API 本身是集群作用域的。

下面是一个引用命名空间作用域配置参数的 IngressClass 示例。

```
apiVersion: networking.k8s.io/v1
kind: IngressClass
metadata:
    name: external-lb-2
spec:
    controller: example.com/ingress-controller
    parameters:
        # 此 IngressClass 的配置定义在一个名为 external-config 的
        # IngressParameter（API 组为 k8s.example.com）资源中
        # 该资源位于 external-configuration 命名空间中
        scope: Namespace
        apiGroup: k8s.example.com
        kind: IngressParameter
        namespace: external-configuration
        name: external-config
```

（3）默认 Ingress 类

可以将一个特定的 IngressClass 标记为集群默认 Ingress 类。将一个 IngressClass 资源的 ingressclass.kubernetes.io/is-default-class 注解设置为 true，这可确保新的未指定 ingressClassName 字段的 Ingress 能够分配为这个默认的 IngressClass。

> **注意**　如果集群中有多个 IngressClass 被标记为默认，准入控制器将阻止创建新的未指定 ingressClassName 的 Ingress 对象。要解决这个问题，只需要确保集群中最多只能有一个 IngressClass 被标记为默认。

有一些 Ingress 控制器不需要定义默认的 IngressClass。例如，Ingress-NGINX 控制器可以通过参数 --watch-ingress-without-class 来配置。不过仍然推荐设置默认的 IngressClass。示例代码如下所示。

```
apiVersion: networking.k8s.io/v1
kind: IngressClass
metadata:
    labels:
        app.kubernetes.io/component: controller
    name: nginx-nuclio
     annotations:
        ingressclass.kubernetes.io/is-default-class: "true"
spec:
    controller: k8s.io/ingress-nginx
```

因为 Nuclio 在创建 Ingress 的同时，也没有显示指定 IngressClassName，所以在搭建环境时，需要指明默认的 Ingress 类，这样才能正常使用。

关于 Ingress 使用的相关内容就介绍到这里，更详细的内容可以参考 Kubernetes 官网。下面来介绍 Nuclio Ingress 的使用方式。

9.2 UI 方式

从 UI 创建 API 网关非常简单。在 Nuclio 的项目界面中，单击进入 API GATEWAYS 选项卡，然后单击右上角的 NEW API GATEWAY 按钮（见图 9-2），进入 API 网关参数设置界面（见图 9-3）。

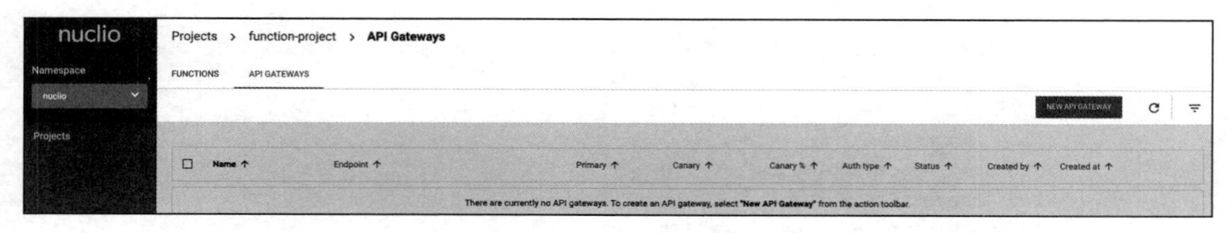

图 9-2　创建 API 网关

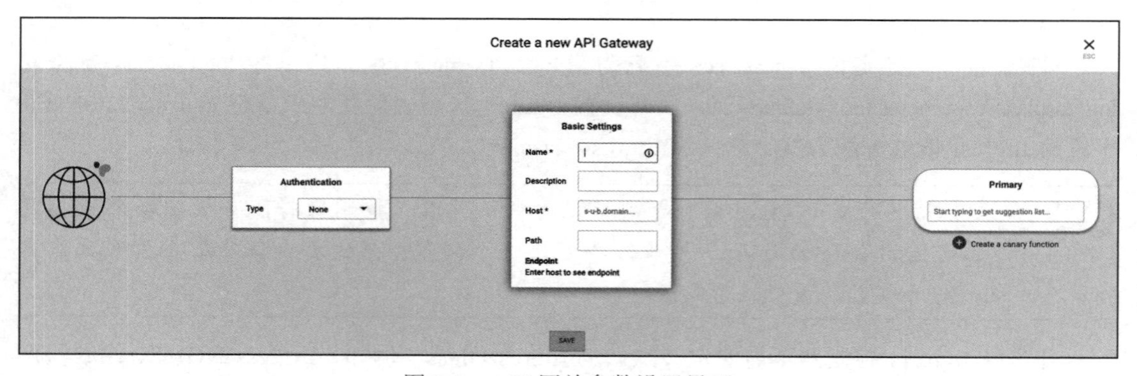

图 9-3　API 网关参数设置界面

API 网关参数说明如下。

（1）鉴权参数设置

Type：类型。单击下拉按钮，在弹出的下拉菜单中可以选择 None 或者 Basic。None 表示无鉴权（见图 9-4）；Basic，需要配置用户名和密码（见图 9-5）。

在图 9-5 所示鉴权参数设置中，Username 和 Password 这两个值可以随意设置，设置好后，后面请求带上完整的鉴权消息即可。

（2）基本参数设置

1）Name：API 网关的名称。

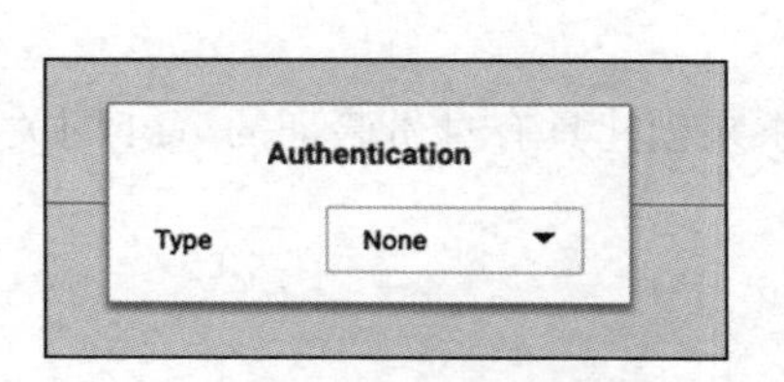

图 9-4　Nuclio API 网关无鉴权选项

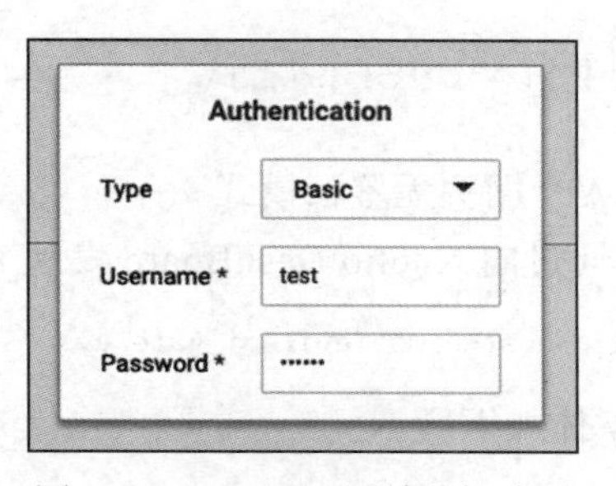

图 9-5　Nuclio API 网关鉴权选项

2）Description：API 网关的描述。

3）Host：API 网关的主机。

4）Path：API 网关的路径。

这里设置 Name 为 test-nodejs、Description 为 test nodejs api gateway、Host 为 nodejs.api.gateway、Path 为 test，如图 9-6 所示。

（3）API 网关关联的函数

可以设置不同函数的流量，如图 9-7 所示。

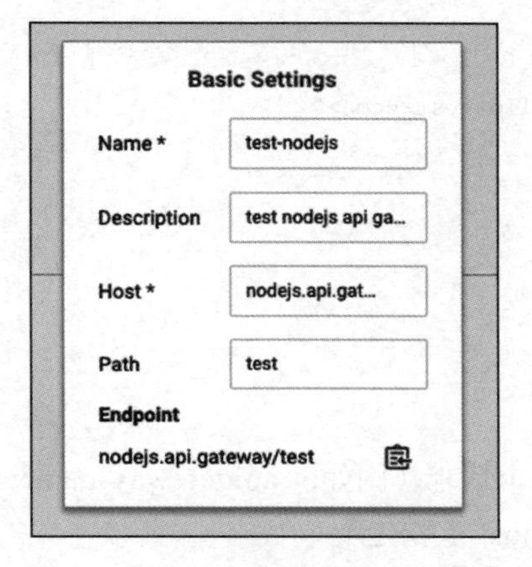

图 9-6　Nuclio API 网关的基本参数

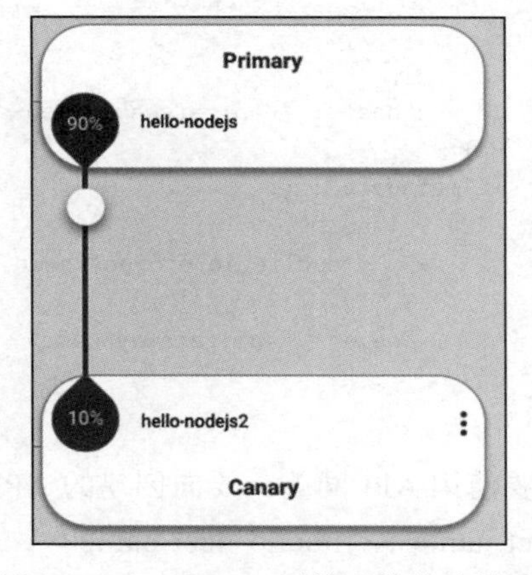

图 9-7　Nuclio API 网关函数分流设置

这里设置 hello-nodejs 函数 90% 的流量，hello-nodejs2 函数 10% 的流量。单击 SAVE 按钮进行保存。API 网关信息如图 9-8 所示。

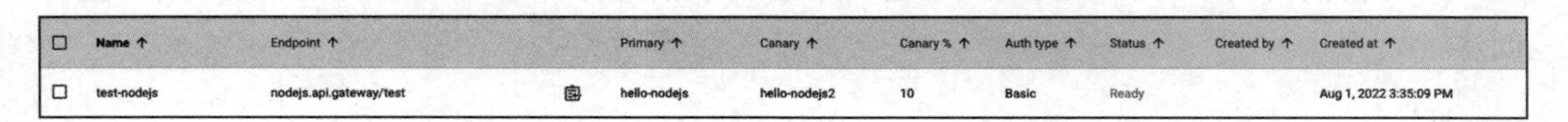

Name ↑	Endpoint ↑	Primary ↑	Canary ↑	Canary % ↑	Auth type ↑	Status ↑	Created by ↑	Created at ↑
test-nodejs	nodejs.api.gateway/test	hello-nodejs	hello-nodejs2	10	Basic	Ready		Aug 1, 2022 3:35:09 PM

图 9-8　Nuclio API 网关信息

当 Status（状态）为 Ready 的时候，代表 API 网关已经准备好。调用 API 网关请参考第 9.3 节。

9.3 HTTP Client 方式

（1）API 网关无鉴权模式

可以通过向 Nuclio DashBoard 发起 POST 请求来创建具有身份验证的 API 网关。

```
<nuclio-host-name>/api/api_gateways
```

Body 体如下所示。

```
{
    "spec": {
        "name": "<apigateway-name>",
        "description": "some description",
        "path": "/some/path",
        "authenticationMode": "none",
        "upstreams": [
            {
                "kind": "NuclioFunction",
                "NuclioFunction": {
                    "name": "function-name-to-invoke"
                },
                "percentage": 0
            }
        ],
        "host": "<apigateway-name>-<project-name>.<nuclio-host-name>"
    },
    "metadata": {
        "labels": {
            "nuclio.io/project-name": "default"
        },
        "name": "<apigateway-name>"
    }
}
```

要使用 API 网关，要向创建的 API 网关入口发送一个请求（例如 < apigateway-name >-< project-name >.< nuclio-host-name >，在请求主体 spec.host 上指定）。

（2）API 网关鉴权模式

可以通过对 API 网关应用基本身份验证来保护函数。使用基本身份验证时，客户端需要提供用户名和密码才能访问。

同无鉴权模式一样，鉴权模式也需要准备请求消息体，向 Nuclio 发送 POST 请求进行创建。

```
url:
<nuclio-host-name>/api/api_gateways
body:
{
    "spec": {
        "name": "<apigateway-name>",
```

```
        "description": "some description",
        "path": "/some/path",
        "authenticationMode": "basicAuth",
        "upstreams": [
            {
                "kind": "NuclioFunction",
                "NuclioFunction": {
                    "name": "function-name-to-invoke"
                },
                "percentage": 0
            }
        ],
        "host": "<apigateway-name>-<project-name>.<nuclio-host-name>",
        "authentication": {
            "basicAuth": {
                "username": "some-username",
                "password": "some-password"
            }
        }
    },
    "metadata": {
        "labels": {
            "nuclio.io/project-name": "default"
        },
        "name": "<apigateway-name>"
    }
}
```

要使用 API 网关，只需向创建的 API 网关入口发送一个请求（例如 < apigateway-name >-< project-name >.< nuclio-host-name >，在请求主体 spec.host 上指定），要带有以下信息头（header）。

```
key: Authorization
value: Basic base64encode("username:password")
```

例如，用户名和密码如下所示。

```
"username": "some-username"
"password": "some-password"
```

Base64 对 “ some-username: some-password ” 的编码是：c29tZS11c2VybmFtZTpzb21lLXBhc3N3b3Jk（使用 echo “ some-username: some-password ” | base64 -d) 命令即可得到），因此得到的请求头是

```
Authorization: Basic c29tZS11c2VybmFtZTpzb21lLXBhc3N3b3Jk
```

如果调用 API 网关没有带请求头信息，则系统会报 401，提示需要鉴权信息。

（3）金丝雀函数功能配置

可以通过更改上游的百分比来控制进入金丝雀函数的流量百分比。向 API 网关添加金丝

雀函数，并将其“百分比”设置为 0～100 之间的值。确保相应地设置第一个函数的百分比。

例如，如果有两个函数，即函数 1 和函数 2，希望 80% 的流量进入函数 1，20% 的流量进入函数 2，要指定以下内容。

```
{
    "spec": {
        "name": "<apigateway-name>",
        "description": "some description",
        "path": "/some/path",
        "authenticationMode": "none",
        "upstreams": [
            {
                "kind": "NuclioFunction",
                "NuclioFunction": {
                    "name": "function-1"
                },
                "percentage": 80
            },
            {
                "kind": "NuclioFunction",
                "NuclioFunction": {
                "name": "function-2"
                },
                "percentage": 20
            }
        ],
        "host": "<apigateway-name>-<project-name>.<nuclio-host-name>"
    },
    "metadata": {
        "labels": {
            "nuclio.io/project-name": "default"
        },
        "name": "<apigateway-name>"
    }
}
```

9.4 nuctl 方式

使用 nuctl 可以创建 API 鉴权和无鉴权两种网关。创建无鉴权的方式如下所示。

```
nuctl create apigateway <api-gateway-name> \
    --host <api-gateway-name>-<project-name>.<nuclio-host-name> \
    --path "/some/path" \
    --description "some-description" \
    --function some-function-name \
    --authentication-mode "none" \
    --namespace <namespace>
```

鉴权方式需要提供用户名和密码，代码如下所示。

```
nuctl create apigateway <api-gateway-name> \
    --host <api-gateway-name>-<project-name>.<nuclio-host-name> \
    --path "/some/path" \
    --description "some-description" \
    --function some-function-name \
    --authentication-mode "basicAuth" \
    --basic-auth-username <some-username> \
    --basic-auth-password <some-password> \
    --namespace <namespace>
```

本章小结

本章先介绍了 Kubernetes Ingress 的使用方式，包括 Ingress 域名规则、主机通配符、Ingress 类和默认 Ingress 类；然后详细介绍了 Nuclio API 网关 UI、HTTP Client 和 nuctl 的三种使用方式。

第 10 章 |Chapter 10|

Nuclio 的配置和管理

Nuclio 的配置分为平台配置和函数配置。函数配置携带有关特定函数的信息，如它是如何触发的、运行时类型等；而平台配置携带有关运行函数平台的信息，例如，函数应该记录到哪里、采用了什么样的度量机制，以及该函数应该在哪个端口上监听健康检查等。

虽然理论上这些平台配置可以在函数配置中传递，但它会使配置更新成为一项复杂的任务，即为所有已配置的函数重新生成配置。因此，平台配置需要单独存储，在所有函数之间共享。这样就可以在系统中维护一份配置。

10.1 平台配置

在 Nuclio 中，“平台”可以是集群或者集群的任何子资源，例如命名空间。例如，如果租户使用命名空间进行隔离，那么每位租户配置的日志记录、度量等都有可能是不同的，所以，需要为每位租户配置一下不同的平台信息。下面来分类介绍平台配置信息。

10.1.1 日志接收器

配置函数日志的位置需要两个步骤：首先，创建一个命名记录接收器并为其提供配置；然后，使用给定的日志级别在所需范围内引用此记录接收器。范围包括：

1）系统日志记录：这是控制器、仪表盘等 Nuclio 服务日志发送到的地方。

2）函数日志记录：函数日志发送到的地方。

3）特定函数：每个函数可选的重写，允许将特定函数发布到平台函数日志记录器以外的其他地方。

例如，希望将所有函数日志、警告、错误日志从系统发送到 Azure Application Insights，并且也希望所有系统日志转到 stdout。在 platform.yam 配置文件中的 logger 部分如下所示。

```
logger:
    sinks:
        myStdoutLogger:
            kind: stdout
        myAppInsightsLogger:
            kind: appinsights
            attributes:
                instrumentationKey: something
                maxBatchSize: 512
                maxBatchInterval: 10s
    system:
    - level: debug
      sink: myStdoutLogger
    - level: warning
      sink: myAppInsightsLogger
    functions:
    - level: debug
      sink: myAppInsightsLogger
```

在上述代码中，首先声明了两个接收器，即 myStdoutLogger 和 myAppInsightsLogger；然后，将 system: debug 绑定到 myStdoutLogger，并将 system: warning 和 function: debug 绑定到 myAppInsightsLogger。

所有日志接收器都支持以下字段。

1）kind：输出的种类。

2）url：接收器所在的 URL。

3）attributes：一种类特定的属性。

标准输出（stdout）接收器目前不支持任何特定属性。

Azure Application Insights（appinsights）支持以下字段。

1）attributes.instrumentationKey：Azure 提供的秘钥。

2）attributes.maxBatchSize：在发送到 Azure 之前最大批处理记录数（默认为 1024）。

3）attributes.maxBatchInterval：等待 maxBatchSize 记录的时间（有效的时间单位是 ns、μs、ms、s、min、h），之后收集的任何信息将被发送到 Azure（默认为 3s）。

10.1.2 指标接收器

指标接收器与日志记录器接收器类似，首先声明一个接收器，然后将一个作用域绑定到它。例如，如果希望所有系统指标都由 Prometheus 提取，而所有功能指标都推送到 Prometheus 的推送代理（Prometheus Pushgateway Proxy），那么平台配置文件 platform.yaml 可以像下面这样声明。

```
metrics:
    sinks:
        myPromPush:
            kind: prometheusPush
```

```
                url: http://prometheus-prometheus-pushgateway:9091
                attributes:
                    jobName: myPushJob
                    instanceName: myPushInstance
                    interval: 10s
            myPromPull:
                kind: prometheusPull
                url: :8090
                attributes:
                    jobName: myPullJob
                    instanceName: myPullInstance
            myAppInsights:
                kind: appisights
                attributes:
                    interval: 10s
                    instrumentationKey: something
                    maxBatchSize: 2048
                    maxBatchInterval: 60s
        system:
        - myPromPull
        - myAppInsights
        functions:
        - myPromPush
```

所有指标接收器都支持以下字段。

1）kind：输出的种类。

2）url：接收器所在的 URL。

3）attributes：一种类特定的属性。

Prometheus 推送（prometheusPush）支持以下字段。

1）url：推送代理 URL。

2）attributes.jobName：Prometheus 工作名称。

3）attributes.instanceName：Prometheus 实例名称。

4）attributes.interval：保存推送发生的时间间隔的字符串，例如 10s、1h 或 2h45min。有效时间单位为 ns、μs、ms、s、min、h。

Prometheus 拉取（prometheusPull）支持以下字段。

1）url：监听服务提供的 HTTP 接口。

2）attributes.jobName：Prometheus 工作名称。

3）attributes.instanceName：Prometheus 实例名称。

Azure Application Insights（appinsights）支持以下字段。

1）attributes.interval：保存推送发生的时间间隔的字符串，例如 10s、1h 或 2h45min。有效时间单位为 ns、μs、ms、s、min、h。

2）attributes.instrumentationKey：Azure 提供的秘钥。

3）attributes.maxBatchSize：在发送到 Azure 之前最大批处理记录数（默认为 1024）。

4）attributes.maxBatchInterval：等待 maxBatchSize 记录的时间（有效的时间单位是 ns、μs、ms、s、min、h。之后收集的任何东西将被发送到 Azure（默认为 3s)。

10.1.3　管理地址

函数可以选择通过 HTTP 获取和更新服务配置。在默认情况下，服务端口号为 8081，可以通过修改配置项更改。

1）enabled：在默认情况下，是否开启监听请求。

2）listenAddress：监听的端口号地址，默认为 8081。

例如，下面的例子中配置的监听端口号为 10000。

```
webAdmin:
    listenAddress: :10000
```

10.1.4　健康检查

函数生命周期的一个重要部分是通过 HTTP 验证其运行状况。在默认情况下，监听端口号为 8082，可以通过修改配置项更改。

1）enabled：在默认情况下，是否开启监听请求。

2）listenAddress：监听的端口号地址，默认为 8082。

例如，下面的例子禁用了函数健康检查。

```
healthCheck:
    enabled: false
```

10.1.5　Cron 触发器创建模式

CronTriggerCreationMode 配置字段确定如何运行 Cron 触发器。

1）processor：从 Nuclio 处理器运行 Cron 触发器（默认)。

2）kube：运行 Cron Kubernetes Cro 触发器。

例如，以下配置将 Nuclio 的 Cron 触发器实现为 Kubernetes 平台上的 Kubernetes CronJobs。

```
cronTriggerCreationMode: "kube"
```

10.1.6　函数运行时

函数运行时（runtime）部分允许配置各种相关的参数。例如，要自定义 PyPI 存储库，请添加以下部分。

```
runtime:
    python:
        buildArgs:
            PIP_INDEX_URL: "https://test.pypi.org/simple"
```

10.2 函数配置

Nuclio 函数配置的基本结构类似于 Kubernetes 的资源定义，包括 apiVersion、kind、元数据、spec 和 status 部分。下面是一个最小定义示例。

```
apiVersion: "nuclio.io/v1"
kind: NuclioFunction
metadata:
    name: example
spec:
    image: example:latest
```

10.2.1 函数元数据

函数元数据（Meta Data）的属性见表 10-1。

表 10-1 函数元数据的属性

属性	类型	描述
name	string	函数名称
namespace	string	平台提供的隔离级别命名空间（如 kubernetes）
labels	map	用于查找函数的键值标记列表（不可变，第一次部署后不能更新）
annotations	map	基于键 / 值标记的注释列表

示例如下所示。

```
metadata:
    name: example
    namespace: nuclio
    labels:
        l1: lv1
        l2: lv2
        l3: 100
    annotations:
        a1: av1
```

10.2.2 函数规约

函数规约（Specification/spec）部分包含函数运行时需求和属性，见表 10-2。

表 10-2 函数规约属性

属性	类型	描述
description	string	函数文本的描述
handler	string	函数入口处，不同运行时略有不同
runtime	string	语言运行时，如 golang python:3.9、shell、java、nodejs

（续）

属性	类型	描述
image	string	函数镜像名称
env	map	键 / 值的环境变量值
volumes	map	存储卷，类似于 Kubernetes 中的概念
replicas	int	函数实例数量
minReplicas	int	最低副本数量
platform.attributes.restartPolicy.name	string	函数镜像容器的重启策略，仅适用于 Docker 平台
platform.attributes.restartPolicy.maximumRetryCount	int	函数镜像容器重启策略的最大重试次数，仅适用于 Docker 平台
platform.attributes.mountMode	string	函数挂载模式，它决定了 Docker 如何挂载函数配置（默认值为 bind）。仅适用于 Docker 平台
maxReplicas	int	最大副本数量
targetCPU	int	自动扩缩容时的目标 CPU 值，以百分比为单位（默认值为 75%）
triggers.(name).maxWorkers	int	触发器可以处理的最大并发请求数
triggers.(name).kind	string	触发器的类型，如 cron、eventhub、http、kafka-cluster、kinesis、nats、rabbit-mq
triggers.(name).url	string	触发器 URL（并非所有触发器都使用）
triggers.(name).annotations	list of strings	触发器的注释
triggers.(name).workerAvailabilityTimeoutMilliseconds	int	如果触发器不可用，则为等待的毫秒数。0 代表不等待（默认值为 10000，表示 10s）
triggers.(name).attributes	参见第 8.2 节	每个触发器的属性
build.path	string	GitHub 、GitLab 等包含函数代码的 URL，也可以使本地文件
build.functionSourceCode	string	Base64 编码的函数源代码
build.registry	string	用于存放函数镜像的仓库
build.noBaseImagePull	string	在构建时不要拉取任何基础镜像，仅使用本地镜像
build.noCache	string	在构建容器镜像时不要使用任何缓存
build.baseImage	string	构建函数处理器镜像的基础镜像
build.Commands	list of string	构建镜像时的一些命令
build.onbuildImage	string	onbuild 容器镜像的名称，用于构建函数的处理器镜像，名称可以包含 {{ .Label }} 和 {{ .Arch }} 用于格式化
build.image	string	构建函数容器镜像的名称（默认值为函数名）
build.codeEntryType	string	函数的代码输入类型，如 archive、git、github、image、s3、source Code;

（续）

属性	类型	描述
build.codeEntryAttributes	参见附录代码输入类型	代码入口属性，提供在使用 GitHub、s3 或存档代码入口类型时下载函数的信息
runRegistry	string	平台拉取镜像的镜像仓库
runtimeAttributes	参见第 6.5 节	特定的运行时属性
resources	参见 k8s 资源	限制分配给已部署函数的资源
readinessTimeoutSeconds	int	控制器部署函数等待函数准备好的秒数（默认值为 60），超过这个时间就会声明失败
waitReadinessTimeoutBeforeFailure	bool	即使部署失败或预计在 readinessTimeout 到期之前不会完成，也要等待就绪超时期限到期
avatar	string	要在 UI 中为函数显示的图标的 Base64 表示
eventTimeout	string	全局事件超时时间，格式为 time.ParseDuration Go 函数的 Duration 参数支持的格式
securityContext.runAsUser	int	运行容器进程入口点的用户 ID（UID）
securityContext.runAsGroup	int	运行容器进程入口点的组 ID（GID）
securityContext.fsGroup	int	添加和使用的补充组，用于运行容器进程的入口点
serviceType	string	描述服务的入口方法
affinity	v1.Affinity	用于确定调度 Pod 节点的规则集
nodeSelector	map	通过键值对选择器将函数 Pod 部署到节点
nodeName	string	通过节点名称将函数 Pod 部署到节点
priorityClassName	string	表示函数 Pod 之间的优先级
preemptionPolicy	string	函数 Pod 抢占策略（Never 或 PreemptLowerPriority）
tolerations	[]v1.Toleration	函数 Pod 的容忍度

示例如下所示。

```
spec:
    description: my Go function
    handler: main:Handler
    runtime: golang
    image: myfunctionimage:latest
    platform:
        attributes:
            restartPolicy:
                name: on-failure
                maximumRetryCount: 3
            mountMode: volume
    env:
    - name: SOME_ENV
        value: abc
```

```
- name: SECRET_PASSWORD_ENV_VAR
    valueFrom:
        secretKeyRef:
            name: my-secret
            key: password
volumes:
    - volume:
            hostPath:
                path: "/var/run/docker.sock"
        volumeMount:
            mountPath: "/var/run/docker.sock"
minReplicas: 2
maxReplicas: 8
targetCPU: 60
build:
    registry: localhost:5000
    noBaseImagePull: true
    noCache: true
    commands:
    - apk --update --no-cache add curl
    - pip install simplejson
resources:
    requests:
        cpu: 1
        memory: 128M
    limits:
        cpu: 2
        memory: 256M
securityContext:
    runAsUser: 1000
    runAsGroup: 2000
    fsGroup: 3000
```

10.3　Nuclio 函数版本管理

Nuclio 函数版本管理和普通的版本管理不太一样，它目前不支持同一函数名不同版本的运行。因此，要想进行版本管理，可以在命名函数时，人为加上版本号，这样 Nuclio 就可以在同一时间运行不同版本的函数。再结合 Nuclio 的网关功能，就可以对不同函数的版本进行分流。实际上，在 Nuclio 看来，这样做本身就是不同的函数。从实际经验来看，人为在函数名上加版本号，可以方便区分。例如人脸搜索函数 face-search-v1-0 和 face-search-v1-1，代表人脸搜索函数 face-search 的 v1.0 和 v1.1，这两个版本会同时运行在 Nuclio 系统中。

10.4　Nuclio 部署

Nuclio 整体部署流程是从代码或者 spec 指定的 .yaml 文件中开始构建，构建包括将基础镜像、代码依赖、配置等信息编译打包为镜像，并把镜像推送到指定的仓库中；然后再从指定的仓库中进行部署；spec 指定的 .yaml 也可以从已有的镜像中进行部署。Nuclio 部署如图 10-1 所示。

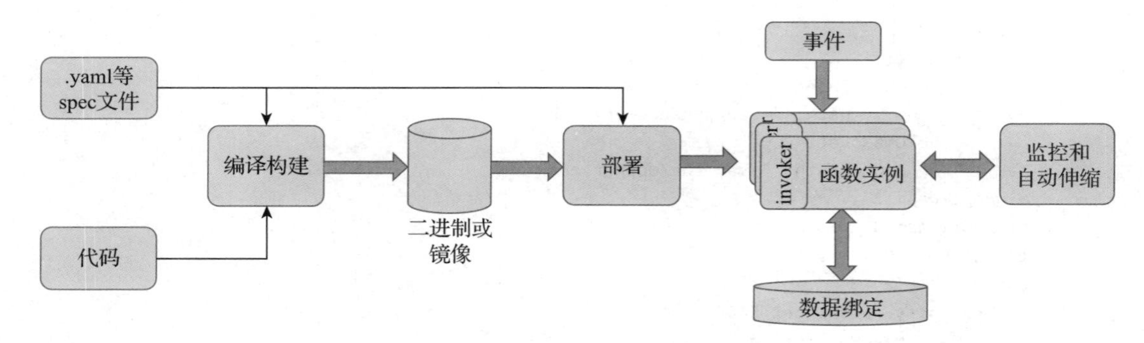

图 10-1 Nuclio 部署

每个函数都有一个特定于版本的函数规范。函数规范定义了函数的不同方面，例如代码、数据绑定、环境变量和事件源。

函数规范可以用 YAML 或 JSON 编写，也可以使用命令行选项定义或覆盖。

构建器在编译阶段使用函数规范，控制器使用规范来识别函数的运行需求。

用户可以控制是否在单个操作中构建和部署功能，或者是否单独执行每个步骤。build 命令编译函数并构建函数包，以便以后可以由函数的一个或多个部署使用。run 命令可以接收源，并且既可以构建和部署函数，也可以跳过构建并部署现有的函数包。

用户可以通过与函数源位于同一目录中的可选 build.yaml 文件来控制确切的构建标志。

本章小结

本章介绍了 Nuclio 的配置，配置分为平台配置和函数配置，平台配置承载着公共事项配置，函数配置是具体到最小运行单元的配置。将两者分开可以方便管理系统。接下来介绍了函数版本管理。Nuclio 函数因为各种原因，不支持同一函数名称的不同版本同时运行，如果想使用该功能，可以给函数起相近且不相同的名称。根据实际经验来看，最好在同类函数中加上版本号，这样便于区分管理。最后介绍了 Nuclio 的部署和构建功能，梳理了函数是如何从函数代码构建成为可运行的镜像。

实战篇

本篇将通过两个简单示例，从不同方面来体验Nuclio的魅力。翻译应用涉及PV、PVC的引用；人脸识别应用调用了第三方应用，并通过微信小程序完成画面采集。通过这两个应用，读者可以大概了解Nuclio的具体使用方式。

第 11 章 |Chapter 11|

基于 Nuclio 的语言翻译应用设计实现

机器翻译又称为自动翻译，是利用计算机将一种自然语言（源语言）转换为另一种自然语言（目标语言）的过程。它是计算机语言学的一个分支，是人工智能的目标之一，具有重要的科学研究价值。

如今机器翻译已经渗透到了人们生活的方方面面，如 Google、百度的普通文本翻译，语音翻译，视频、网页、图片等翻译。本章将使用开源的翻译模型，在 Nuclio 平台上实现普通的文本翻译功能。

11.1 Hugging Face 的使用

Hugging Face 是一个社区和数据科学平台。

1）它为用户提供能够基于开源代码和技术构建、训练和部署 ML 的模型工具。

2）它是数据科学家、研究人员和 ML 工程师可以聚集在一起分享想法、获得支持并为开源项目做出贡献的地方。

随着人工智能的进步和发展，社区变得越来越重要，没有任何一家公司，甚至科技巨头能单靠自己的力量实现人工智能。所以，共享知识和资源以加速和推荐人工智能是未来的发展方向。

Hugging Face 通过提供一个社区“中心”来满足这一需求。这是一个任何人都可以共享探索模型和数据集的中心位置。它希望成为一个拥有最多模型和数据集的地方，目标是让所有人的人工智能民主化。

当你注册成为 Hugging Face 成员时，将获得一个基于 Git 的托管存储库，在存储库中，可以存储模型、数据和空间。

（1）注册 Hugging Face

登录 Hugging Face 官网（https://huggingface.co），单击右上方的 Sign Up 按钮，然后按

图 11-1 所示填写自己的 Email 地址和密码即可以跳转到 Hugging Face 的详情注册界面（见图 11-2）。

图 11-1　Hugging Face 注册界面 1

图 11-2　Hugging Face 注册界面 2

注册账户后，将被重定向到个人存储库。在此界面中（见图 11-3）可以：

1）查看活动源。

2）查看个人资料和设置。

3）创建新模型、数据集或空间。

4）查看 Hugging Face 社区当前的流行趋势。

5）查看所属的组织列表并跳转到各自的领域。

6）利用有用的资源和文档。

个人存储账户的核心是活动提要，当创建模型、数据集和空间时，它就会被填充，即图 11-3 中间空白的部分。

（2）模型

当创建一个新的“模型”时，它实际上是一个 Git 存储库，用于存储与共享的 ML 模型相关的文件。它和 Git 代码软件一样具有版本控制、分支、可发现性等。

单击图 11-3 所示的用户首页左上方的“+New”按钮，然后选择 Model（模型）选项，将打开一个对话框，可以在其中指定名称和开源协议的类型，此外还可以设置模型是社区公开还是个人私有，如图 11-4 所示。

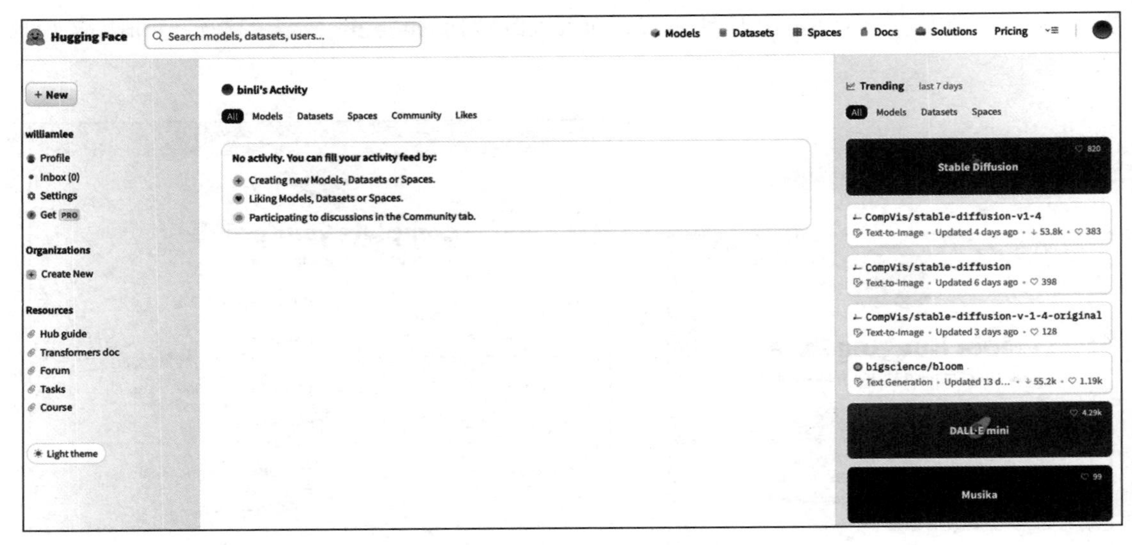

图 11-3　Hugging Face 用户首页

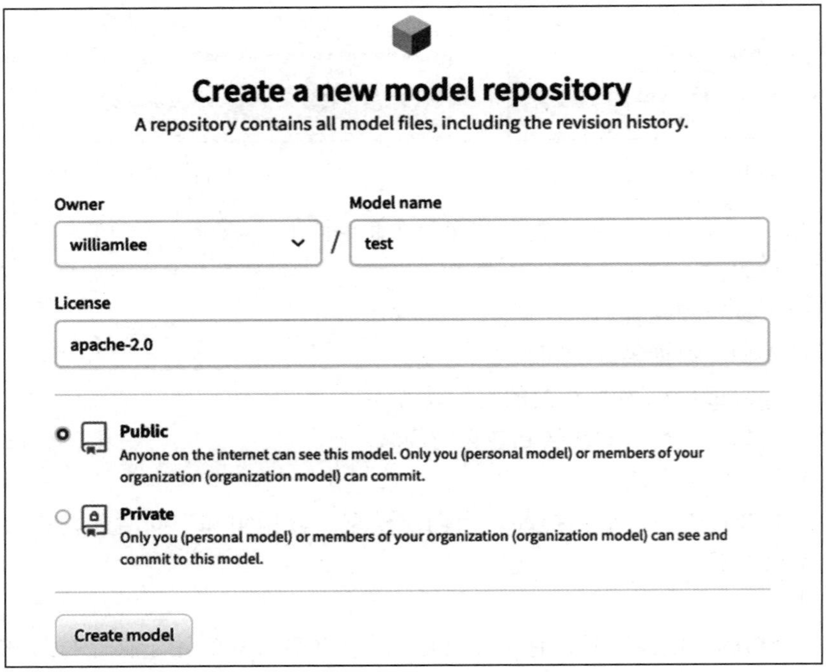

Create a new model repository
A repository contains all model files, including the revision history.

Owner
williamlee
Model name
test
License
apache-2.0

Public
Anyone on the internet can see this model. Only you (personal model) or members of your organization (organization model) can commit.

Private
Only you (personal model) or members of your organization (organization model) can see and commit to this model.

Create model

图 11-4　创建模型

创建模型后，将进入存储库视图，默认为 Model card（模型卡片）选项卡界面（见图 11-5）。对于 Files and versions（文件和版本）选项卡界面（见图 11-6），普通 Git 用户可能会更熟悉。

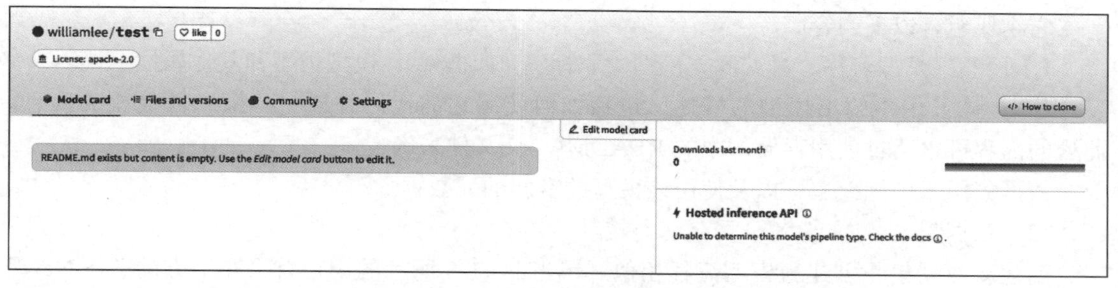

图 11-5　模型卡片选项卡界面

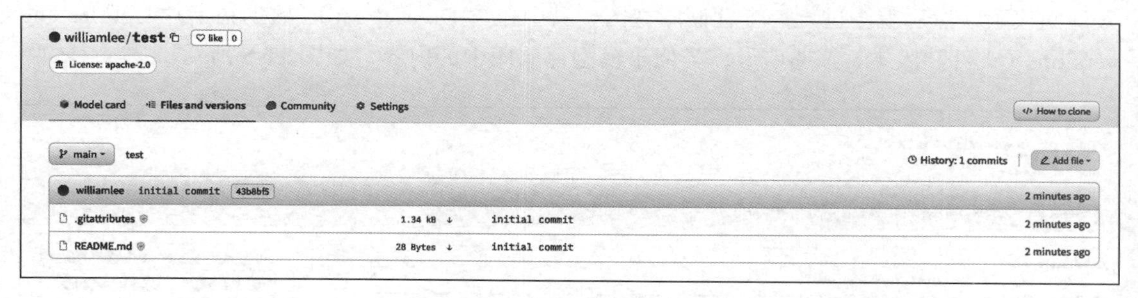

图 11-6　文件和版本选项卡界面

因为新建的模型仓库是空的，所示图 11-5 所示的模型卡片选项卡界面缺失不少内容，图 11-7 是 Hugging Face 社区对模型一个完整的需求描述。

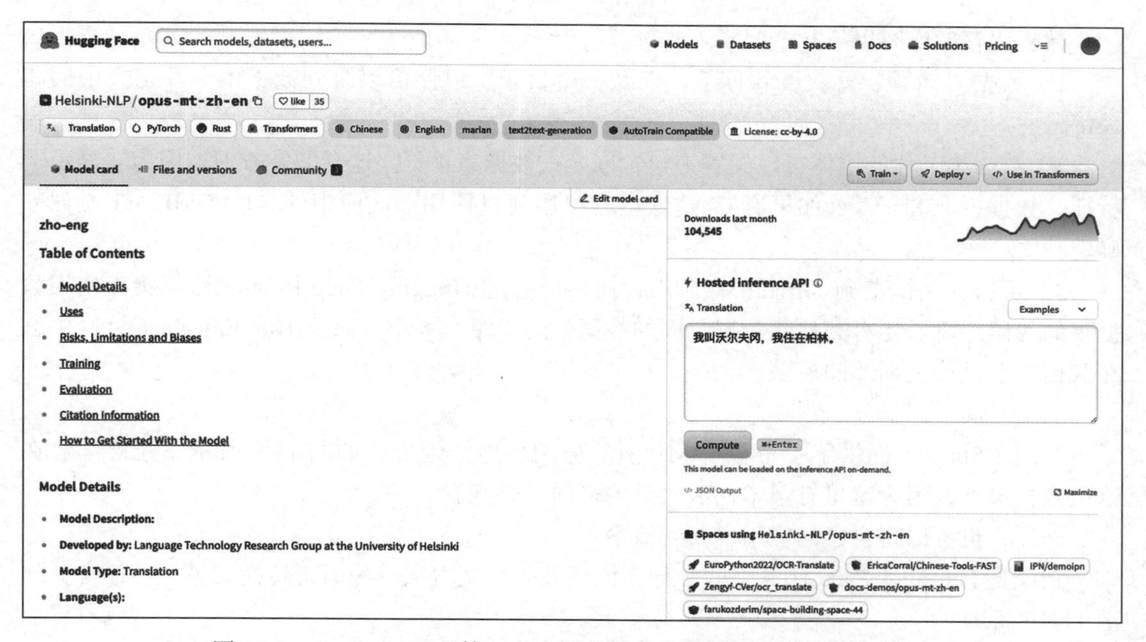

图 11-7　Hugging Face 第三方中译英模型仓库模型卡片选项卡界面

它主要包含以下内容。

1）顶部：模型名称、喜欢度、模型关联标签（如框架）、模型类型和其他属性。

2）主体：用于给出模型的概述，包括如何使用它的代码片段、约束和其他相关信息。此处的内容可以通过使用存储库中的 README.md 文件来确定。

数据集用于训练模型，以及使用该模型的空间的元数据。

（3）数据集

创建新数据集与创建新模型流程相似。单击图 11-3 所示的用户首页左上方的“+ New”按钮，然后选择 Datasets 选项。在打开的对话框中指定名称、选择协议类型、指定公共或私人访问权限，然后就会进入一个存储库视图，其中包含 Dataset card（数据集卡片）、Files and versions（文件和版本）等选项卡，类似于模型存储库中的内容，如图 11-8 所示。

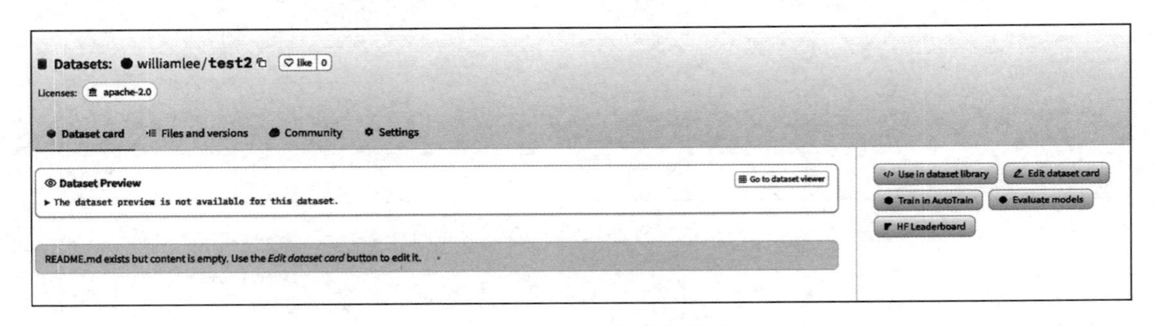

图 11-8 数据集存储库界面

数据集存储库有以下几个要素。

1）数据集标题、喜欢度和标签，以及一个目录，以便可以跳到数据集卡片正文中的相关部分。

2）数据集卡片的主体可以配置为包含嵌入式数据集预览。这会非常方便，因为它显示了特征、数据拆分和子集（如果有）。这些内容可以通过使用存储库中的 README.md 文件来确定。

3）可以快速链接到 GitHub 存储库，还可以通过 Hugging Face Python 数据集库使用数据集的代码片段。还有其他元数据，例如数据集的来源、大小，以及 Hugging Face 社区中已在数据集上进行过训练的模型。

（4）空间

空间（Space）提供了一个包含 ML 演示应用程序的地方，如图 11-9 所示。建议读者在这里寻找灵感，因为这里有很多社区贡献的空间可供查看。

同样，也可以将自己的应用发布到该平台。

翻译是 Hugging Face 任务中的一种，该任务是将文本从一种语言转换成另一种语言，如图 11-10 所示。

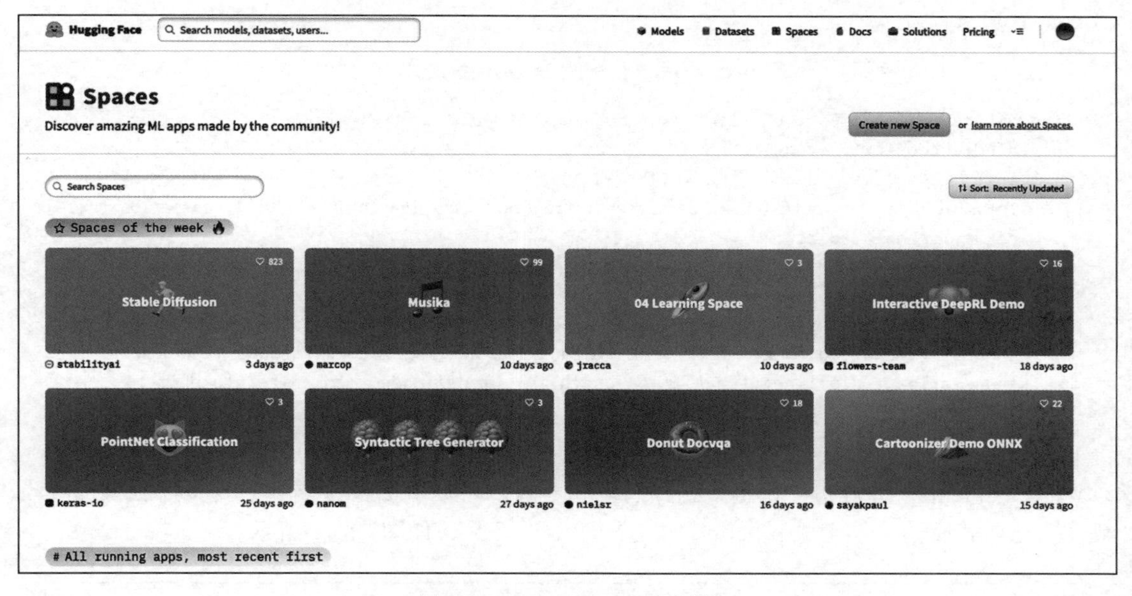

图 11-9　Hugging Face 空间

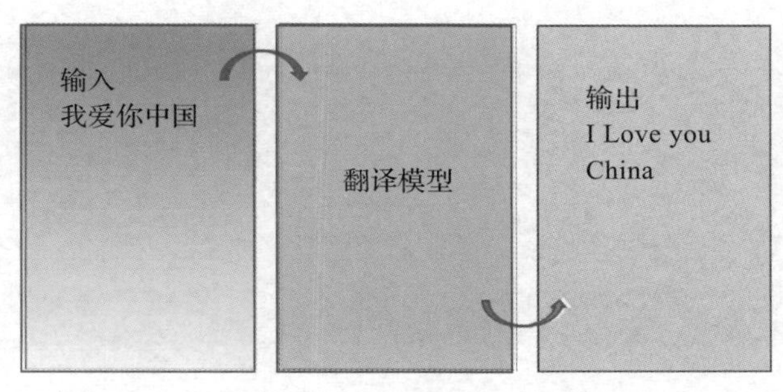

图 11-10　翻译架构

在 Hugging Face 官网上，有上千种翻译模型，但是可能与自己需要的模型有出入，这时，就可以使用预训练的多语言模型（如 mBART）进行下一步的训练，以获取需要的模型。

可以使用 Transformers 库中的 trans_xx_to_yy 模式，其中 xx 是源语言代码，yy 是目标语言代码。这里使用的中译英模型是 Helsinki-NLP/opus-mt-zh-en，英译中模型是 Helsinki-NLP/opus-mt-en-zh。这两个模型可以在模型界面通过过滤器过滤获得。

11.2　Nuclio 翻译函数实现

本书采用 Helsinki-NLP/opus-mt-zh-en、opus-mt-en-zh 模型，下载模型对应的数据，通过 PVC 方式挂载到函数中。

（1）英译中

新建 en-to-zh 函数，在 Source code 任务栏填写如下代码。

```
from transformers import pipeline, AutoModelWithLMHead, AutoTokenizer
def handler(context, event):
    text = event.body.decode('utf-8').strip()
    translated_text = context.user_data.translation(text, max_length=40000)[0]['translation_text']
    return translated_text

def init_context(context):
    model = AutoModelWithLMHead.from_pretrained("/opt/hugging-face-data/opus-mt-en-zh")
    tokenizer = AutoTokenizer.from_pretrained("/opt/hugging-face-data/opus-mt-en-zh")
    translation = pipeline("translation_en_to_zh", model=model, tokenizer=tokenizer)
    # 创建翻译上下文
    setattr(context.user_data, 'translation', translation)
```

init_context 方法是初始化函数翻译需要的配置。可以看出，该函数主要是加载预训练模型，并把加载后的文本生成 pipeline 加入 Nuclio 上下文，如图 11-11 所示。

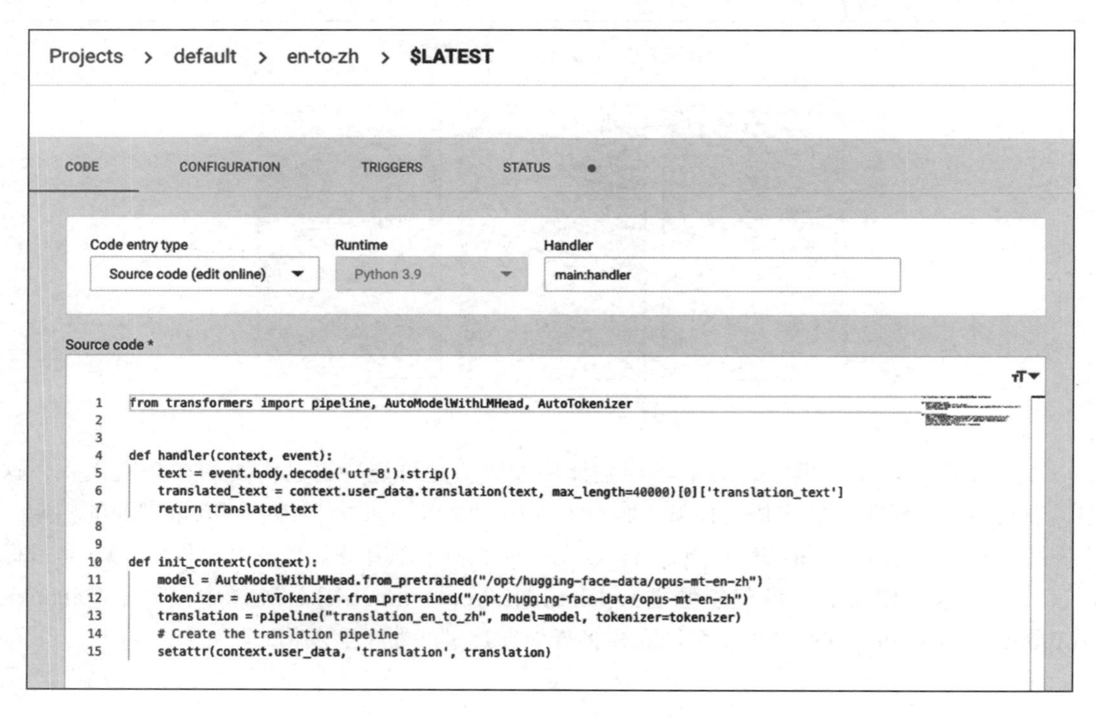

图 11-11　en-to-zh Nuclio 函数

每次英译中请求到来时，函数就会执行翻译文本生成命令，将输入的请求转换为中文。

（2）中译英

新建 zh-to-en 函数，在 Source code 任务栏填写如下代码。

```
from transformers import pipeline, AutoModelWithLMHead, AutoTokenizer
def handler(context, event):
    text = event.body.decode('utf-8').strip()
    translated_text = context.user_data.translation(text, max_length=40000)[0]['translation_text']
    return translated_text

def init_context(context):
    model = AutoModelWithLMHead.from_pretrained("/opt/hugging-face-data/opus-mt-zh-en")
    tokenizer = AutoTokenizer.from_pretrained("/opt/hugging-face-data/opus-mt-zh-en")
    translation = pipeline("translation_zh_to_en", model=model, tokenizer=tokenizer)
    # Create the translation pipeline"
    setattr(context.user_data, 'translation', translation)
```

可以看出，该函数代码基本和 en-to-zh 函数的一致，区别在于对预加载模型进行了替换，如图 11-12 所示。

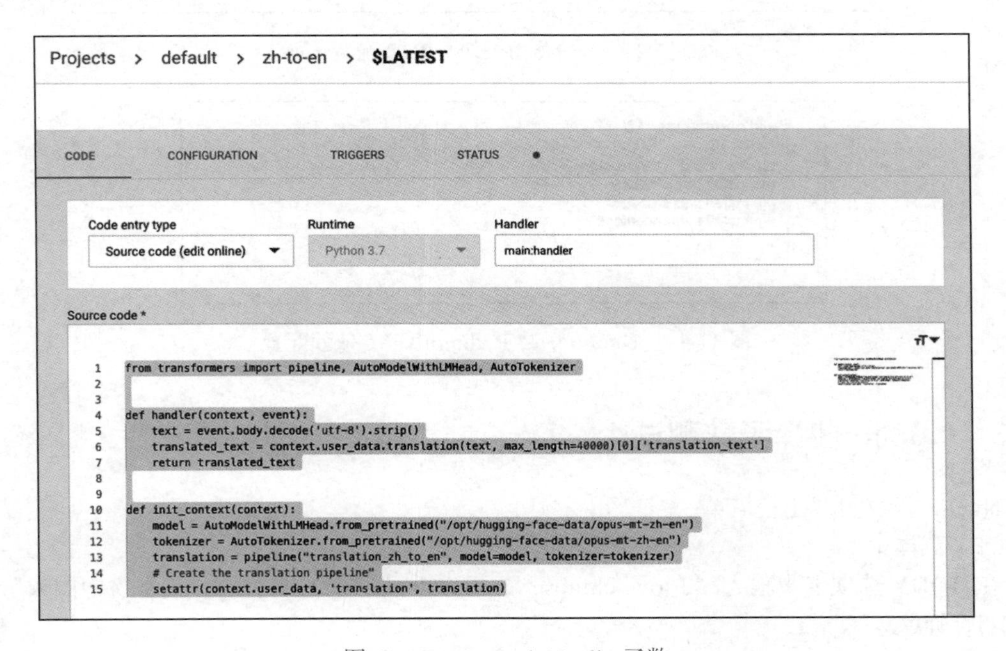

图 11-12　en-to-zh Nuclio 函数

> **注意**　在 CONFIGURATION 选项卡中，需要配置 PVC，PV 用于存储模型文件，这样函数运行时才能加载，如图 11-13 所示。

在编译过程中，还需要预先将第三方依赖编译到镜像中（见图 11-14）。具体就是在函数 CONFIGURATION 选项卡界面添加如下命令。

```
pip install torch torchvision
pip install transformers
pip install sacremoses
pip install sentencepiece
```

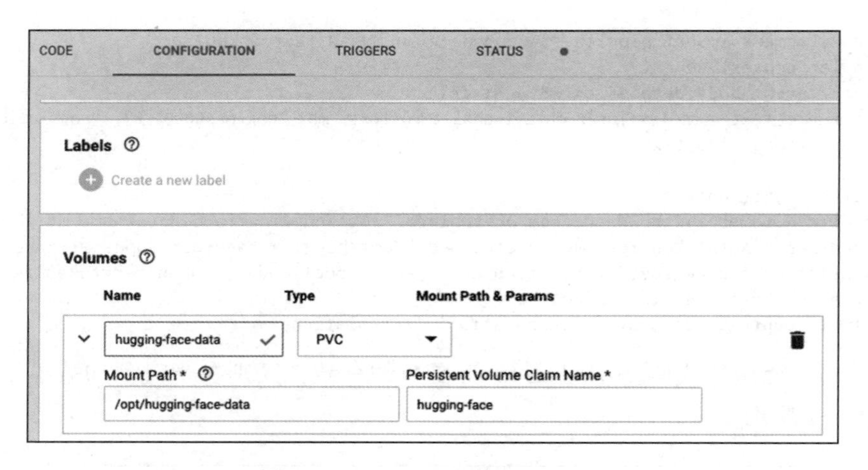

图 11-13　Nuclio 函数 PVC 配置

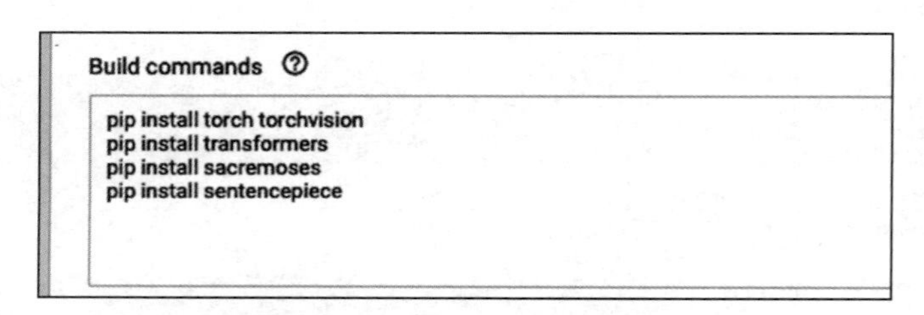

图 11-14　Nuclio 函数 Python 第三方依赖配置

11.3　Nuclio 翻译函数测试

Nuclio 函数测试比较简单。

（1）英译中

在 BODY 选项卡中输入“I love chinese”，可以看到返回的响应是“我喜欢中国人”，如图 11-15 所示。

（2）中译英

在 BODY 选项卡中输入“我是中国人”，可以看到返回的响应是“I’m Chinese”，如图 11-16 所示。

（3）Client 接口测试

需要创建 API Gateways，如图 11-17 所示，创建中译英、英译中两个 API Gateways。为了方便演示，这里选择了无鉴权模式。另外，还需要在系统的 hosts 文件中配置域名：

172.24.33.22　translation.api.gateway

然后使用 PostMan 或 Apifox 或其他客户端进行测试，如图 11-18 和图 11-19 所示。

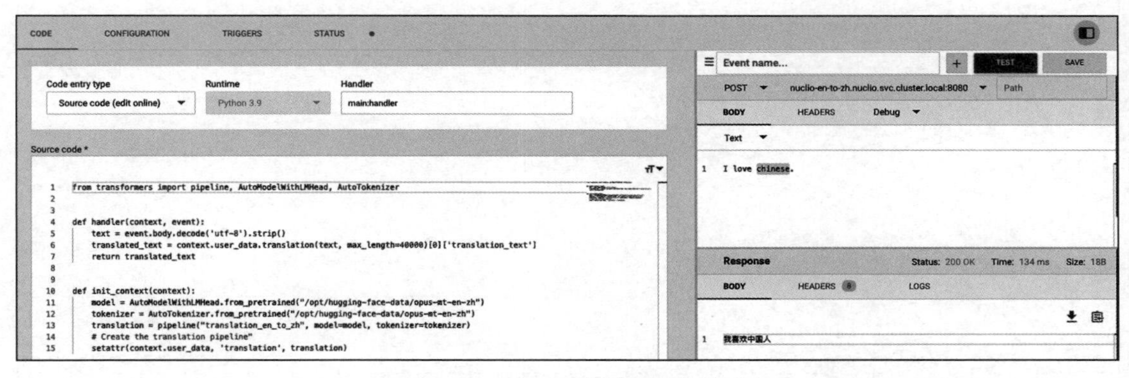

图 11-15　Nuclio 英译中函数测试

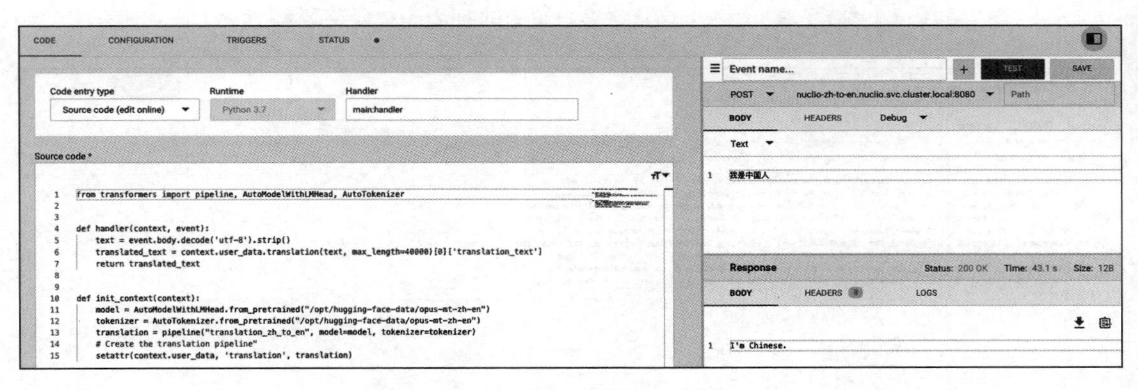

图 11-16　Nuclio 中译英函数测试

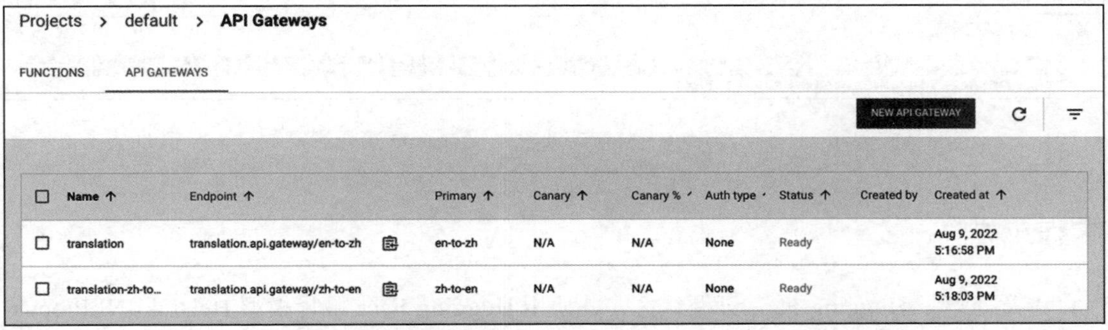

Projects > default > **API Gateways**

FUNCTIONS　API GATEWAYS

NEW API GATEWAY

Name ↑	Endpoint ↑	Primary ↑	Canary ↑	Canary %	Auth type	Status ↑	Created by	Created at ↑
translation	translation.api.gateway/en-to-zh	en-to-zh	N/A	N/A	None	Ready		Aug 9, 2022 5:16:58 PM
translation-zh-to...	translation.api.gateway/zh-to-en	zh-to-en	N/A	N/A	None	Ready		Aug 9, 2022 5:18:03 PM

图 11-17　Nuclio API Gateways

图 11-18　使用 PostMan 客户端测试 Nuclio 中译英函数

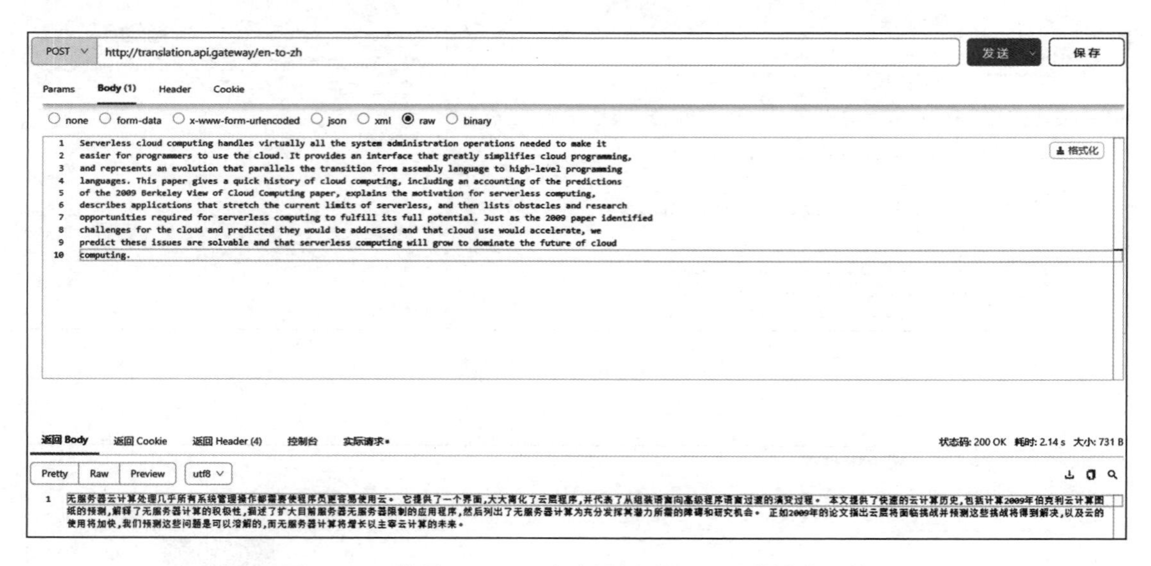

图 11-19　使用 PostMan 客户端测试 Nuclio 英译中函数

本章小结

本章介绍了 Hugging Face 开源社区，并使用 Hugging Face 翻译模型 Helsinki-NLP/opus-mt-zh-en 和 Helsinki-NLP/opus-mt-en-zh 实现了 Nuclio 的中译英和英译中两个函数。

基于 Nuclio 的人脸识别应用设计实现

广义的人脸识别实际包括构建人脸识别系统的一系列相关技术，包括人脸图像采集、人脸定位、人脸识别图像预处理、身份确认及身份查找等；而狭义的人脸识别特指通过人脸进行身份确认或者身份查找的技术或系统。

人脸识别是一个热门的计算机技术研究领域，它属于生物特征识别技术。人脸识别技术是基于人的脸部特征，对输入的人脸图像或者视频流，首先判断其是否存在人脸，如果存在人脸，则进一步给出每张脸的位置、大小和各个主要面部器官的位置信息。然后依据这些信息，进一步提取每张人脸中所蕴含的身份特征，并将其与已知的人脸进行对比，从而识别每个人的身份。

本书人脸识别应用采用百度人脸识别 API，借助百度云这个智能平台，我们只需关注自己的业务即可，比较复杂的部分可以使用百度的 API。

12.1 百度智能云简介

百度智能云以"云智一体"为核心赋能千行百业，致力于为企业和开发者提供全球领先的人工智能、大数据和云计算服务，以及简单易用的开发工具，加速产业智能化转型升级。

百度人脸识别 API 功能强大，本示例使用了人脸检测、人脸搜索与库管理两部分内容。

（1）人脸检测

API 功能如下所示。

1）人脸检测：检测图片中的人脸并标记位置信息。

2）人脸关键点：展示人脸的核心关键点信息，以及 150 个关键点信息。

3）人脸属性值：展示人脸属性信息，如年龄、性别等。

4）人脸质量信息：返回人脸各部分的遮挡、光照、模糊、完整度、置信度等信息。

典型的业务应用场景如人脸属性分析，基于人脸关键点的加工分析，进行人脸营销活动等。

人脸检测请求：

- URL：POST https://aip.baidubce.com/rest/2.0/face/v3/detect。
- URL 参数：access_token 通过 API Key 和 Secret Key 获取的 access_token。
- Headers：Content-Type: application/json。
- Body：参数见表 12-1。

表 12-1 人脸检测 Body 体参数

参数	必选	类型	说明
image	是	string	图片信息（总数据大小应小于 10MB），图片上传方式根据 image_type 来判断
image_type	是	string	图片类型 BASE64：图片的 Base64 值，Base64 编码后的图片数据，编码后的图片大小不超过 2MB URL：图片的 URL 地址（可能由于网络等原因导致下载图片时间过长） FACE_TOKEN：人脸图片的唯一标识。调用人脸检测接口时，会为每张人脸图片赋予一个唯一的 FACE_TOKEN，同一张图片多次检测得到的 FACE_TOKEN 是同一个
face_field	否	string	包括 age、expression、face_shape、gender、glasses、landmark、landmark150、quality、eye_status、emotion、face_type、mask、spoofing 信息。之间用逗号分隔。默认只返回 face_token、人脸框、概率和旋转角度
max_face_num	否	uint32	最多处理人脸的数目，默认值为 1，根据人脸检测排序类型检测图片中排序第一的人脸（默认为人脸面积最大的人脸），最大值为 120
face_type	否	string	人脸的类型 LIVE 表示生活照，通常为手机、照相机拍摄的人像图片，或从网络获取的人像图片等 IDCARD 表示身份证芯片照，即二代身份证内置芯片中的人像照片 WATERMARK 表示带水印证件照，一般为带水印的小图，如公安网小图 CERT 表示证件照片，如拍摄的身份证、工卡、护照、学生证等证件图片 默认为 LIVE 类型
liveness_control	否	string	活体控制，即检测结果中不符合要求的人脸会被过滤掉 NONE：不进行控制 LOW：较低的活体要求（高通过率、低攻击拒绝率） NORMAL：一般的活体要求（平衡的攻击拒绝率、通过率） HIGH：较高的活体要求（高攻击拒绝率、低通过率） 默认为 NONE
face_sort_type	否	int	人脸检测排序类型 0 代表检测出的人脸按照人脸面积从大到小排列 1 代表检测出的人脸按照距离图片中心从近到远排列 默认为 0

响应 Body 体参数见表 12-2。

表 12-2　人脸检测响应 Body 体参数

字段	必选	类型	说明
face_num	是	int	检测到的图片中的人脸数量
face_list	是	array	人脸信息列表
+face_token	是	string	人脸图片的唯一标识（人脸检测 face_token 有效期为 60min）
+location	是	array	人脸在图片中的位置
++left	是	double	人脸区域离左边界的距离
++top	是	double	人脸区域离上边界的距离
++width	是	double	人脸区域的宽度
++height	是	double	人脸区域的高度
++rotation	是	int64	人脸框相对于竖直方向的顺时针旋转角，取值范围为 [−180, 180]
+face_probability	是	double	人脸置信度，取值范围为 0～1，代表这是一张人脸的概率，0 最小、1 最大。当返回 0 或 1 时，数据类型为 integer
+angle	是	array	人脸旋转角度
++yaw	是	double	三维旋转之左右旋转角 [−90（左），90（右）]
++pitch	是	double	三维旋转之俯仰角度 [−90（上），90（下）]
++roll	是	double	平面内旋转角 [−180（逆时针），180（顺时针）]

响应体内容较多，这里只列出了本例必需的部分，可选的部分请参考官方文档。

（2）人脸搜索与库管理

人脸搜索与库管理主要用在人脸通用场景，采集照片与底库照片主要为生活照，通常通过手机、计算机等设备采集。如果照片主要由普通摄像头或抓拍设备大角度俯拍采集获得，建议使用场景化搜索服务。人脸搜索包含两个方面的内容。

1）人脸搜索：也称为 1 : N 识别，即在指定人脸集合中找到最相似的人脸。

2）人脸搜索 M : N 识别：也称为 M : N 识别，表示当待识别图片中含有多个人脸时，在指定人脸集合中，找到这多个人脸分别最相似的人脸。

人脸库管理相关接口，要完成 1 : N 或者 M : N 识别，首先需要构建一个人脸库，用于存放所有人脸特征。相关接口包括：

1）人脸注册：向人脸库中添加人脸。

2）人脸更新：更新人脸库中指定用户下的人脸信息。

3）人脸删除：删除指定用户的某张人脸。

4）用户信息查询：查询人脸库中某个用户的详细信息。

5）获取用户人脸列表：获取某个用户组中的全部人脸列表。

6）获取用户列表：查询指定用户组中的用户列表。

7）复制用户：将指定用户复制到另外的人脸组。

8）删除用户：删除指定用户。

9）创建用户组：创建一个新的用户组。

10）删除用户组：删除指定用户组。

11）组列表查询：查询人脸库中用户组的列表。

M：*N* 识别的原理：相当于在含有多张人脸的图片中，先找出所有人脸，然后分别在待查找的人脸集合中做 1：*N* 识别，最后将识别结果汇总在一起返回。

（3）人脸库结构

人脸库、用户组、用户、用户下的人脸层级关系如下所示。

```
|- 人脸库 (appid)
    |- 用户组一 (group_id)
        |- 用户 01 (uid)
            |- 人脸 (faceid)
        |- 用户 02 (uid)
            |- 人脸 (faceid)
            |- 人脸 (faceid)
            ...
            ...
        |- 用户组二 (group_id)
        |- 用户组三 (group_id)
        ...
```

（4）关于人脸库的设置限制

每个 appid 对应一个人脸库，且不同 appid 之间人脸库互不相通。每个人脸库下可以创建多个用户组，用户组（group）数量没有限制。每个用户组（group）下可添加无限个用户（user）和无限张人脸（face）（注：为了保证查询速度，单个用户组中的人脸容量上限建议为 80 万）。每个用户所能注册的最大人脸数量为 20。

> 注意　每个人脸库对应一个 appid，一定确保不要轻易删除后台应用列表中的 appid，删除后则此人脸库将失效，无法进行任何查找。

人脸搜索请求：

- URL：POST https://aip.baidubce.com/rest/2.0/face/v3/search。
- URL 参数：access_token 通过 API Key 和 Secret Key 获取的 access_token。
- Headers：Content-Type: application/json。
- Body：参数见表 12-3（只列出了本例必需部分，可选部分请参考官网）。

表 12-3　人脸搜索 Body 体参数

参数	必选	类型	说明
image	是	string	图片信息（总数据大小应小于 10MB），图片上传方式根据 image_type 来判断
image_type	是	string	图片类型 BASE64：图片的 Base64 值，Base64 编码后的图片数据，编码后的图片大小不超过 2MB URL：图片的 URL 地址（可能由于网络等原因导致下载图片时间过长） FACE_TOKEN：人脸图片的唯一标识。调用人脸检测接口时，会为每个人脸图片赋予一个唯一的 FACE_TOKEN。同一张图片多次检测得到的 FACE_TOKEN 是同一个
group_id_list	是	string	从指定的 group 中进行查找，用逗号分隔，上限为 10 个

响应 body 体参数如表 12-4 所示。

表 12-4 人脸搜索响应 body 体参数

字段	必选	类型	说明
face_token	是	string	人脸标志
user_list	是	array	匹配的用户信息列表
+group_id	是	string	用户所属的 group_id
+user_id	是	string	用户的 user_id
+user_info	是	string	注册用户时携带的 user_info
+score	是	float	用户的匹配得分，推荐阈值为 80 分

人脸注册请求：

- URL：POST https://aip.baidubce.com/rest/2.0/face/v3/faceset/user/add。
- URL 参数：access_token 通过 API Key 和 Secret Key 获取的 access_token。
- Headers：Content-Type: application/json。
- Body：参数见表 12-5（只列出了本例必需的部分，可选部分请参考官网）。

表 12-5 人脸注册 Body 体参数

参数	必选	类型	说明
image	是	string	图片信息（总数据大小应小于 10MB），图片上传方式根据 image_type 来判断。注：组内每个用户下的人脸图片数目上限为 20 张
image_type	是	string	图片类型 BASE64：图片的 Base6 值，Base64 编码后的图片数据，编码后的图片大小不超过 2MB URL：图片的 URL 地址（可能由于网络等原因导致下载图片时间过长） FACE_TOKEN：人脸图片的唯一标识。调用人脸检测接口时，会为每个人脸图片赋予一个唯一的 FACE_TOKEN。同一张图片多次检测得到的 FACE_TOKEN 是同一个
group_id	是	string	用户组 ID，标识一组用户（由数字、字母、下画线组成），长度限制为 48B。产品建议：根据业务需求，可以将需要注册的用户按照业务划分，分配到不同的用户组下，例如按照会员手机尾号作为 group_id，用于刷脸支付、会员计费消费等，这样可以尽可能控制每个用户组下的用户数与人脸数，提升检索的准确率
user_id	是	string	用户 ID（由数字、字母、下画线组成），长度限制为 128B
user_info	否	string	用户资料，长度限制为 256B，默认为空
quality_control	否	string	图片质量控制 NONE：不进行控制 LOW：较低的质量要求 NORMAL：一般的质量要求 HIGH：较高的质量要求 默认为 NONE。若图片质量不满足要求，则返回结果中会提示质量检测失败

人脸注册响应 Body 体参数见表 12-6。

表 12-6 人脸注册响应 Body 体参数

字段	必选	类型	说明
log_id	是	unit64	请求标识码，随机数，唯一
face_token	是	string	人脸图片的唯一标识
location	是	array	人脸在图片中的位置
+left	是	double	人脸区域离左边界的距离
+top	是	double	人脸区域离上边界的距离
+width	是	double	人脸区域的宽度
+height	是	double	人脸区域的高度
+rotation	是	int64	人脸框相对于竖直方向的顺时针旋转角，取值范围为 [–180, 180]

以上就是在本示例中使用的百度云 API，其他接口请参考官方文档。有了这三个接口后，接下来就可以实现函数了。

12.2 人脸识别函数实现

人脸识别整体架构如图 12-1 所示。

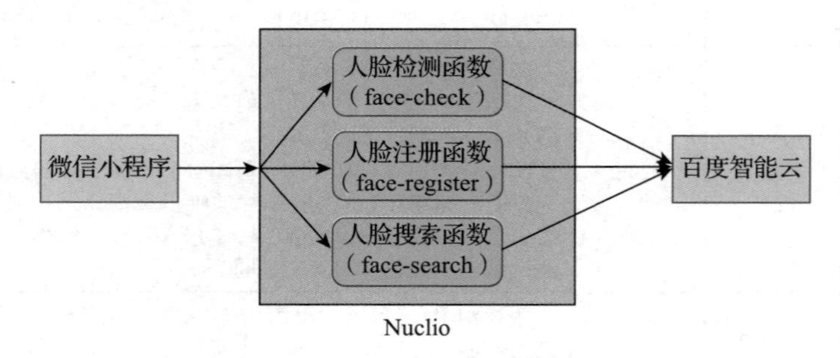

图 12-1 人脸识别整体架构

因为在 Nuclio 界面中，编写函数还无法进行代码补全和检测，所以需要人为导入依赖包。最佳的方式是 IDE 编写依赖包，再复制到 Nuclio 函数中；或者直接编写，编译出错后再修改。

（1）人脸检测函数

```
import com.baidu.aip.face.AipFace;
import com.baidu.aip.util.Base64Util;
import org.json.JSONObject;
import java.nio.charset.StandardCharsets;
public class Handler implements EventHandler {
```

```
        // 设置 APPID/AK/SK
    private   String APP_ID = "***";
    private   String API_KEY = "***";
    private   String SECRET_KEY = "***";
    private   AipFace client = null;
    {
        client = new AipFace(APP_ID, API_KEY, SECRET_KEY);
    }
    @Override
    public Response handleEvent(Context context, Event event) {
        byte[] byteBody = event.getBody();
            String body = new String(byteBody, StandardCharsets.UTF_8);
            com.alibaba.fastjson.JSONObject bodyObj = com.alibaba.fastjson.JSON.parseObject(body);
            String image = bodyObj.getString("image");
        JSONObject res = client.detect(image, "BASE64", null);
        return new Response().setBody(res.toString());
    }
}
```

这里没有去百度云获取令牌（token），而是直接使用了 APP_ID、API_KEY 和 SECRET_KEY 这三个值。可以去百度智能云控制台 -> 人脸识别 -> 公有云服务 -> 应用列表中查找这三个值。同理，人脸注册和人脸搜索函数也是采用这种方式实现的。如果想动态获取 token，可以参考官网接口实现 Nuclio 的动态获取 token 函数，然后在识别、检测、搜索函数开始时调用该函数获得 token。比较遗憾的是 Java 运行时没有实现函数内部之间的调用（虽然可以通过 Ingress 实现），但是可以采用 Python 语言进行编写。Python 支持函数内部之间的调用，代用也比较简单。方法如下：

```
context.platform.call_function( 函数名 , Event(body=' 消息体 '))
```

（2）人脸注册函数

```
import com.baidu.aip.face.AipFace;
import com.baidu.aip.util.Base64Util;
import org.json.JSONObject;
import java.util.HashMap;
import java.nio.charset.StandardCharsets;
import java.lang.reflect.Field;
public class Handler implements EventHandler {
        // 设置 APPID/AK/SK
    private   String APP_ID = "**";
    private   String API_KEY = "***";
    private   String SECRET_KEY = "***";
    private   AipFace client = null;
    {
        client = new AipFace(APP_ID, API_KEY, SECRET_KEY);
    }
    @Override
    public Response handleEvent(Context context, Event event) {
            context.getLogger().info("request coming...");
```

```
                byte[] byteBody = event.getBody();
                String body = new String(byteBody, StandardCharsets.UTF_8);
                com.alibaba.fastjson.JSONObject bodyObj = com.alibaba.fastjson.JSON.parseObject(body);
                String image = bodyObj.getString("image");
            //参数设置
            HashMap<String, String> map = new HashMap<>();
            map.put("quality_control", "NORMAL");// 图片质量
            map.put("liveness_control", "LOW");// 活体检测
            JSONObject res = client.addUser(image, "BASE64", "lbn_001", "1000", map);
            return new Response().setBody(res.toString());
        }
}
```

（3）人脸搜索函数

```
import com.baidu.aip.face.AipFace;
import com.baidu.aip.util.Base64Util;
import org.json.JSONObject;
import java.nio.charset.StandardCharsets;
public class Handler implements EventHandler {
        // 设置 APPID/AK/SK
    private   String APP_ID = "***";
    private   String API_KEY = "***";
    private   String SECRET_KEY = "***";
    private   AipFace client = null;
    {
        client = new AipFace(APP_ID, API_KEY, SECRET_KEY);
    }
    @Override
    public Response handleEvent(Context context, Event event) {
            byte[] byteBody = event.getBody();
            String body = new String(byteBody, StandardCharsets.UTF_8);
            com.alibaba.fastjson.JSONObject bodyObj = com.alibaba.fastjson.JSON.parseObject(body);
            String image = bodyObj.getString("image");
            JSONObject res = client.search(image, "BASE64", "lbn_001", null);
        return new Response().setBody(res.toString());
    }
}
```

12.3 人脸识别微信小程序对接

微信小程序是小程序的一种，英文全称是 Wechat Mini Program，是一种不需要下载安装即可使用的应用程序，它实现了应用“触手可及”的梦想，用户扫一扫或搜索一下即可打开应用。

对于开发者来讲，微信小程序是一种新的开发能力，开发者可以快速地开发一个小程序。小程序可以在微信内被便捷地获取和传播，具有出色的使用体验。同时，微信小程序提

供一系列工具帮助开发者快速接入并完成小程序的开发。

它的对接流程分为下面四个步骤。

1）注册。在微信公众平台注册小程序，完成注册后可以同步进行信息完善和开发。

2）小程序信息完善。填写小程序基本信息，包括名称、头像、介绍及服务范围等。

3）开发小程序。完成小程序开发者绑定、开发信息配置后，开发者可下载开发者工具，参考开发文档进行小程序的开发和调试。

4）提交审核和发布。完成小程序开发后，提交代码至微信团队审核，审核通过后即可发布（公测期间不能发布）。

其中，第 1）、2）步需要到小程序官网自行进行注册。在开发阶段，需要开发者到小程序官网根据自己系统下载对应的微信开发者工具。

安装完毕后，开始创建小程序，项目名称和目录按需设置，AppID 选择用户之前注册的，最后单击“确定”按钮即可，如图 12-2 所示。

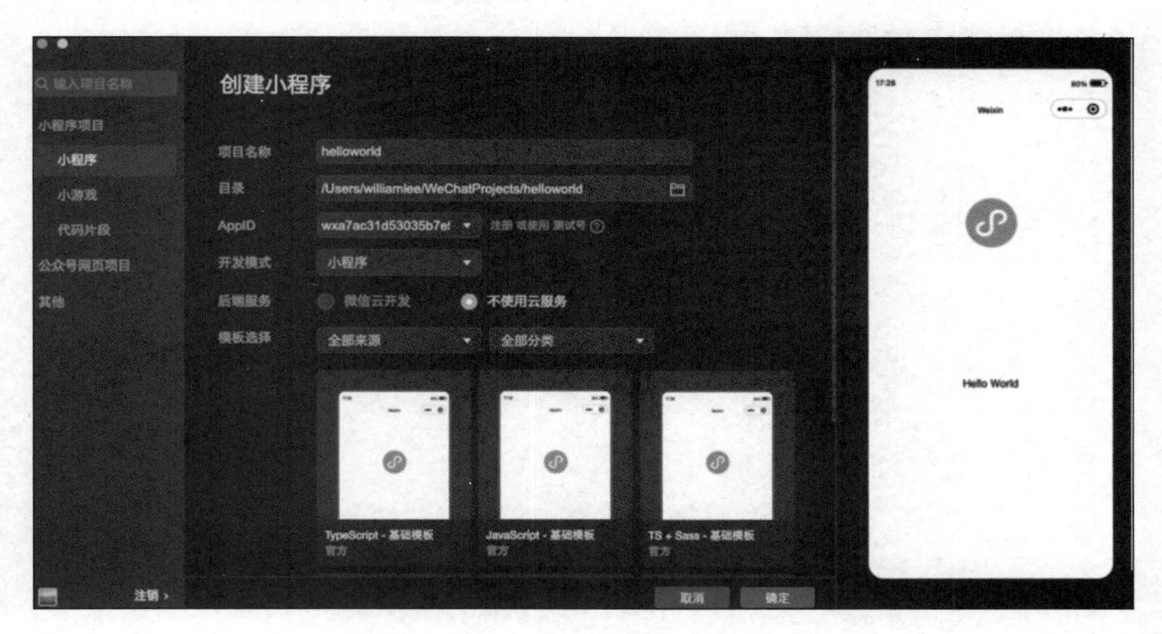

图 12-2　创建小程序

单击“确定”按钮后，微信小程序会自动加载运行，显示 Hello World。

体验入门完毕后，正式开始人脸识别微信小程序的实现。首先和前面一样，创建 nuclio-face 项目，模板选择 JavaScript 基础模板。

（1）人脸检测函数

在 pages 文件夹下，新建 faceEntry 文件夹，并在 faceEntry 文件夹下，新建 faceEntry.wxml 文件，将下面的代码复制到该文件中。

```
<view class="camera-box">
    <camera device-position="front" flash="off" binderror="error" class="camera"></camera>
    <view class="face-box">
        <button class="face" type="primary" bindtap="takePhoto"> 人脸录入 </button>
    </view>
</view>
```

在 faceEntry 文件夹下，新建 faceEntry.js 文件。faceEntry.js 文件主要包含两部分内容：一部分是调用摄像头拍摄照片，另一部分是上传照片进行人脸识别。

拍摄照片的核心代码如下所示。

```
takePhoto() {
    var that = this;
    // 拍照
    const ctx = wx.createCameraContext()
    ctx.takePhoto({
        quality: 'high',
        success: (res) => {
            this.setData({
                src: res.tempImagePath // 获取图片
            })
            // 图片 Base64 编码
            wx.getFileSystemManager().readFile({
                filePath: this.data.src, // 选择图片返回的相对路径
                encoding: 'base64', // 编码格式
                success: res => { // 成功回调
                    this.setData({
                        base64: res.data
                    })
                }
            })
            that.uploadPhoto();
        } // 拍照成功结束
    }) // 调用相机结束
    // 失败尝试
    wx.showToast({
        title: ' 请重试 ',
        icon: 'loading',
        duration: 500
    })
}
```

上传照片进行人脸识别的核心代码如下所示。

```
validPhoto() {
    var that = this;
    // 识别人脸
    wx.request({
        url: 'Nuclio 函数地址 ',
        method: 'POST',
        data: {
```

```
            image: this.data.base64,
            image_type: 'BASE64'
        },
        header: {
            'Content-Type': 'application/json' // 默认值
        },
            success(res) {
            that.setData({
                msg: res.data.error_msg
            })
            //做成功判断
            if (that.data.msg == "pic not has face") {
                wx.showToast({
                    title: '未捕获到人脸',
                    icon: 'error',
                })
            }
            if (that.data.msg == 'SUCCESS') {
                if(res.data.result.face_list[0].face_probability>0.7){
                    wx.showToast({
                        title: '人脸识别成功',
                        icon: 'success',
                    })
                }else{
                    wx.showToast({
                        title: '人脸识别失败',
                        icon: 'error',
                    })
                }
            }
        }
    });
},
```

在 faceEntry 文件夹下，新建 faceEntry.wxss 文件，将下面的内容复制到该文件中。

```
.camera-box {
    width: 100%;
    height: 100vh;
    position: relative;
}
.camera-box .camera {
    width: 100%;
    height: 100%;
    position: absolute;
    top: 0;
}
.camera-box .face-box {
    position: absolute;
    width: 100%;
    bottom: 40px;
```

```
    padding: 40rpx;
    box-sizing: border-box;
}
.camera-box .face-box .face {
    width: 100%;
}
```

（2）人脸注册函数

在 pages/faceEntry/faceEntry.wxml 文件里，添加人脸录入按钮。

```
<button class="face" type="default" bindtap="takePhotoRegister"> 人脸录入 </button>
```

在 pages/faceEntry/faceEntry.js 文件里，添加 takePhotoRegister 函数。

```
// 拍照
takePhotoRegister() {
    var that = this;
    // 拍照
    const ctx = wx.createCameraContext()
    ctx.takePhoto({
        quality: 'high',
        success: (res) => {
            this.setData({
                src: res.tempImagePath          // 获取图片
            })
            // 图片 Base64 编码
            wx.getFileSystemManager().readFile({
                filePath: this.data.src,        // 选择图片返回的相对路径
                encoding: 'base64',             // 编码格式
                success: res => {               // 成功的回调
                    this.setData({
                        base64: res.data
                    })
                }
            })
            that.uploadPhoto();
        } // 拍照成功结束
    }) // 调用相机结束
    // 失败尝试
    wx.showToast({
        title: ' 请重试 ',
        icon: 'loading',
        duration: 500
    })
},
uploadPhoto() {
    var that = this;
    // 上传人脸进行注册
    wx.request({
        url: 'Nuclio 人脸注册函数 ',
        method: 'POST',
```

```
        data: {
            image: this.data.base64,
            image_type: 'BASE64'
        },
        header: {
            'Content-Type': 'application/json' // 默认值
        },
        success(res) {
            that.setData({
                msg: res.data.error_msg
            })
            //做成功判断
            if (that.data.msg == "pic not has face") {
                wx.showToast({
                    title: '未捕获到人脸',
                    icon: 'error',
                })
            }
            if (that.data.msg == 'SUCCESS') {
                wx.showToast({
                    title: '人脸录入成功',
                    icon: 'success',
                })
            }
        }
    })
},
```

（3）人脸搜索函数

在 pages/faceEntry/faceEntry.wxml 文件里，添加人脸搜索按钮。

```
<button class="face" type="primary" bindtap="takePhotoFaceSearch"> 人脸搜索 </button>
```

在 pages/faceEntry/faceEntry.js 文件里，添加 takePhotoFaceSearch 函数。

```
//拍照人脸搜索
takePhotoFaceSearch() {
    var that = this;
    //拍照
    const ctx = wx.createCameraContext()
    ctx.takePhoto({
        quality: 'high',
        success: (res) => {
            this.setData({
                src: res.tempImagePath          //获取图片
            })
            //图片 Base64 编码
            wx.getFileSystemManager().readFile({
                filePath: this.data.src,        //选择图片返回的相对路径
                encoding: 'base64',             //编码格式
                success: res => {               //成功回调
```

```
                    this.setData({
                        base64: res.data
                    })
                }
            })
            that.searchPhoto();
        }// 拍照成功结束
    })// 调用相机结束
},
searchPhoto() {
    var that = this;
    // 上传人脸进行比对
    wx.request({
        url: 'Nuclio 人脸搜索函数 ',
        method: 'POST',
        data: {
            image: this.data.base64,
            image_type: 'BASE64'
        },
        header: {
            'Content-Type': 'application/json'// 默认值
        },
        success(res) {
            that.setData({
                msg: res.data.error_msg
            })
            // 做成功判断
            if (that.data.msg == "pic not has face") {
                wx.showToast({
                    title: ' 未捕获到人脸 ',
                    icon: 'error',
                })
            }
            if (that.data.msg == 'SUCCESS') {
                if(res.data.result.user_list[0].score>80){
                    wx.showToast({
                        title: ' 人脸搜索成功 ',
                        icon: 'success',
                    })
                }else{
                    wx.showToast({
                        title: ' 人脸搜索失败 ',
                        icon: 'error',
                    })
                }
            }
        }
    });
},
```

在工程 app.json 文件中，添加 “ pages/faceEntry/faceEntry”，并删除之前的 “ pages/index/

index”，如下所示。

```
{
    "pages":[
        "pages/faceEntry/faceEntry",
        "pages/logs/logs"
    ],
    "window":{
        "backgroundTextStyle":"light",
        "navigationBarBackgroundColor": "#fff",
        "navigationBarTitleText": "Weixin",
        "navigationBarTextStyle":"black"
    },
    "style": "v2",
    "sitemapLocation": "sitemap.json"
}
```

12.4　人脸识别函数测试

对于初学者来说，测试需要三步：第一步，按照官网进行操作，使用官网给定的代码样例进行测试，确保理解准确并测试畅通；第二步，将第一步测试好的代码转换为自己的 Nuclio 函数，并在 Nuclio 进行部署，部署成功后，使用 HTTP Client 客户端或者自己编写 test 函数进行测试；第三步，对接微信小程序，进行实际测试。

第一步，百度官网介绍得非常详细，代码也很简洁，主要包含两部分：一部分是获取 token，因为百度 API 的 token 有一定时效；另一部分是调用具体的代码。

```
public static String faceDetect() {
    // 请求 URL
    String url = "https://aip.baidubce.com/rest/2.0/face/v3/detect";
    try {
        Map<String, Object> map = new HashMap<>();
        map.put("image", "027d8308a2ec665acb1bdf63e513bcb9");
        map.put("face_field", "faceshape,facetype");
        map.put("image_type", "FACE_TOKEN");
        String param = GsonUtils.toJson(map);
        // 注意这里仅为了简化编码每一次请求都去获取 access_token，线上环境 access_token 有过期时间，
        // 客户端可自行缓存，过期后重新获取
        String accessToken = "[ 调用鉴权接口获取的 token]";
        String result = HttpUtil.post(url, accessToken, "application/json", param);
        System.out.println(result);
        return result;
    } catch (Exception e) {
        e.printStackTrace();
    }
    return null;
}
```

按照官网进行测试即可，有问题可以在官网上进行咨询。

第二步，将官网代码转化为 Nuclio 函数代码。如果有对图片其他的处理，可以在 Nuclio 函数中添加，处理完毕后再调用百度 API。在本例中，只是对数据进行了转发。

测试 Nuclio 函数如下所示。

```
public class FaceHttpClient {
public static void main(String[] args) throws IOException {
// 忽略证书校验
    CloseableHttpClient client = null;
    try {
            SSLConnectionSocketFactory sslConnectionSocketFactory= new SSLConnectionSocketFactory(
                SSLContexts.custom().loadTrustMaterial(null, new TrustSelfSignedStrategy()).
                    build(),
                NoopHostnameVerifier.INSTANCE);
            client = HttpClients.custom().setSSLSocketFactory(sslConnectionSocketFactory).build();
        } catch (KeyManagementException | NoSuchAlgorithmException | KeyStoreException  e) {
            e.printStackTrace();
        }
        String url ="https://IP 地址 /face-search";
        String path = " 图片地址 ";
        // 上传的图片有两种格式：URL 地址 Base64 字符串形式
        byte[] bytes = Files.readAllBytes(Paths.get(path));
        String encode = Base64Util.encode(bytes);
        JSONObject obj = new JSONObject();
        obj.append("image", encode);
        // 解决中文乱码问题
        StringEntity stringEntity = new StringEntity(obj.toString(), "UTF-8");
        stringEntity.setContentEncoding("UTF-8");
        HttpPost httpPost = new HttpPost(url);
        String encoding = DatatypeConverter.printBase64Binary("username:password".getBytes("UTF-8"));
        //username  password 是 API Gateway 鉴权的用户名和密码。注意中间的 ":" 不可少
        httpPost.setHeader("Authorization", "Basic " + encoding);
        httpPost.setEntity(stringEntity);                       // 把参数添加到 POST 请求
        HttpResponse response = client.execute(httpPost);
        StatusLine statusLine = response.getStatusLine();       // 获取请求对象中的响应行对象
        int responseCode = statusLine.getStatusCode();
        if (responseCode == 200) {
            // 获取响应信息
            HttpEntity entity = response.getEntity();
            InputStream input = entity.getContent();
            BufferedReader br = new BufferedReader(new InputStreamReader(input,"utf-8"));
            String str1 = br.readLine();
            System.out.println("response is :" + str1);
            br.close();
            input.close();
        } else {
            System.out.println("response failed...");
        }
    }
}
```

人脸搜索测试效果如图 12-3 所示。

```
17:26:52.541 [main] DEBUG org.apache.http.wire - http-outgoing-0 << "Strict-Transport-Security: max-age=15724800; includeSubDomains[\r][\n]"
17:26:52.541 [main] DEBUG org.apache.http.wire - http-outgoing-0 << "[\r][\n]"
17:26:52.541 [main] DEBUG org.apache.http.wire - http-outgoing-0 << "{"result":{"face_token":"7875c1a29bd9f573313a57933507d81c","user_list":[{"score":94.795867919922,"group_id":"lbn_001","user_id":"1000","user_info":""}]},
 "log_id":1611973452,"error_msg":"SUCCESS","cached":0,"error_code":0,"timestamp":1661506011}"
17:26:52.542 [main] DEBUG org.apache.http.headers - http-outgoing-0 << HTTP/1.1 200 OK
17:26:52.542 [main] DEBUG org.apache.http.headers - http-outgoing-0 << Date: Fri, 26 Aug 2022 09:26:52 GMT
17:26:52.542 [main] DEBUG org.apache.http.headers - http-outgoing-0 << Content-Type: text/plain
17:26:52.542 [main] DEBUG org.apache.http.headers - http-outgoing-0 << Content-Length: 244
17:26:52.542 [main] DEBUG org.apache.http.headers - http-outgoing-0 << Connection: keep-alive
17:26:52.542 [main] DEBUG org.apache.http.headers - http-outgoing-0 << Strict-Transport-Security: max-age=15724800; includeSubDomains
17:26:52.545 [main] DEBUG org.apache.http.impl.execchain.MainClientExec - Connection can be kept alive indefinitely
17:26:52.547 [main] DEBUG org.apache.http.impl.conn.PoolingHttpClientConnectionManager - Connection [id: 0][route: {s}->] can be kept alive indefinitely
17:26:52.547 [main] DEBUG org.apache.http.impl.conn.DefaultManagedHttpClientConnection - http-outgoing-0: set socket timeout to 0
17:26:52.547 [main] DEBUG org.apache.http.impl.conn.PoolingHttpClientConnectionManager - Connection released: [id: 0][route: {s}->][total kept alive: 1; route allocated: 1 of 2; total allocated: 1
 of 20]
response is :{"result":{"face_token":"7875c1a29bd9f573313a57933507d81c","user_list":[{"score":94.795867919922,"group_id":"lbn_001","user_id":"1000","user_info":""}]},"log_id":1611973452,"error_msg":"SUCCESS","cached":0,
 "error_code":0,"timestamp":1661506011}
```

图 12-3　人脸搜索控制台测试日志

第三步，微信小程序测试。

最后效果如图 12-4 所示。

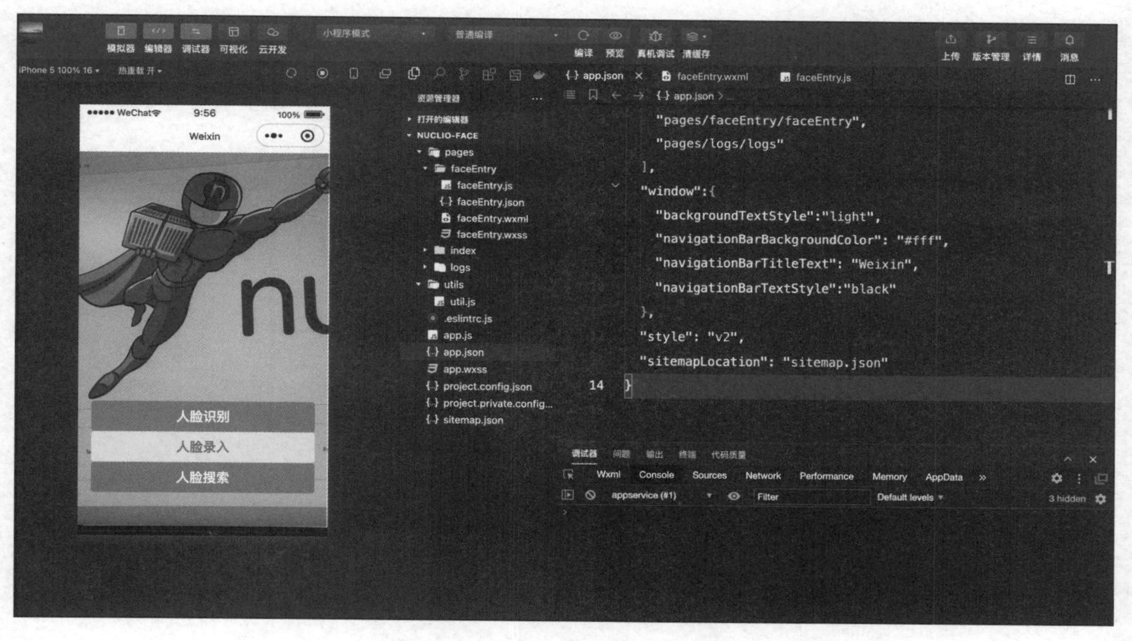

图 12-4　人脸识别（Nuclio）测试

图 12-4 所示的人脸识别页面出现 Nuclio 官方图片是因为这里将摄像头对准了 Nuclio 的官网。在有人脸的情况下，单击“人脸识别”按钮，如果显示人脸识别成功，则代表程序检测到当前图像是人脸；然后再单击“人脸录入”按钮，如果显示人脸录入成功，则表明人脸已经录入到系统中；最后单击“人脸搜索”按钮，会出现人脸搜索成功。如果在没有人脸录入之前单击“人脸搜索”按钮，界面会提示人脸搜索失败。

本章小结

本章比较详细、完整地介绍了一个开发 Nuclio 函数的例子，包含如何对接第三方及第三方 API 的介绍，Nuclio 函数的实现及微信小程序的对接。并且还对小程序函数测试进行了比较详细的介绍。因为 Serverless 函数难以调试，所以建议经验不足的开发者还是利用 IDE 进行测试。测试完毕后，可以引入 Nuclio SDK 在 IDE 中先编写相关业务，然后再移植到 Nuclio 平台进行测试。这样可以节省时间。有经验的开发者可以直接在 Nuclio 平台进行开发测试。

附　录

附录 A |Appendix A|

Nuclio 其他注意事项

代码入口类型遵循下面的处理逻辑。

1）如果函数 .yaml 文件配置 spec.image，则函数入口为函数镜像，该入口隐藏在镜像中。此时，spec.build.codeEntryType、spec.build.functionSourceCode、spec.build.path 等字段都会被忽略。

2）如果 spec.build.functionSourceCode 已设置，并且 spec.image 未被设置，则代码入口在编译的源代码字符串中，且编译会从配置的源码中进行构建。spec.build.codeEntryType 和 spec.build.path 会被忽略。

3）如果 spec.build.codeEntryType 已设置，并且 spec.image、spec.build.functionSourceCode 未设置，此时代码输入为第三方代码库，如 GitHub、S3 等。

4）如果 spec.build.path 已设置，并且 spec.image、spec.build.codeEntryType、spec.build.functionSourceCode 未被设置，则代码入口为配置的代码路径，代码编译也是从配置的路径文件中寻找。

用户在使用过程中，可以通过仪表盘或命令行工具配置代码的输入类型。代码输入类型有镜像、函数和第三方库三种。下面依次分别介绍这三种方式。

A.1 代码入口类型为镜像

```
spec:
    description: hello world
    image: mydockeruser/hello-world:latest
```

A.2 代码入口类型为函数源码

这种类型分两种：一种是将源码作为 Base64 字符串编码的形式构建函数镜像；一种是

使用文件的形式构建函数镜像。

（1）Base64 字符串编码函数

```
spec:
    description: hello shell
    handler: main.sh
    runtime: shell
    build:
        functionSourceCode: ZWNobyAiSGVsbG8gZnJvbSB0dWNsaW8i
```

（2）源代码文件

```
spec:
    description: hello wolrd
    handler: main:Handler
    runtime: golang
    build:
        path: "https://raw.githubusercontent.com/nuclio/nuclio/development/hack/examples/golang/
            helloworld/helloworld.go"
```

A.3　代码入口类型为外部代码仓库

将 spec.build.codeEntryType 设置为以下字段，就可以从对应的类型中下载相应的代码。

1）GitHub：从 GitHub 上下载代码。

2）archive：从 Iguazio 数据科学平台下载代码文件。

3）s3：从 AWS S3 存储桶下载代码文件。

code-entry 类型支持以下文件格式：* .jararchive、*.rar、*.tar、*.tar.bz2、*.tar.lz4、*.tar.gz、*.tar.sz、*.tar.xz , *.zips3。

下载的函数代码可以选择包含一个带有函数配置的 function.yaml 文件，便于灵活配置。

（1）GitHub 代码入口类型

将 spec.build.codeEntryType 函数配置字段设置为 GitHub（dashboard: Code entry type = GitHub）以从 GitHub 存储库下载函数代码。

```
spec.build
    path: //（必填）包含函数代码的 GitHub 存储库的 URL
codeEntryAttributes:
    branch: //（必填）下载函数代码的 GitHub 存储库分支
    headers:
        Authorization: //（可选）用于下载身份验证的 GitHub 访问令牌
    workDir: //（可选）配置的存储库分支中代码目录的相对路径。默认工作目录是 GitHub 存储库的根目录 ( "/")
```

示例如下所示。

```
spec:
    description: my Go function
    handler: main:Handler
```

```
    runtime: golang
    build:
        codeEntryType: "github"
        path: "https://github.com/my-organization/my-repository"
        codeEntryAttributes:
            branch: "my-branch"
            headers:
                Authorization: "my-Github-access-token"
            workDir: "/go/myfunc"
```

（2）Archive 代码入口类型

将 spec.build.codeEntryType 配置字段设置为 Archive（dashboard: Code entry type = Archive），以从 Iguazio 数据科学平台上下载代码。

```
spec.build
    path: //（必填）用于下载代码文件的 URL
    // 要从 Iguazio 数据科学平台数据容器下载代码文件，应将 URL 设置为 <API URL of the platform's web-APIs
    // service>/<container name>/<path to archive file>，并且必须在 spec.build.codeEntryAttributes.
    // headers.X-V3io-Session-Key 字段中提供相应的数据访问密钥
        codeEntryAttributes
            headers:
                X-V3io-Session-Key: //（必填）Iguazio 数据科学平台访问密钥，当下载 URL（spec.build.
                                    //path）引用平台数据容器中的代码文件时，这是必需的
            workDir: //（可选）提取的文件目录中代码目录的相对路径。默认工作目录是提取的归档文件目录
                     //（"/"）的根目录
```

示例如下所示。

```
spec:
    description: my Go function
    handler: main:Handler
    runtime: golang
    build:
        codeEntryType: "archive"
        path: "https://webapi.default-tenant.app.mycluster.iguazio.com/users/myuser/my-functions.zip"
        codeEntryAttributes:
            headers:
                X-V3io-Session-Key: "my-platform-access-key"
            workDir: "/go/myfunc"
```

（3）AWS S3 代码入口类型

将 spec.build.codeEntryType 函数配置字段设置为 S3（dashboard: Code entry type = S3），以从 AWS S3 存储桶下载函数代码的存档文件。

```
spec
    build
        codeEntryAttributes
            s3Bucket: //（必填）包含文件的 S3 存储桶的名称
            s3ItemKey: //（必填）存储桶内文件的相对路径
            s3AccessKeyId: //（可选）用于下载身份验证的 S3 访问密钥 ID
```

```
        s3SecretAccessKey: //（可选）用于下载身份验证的 S3 秘密访问密钥
        s3SessionToken: //（可选）用于下载身份验证的 S3 会话令牌
        s3Region: //（可选）已配置存储桶的AWS区域。当未提供此参数时，它是隐式推导的
        workDir: //（可选）提取的文件目录中代码目录的相对路径。默认工作目录是提取的归档文件目录
                // ( "/") 的根目录
```

示例如下所示。

```
spec:
    description: my Go function
    handler: main:Handler
    runtime: golang
    build:
        codeEntryType: "s3"
        codeEntryAttributes:
            s3Bucket: "my-s3-bucket"
            s3ItemKey: "my-folder/my-functions.zip"
            s3AccessKeyId: "my-@cc355-k3y"
            s3SecretAccessKey: "my-53cr3t-@cce55-k3y"
            s3SessionToken: "my-s3ss10n-t0k3n"
            s3Region: "us-east-1"
            workDir: "/go/myfunc"
```

附录 B |Appendix B|

代码调试

B.1 本地调试

（1）环境准备

Golang 1.17+

Git

Docker 19.03+

Kubeneretes 1.20+

Node 10.x

Goland IDE

（2）运行 Nuclio service

在 Kubernetes 上安装 Nuclio CRDs，可以执行 Nuclio 代码目录下的安装脚本（test/k8s/ci_assets/install_nuclio_crds.sh）。

创建本地 Docker 镜像仓库。

```
docker run --rm -d -p 5000:5000 registry:2
```

准备 Nuclio 的平台配置文件，配置可以参考如下内容。

```
logger:
    sinks:
        myStdoutLoggerSink:
            kind: stdout
    system:
        - level: debug
            sink: myStdoutLoggerSink
    functions:
        - level: debug
            sink: myStdoutLoggerSink
```

```
# Kubernetes only
kube:
    kubeConfigPath: k8s config 文件路径
containerBuilderConfiguration:
    DefaultOnbuildRegistryURL: "docker.io/dockerhub 用户名 "
```

（3）在 Goland 中运行 DashBoard、Controller 等组件

DashBoard 需要配置如下文件内容，结果如图 B-1 所示。

```
--platform kube --platform-config hack/env/platform_config.yaml --namespace default --registry lo-
    calhost:5000 --run-registry localhost:5000
```

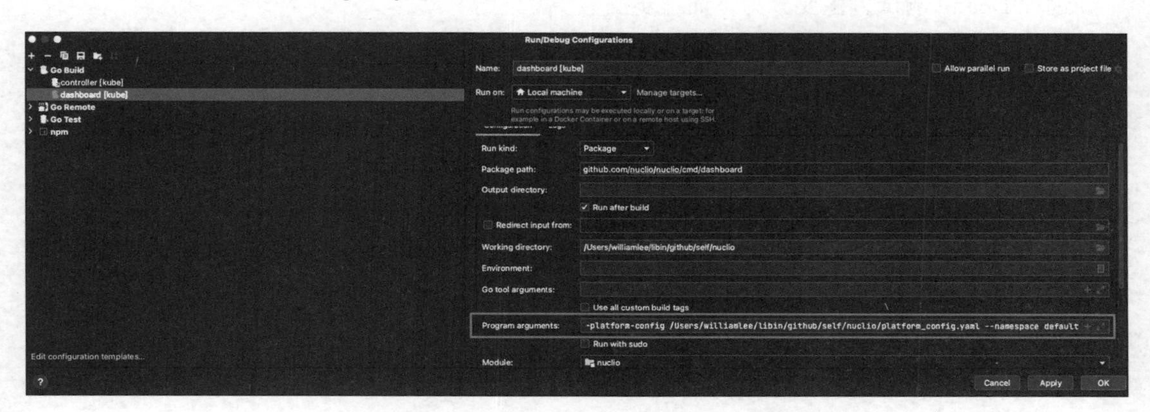

图 B-1　Nuclio Goland DashBoard 配置

Controller 需要配置如下内容，结果如图 B-2 所示。

```
--platform-config hack/env/platform_config.yaml --namespace default --kubeconfig-path path/to/.kube/config
```

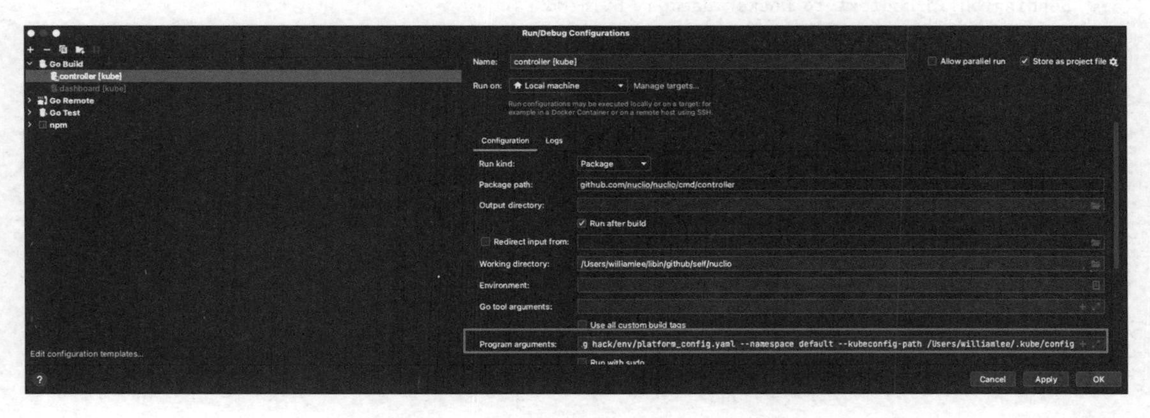

图 B-2　Nuclio Goland Controller 配置

UI 运行需要执行下面的命令。

```
npm install
gulp --dev
```

成功后，访问 localhost:8000 即可。该方法在 Mac Pro 上一直安装不成功，使用 Mac 的同学可以直接使用 nuctl 进行测试。

B.2　远程 Debug 测试

因为环境变量等原因，有些场景本地可能无法运行，如果想详细了解 Nuclio 实现逻辑，这时可以进行远程 Debug 单步跟踪测试。

远程 Debug 测试，主要分为下面三步。

1）将需要调试的部件编译成二进制。

2）将编译好的二进制和 dlv 二进制打包成镜像。

3）将部署好的 Nuclio 部件替换成编译好的镜像。注意：这里最好把 Kubernetes 探针接口去掉，否则当启动测试服务时，会因为没有提供探针接口而导致镜像无法运行。

具体操作过程如下所示。

1）下载 Nuclio 代码，执行" go build -o dlx ./cmd/dlx/main.go"命令，过一段时间本地目录就会出现编译好的 dlx 二进制。

2）下载 delve 代码，执行 build 安装，也会得到对应的 dlv 二进制。

3）写一个 Dockerfile，将 dlx、dlv 二进制打包成镜像，如下所示。

```
root@k8s-node1:~/dlx-dlv# ls
dlv  dlx  Dockerfile
root@k8s-node1:~/dlx-dlv# pwd
/root/dlx-dlv
root@k8s-node1:~/dlx-dlv# docker build -t  cnbooks/dlx:v1.0-dlv  .
Sending build context to Docker daemon  69.67MB
Step 1/4 : FROM  ubuntu:20.04
 ---> ba6acccedd29
Step 2/4 : COPY ./dlx /usr/local/bin/
 ---> Using cache
 ---> 1555639a8d06
Step 3/4 : COPY ./dlv /usr/local/bin/
 ---> Using cache
 ---> 897b64bca1db
Step 4/4 : CMD ["sleep", "100d"]
 ---> Using cache
 ---> 02f30f705f1b
Successfully built 02f30f705f1b
Successfully tagged cnbooks/dlx:v1.0-dlv
```

Dockerfile 如下所示。

```
FROM  ubuntu:20.04
COPY ./dlx /usr/local/bin/
COPY ./dlv /usr/local/bin/
```

```
#CMD ["dlv", "--listen=:2345", "--headless=true", "--api-version=2", "--accept-multiclient",
    "exec", "/usr/local/bin/dlx", "--continue"]
CMD ["sleep", "100d"]
```

可以看到，上面 Dockerfile 里有一个注释部分。如果采用注释部分，那么系统的启动部分很难调试跟踪到。所以下面有一个休眠 100 天的执行命令，等容器启动就绪后，进入容器内部，再执行“ dlv --listen=:2345 --headless=true --api-version=2 --accept-multiclient exec /usr/local/bin/dlx”命令，就可以调试系统启动过程了。